Helmut Kruckenberg
Andrea Kölzsch
Johan H. Mooij
Hans-Heiner Bergmann

Das große Buch der Gänse

Von sozialen Wesen und rastlosen Wanderern

AULA-Verlag Wiebelsheim

Dr. Helmut Kruckenberg
Am Steigbügel 3
D-27283 Verden (Aller)

Dr. Andrea Kölzsch
Panoramaweg 31
D-78333 Stockach

Dr. Johan H. Mooij
Piestweg 4
D-46509 Xanten Wardt

Prof. Dr. Hans-Heiner Bergmann
Landstrasse 44
D-34454 Bad Arolsen

Bibliografische Information der Deutschen Nationalbibliothek
Die Deutsche Nationalbibliothek verzeichnet diese Publikation in der Deutschen Nationalbibliografie; detaillierte bibliografische Daten sind im Internet über http://dnb.d-nb.de abrufbar.

www.aula-verlag.de

Umschlagabbildungen: H. Kruckenberg
Druck und Verarbeitung: Print Consult GmbH, München
Printed in Europe/Imprimé en Europe
ISBN 978-3-89104-841-2

Inhalt

Lass dich von den Gänsen faszinieren

„Am 27. April und am 3. Mai (1924) schlüpften in unserm Brutofen zwei Graugänse ... Das Gänsekind vom 27. April wog 105 Gramm und stellte sich später als Gansert heraus; wir wollen es hier unter seinem Namen „Martin" führen. Im Brutofen geschlüpfte Gänse verhalten sich ganz anders als junge Enten und Schnepfenvögel, die ja von Anfang an scheu zu sein pflegen ... Öffnet man zum ersten Male den Deckel, so schauen einen die Gänseküken ruhig an, haben nichts dagegen, dass man sie anfaßt, und wenn man sich auch nur ganz kurze Zeit mit ihnen beschäftigt, so wird man sie nicht so leicht wieder los: sie piepen jämmerlich, wenn man sich entfernt und laufen einem sehr bald getreulich nach. Man hat die Vorstellung, dass sie einen wirklich in der Absicht ansehn, um sich das Bild genau einzuprägen ..."

Oskar Heinroth & Magdalena Heinroth: „Die Vögel Mitteleuropas", Bd. 3, 1928

In dieser Weise schildert das Ehepaar Heinroth seine ersten Erfahrungen mit der Prägung von Gänseküken auf den Menschen, ein Phänomen, durch dessen Erforschung später der Nobelpreisträger Konrad Lorenz weltberühmt geworden ist. Ein Küken prägt sich in den Stunden nach dem Schlupf die Gänsemutter oder auch Menschen ein und erkennt sie damit lebenslang als „Mutter". Das erste von Lorenz aufgezogene Grauganskind war ein Weibchen; er nannte es „Martina". Man kann wohl davon ausgehen, dass sowohl das Ehepaar Heinroth als auch Lorenz und viele nach ihnen in irgendeiner Weise auch umgekehrt auf die Gänse geprägt wurden. Die Prägung der jungen Gänse hat

nicht nur die Domestikation der Graugans als eines der ersten Haustiere des Menschen erlaubt, sondern auch Konrad Lorenz später die Erforschung des Verhaltens halbzahmer Wildtiere unter naturnahen Bedingungen auf dem Gelände des Max-Planck-Instituts für Verhaltensphysiologie in Seewiesen und seiner Forschungsstation in Grünau möglich gemacht.

Auch wir Autoren des vorliegenden Buches haben uns von den Gänsen faszinieren lassen, sind in gewisser Weise von ihnen geprägt worden. Es sind jetzt nicht mehr allein die Graugänse, denen Gänseforscher aus vielen Ländern ihr Tun widmen, sondern auch die arktischen Arten wie Nonnen- oder Weißwangengans, die Ringelgans, die Saat-, die Kurzschnabel- und die Blässgans sowie die stark bedrohte Zwerggans. Diese alle und einige mehr werden am Ende dieses Buches im Einzelnen charakterisiert (Kap. 24).

Gerade wilde Gänse bieten dabei neben ihrer Verhaltensentwicklung viele zusätzliche Gesichtspunkte. Sie führen ein unstetes Leben zwischen den Überwinterungsgebieten und den arktischen Brutgebieten. Wie meistern sie die dabei anfallenden Flugstrecken? Fraglos stellen die Langstreckenwanderungen energetische Höchstleistungen dar. Doch zahlreiche Aspekte stellen uns noch heute vor Rätsel. Rätsel, die die Wissenschaft lösen möchte. Die Antworten sollten dem Schutz der Arten zugutekommen und möglicherweise auch Wege für die Lösung der Konflikte z.B. mit Landwirten aufzeigen. Gänse passen sich flexibel an die Bedingungen ihrer Lebensräume an, sie zeigen deutliche Muster in der täglichen wie jahreszeitlichen Raumnutzung und bilden auf ihren Wanderungen Traditionen aus. Sie bilden Sozialstrukturen, mit denen sie ihr Leben meistern und die Einfluss auf ihr gesamtes Leben haben. Wie reagieren die Vögel auf sich ändernde Klimabedingungen und was bedeutet das für die Zukunft? Und können wir Menschen den Schutz von Individuen oder gar von bedrohten Populationen verbessern, um diese beeindruckenden Gänsescharen für kommende Generationen zu sichern?

Forschung ist nicht nur Mathematik und Statistik, sondern hat auch immer eine persönliche, eine emotionale Seite. Wie wir Menschen sind Gänse alleine unglücklich und leben immer in Familien. Sie halten bis ins Frühjahr und manchmal darüber hinaus mit ihren Jungen zusammen, die so in der Familie Nahrung und Feinde, Landschaften und soziale Beziehungen kennenlernen. Als von Tradition geprägte soziale Lebewesen stehen sie deshalb dem Menschen besonders nahe. Die Gans und der Ganter sind stark aneinander gebunden, aber sie unterhalten auch Beziehungen zu Geschwistern und anderen Verwandten. Eine flugunfähige Gans wird von ihrem Partner lange Zeit begleitet und bewacht, auch das zugehörige Kind hält sich zur Familie, selbst wenn die große Gänseschar, deren Teil sie waren, längst davongeflogen ist. Ein männlicher Partner, dessen Partnerin stirbt, hält tagelang bei ihr Wache. Dies sind Bilder, die man nicht mehr vergisst, wenn sie einem einmal begegnet sind. Direktes Erleben ist ein bedeutsamer Schritt zum Naturverständnis. Auf den folgenden Seiten werben wir daher dafür, verständnisvoll mit den Gänsen und mit der Natur allgemein umzugehen, die wir für unsere eigene weitere Existenz benötigen.

Arktische Weißwangengänse kommen zum Überwintern in unsere Kulturlandschaften.

1 Vom Zauber der Wildgänse

Am Anfang war die Ära des Eisschildes. Dann folgten die Ära der Schmelze und die Wanderung der arktischen Gänse gen Norden. Seit dem Pleistozän schreien die Gänse jeden März in Einigkeit vom Chinesischen Meer zur Sibirischen Steppe, vom Euphrat zur Wolga, vom Nil bis nach Murmansk, von Lincolnshire nach Spitzbergen.[..] Von diesem internationalen Gänseverkehr wird der Getreideüberschuss aus Illinois durch die Wolken in die arktische Tundra getragen, um sich dort mit dem Lichtüberschuss des nachtlosen Juni zu vereinen und Gössel für alle durchquerten Länder aufwachsen zu lassen. Und im alljährlichen Austausch von Nahrung gegen Licht und Winterwärme gegen sommerliche Abgeschiedenheit erhält der gesamte Kontinent als Reingewinn ein ungestümes, wildes Gedicht, das aus den trüben Himmeln auf den Schlamm der Marschen niedergeht.

Aldo Leopold „Sand County Almanac" 1949

Der Herbst naht, die Tage werden kürzer und die Blätter der Laubbäume beginnen sich zu färben. Zwar sind die Tage noch warm, aber nachts wird es schon frisch. Am Himmel über Norddeutschland erscheinen wieder die langen Keile ziehender Wildgänse. Die Vögel bleiben über den Winter und verlassen uns im Frühjahr, um in der Arktis ihr Nest zu bauen, Eier zu legen und ihre Küken aufzuziehen. Das war schon so, als noch die Eiszeiten Europa beherrschten und lange bevor unsere Vorfahren in der Jungsteinzeit Felder anlegten und sesshaft wurden. Ihre jährlichen Wanderungen kennen keine menschlichen Grenzen, kannten keinen Eisernen Vorhang. So ist der Zug der Gänse wie der Klang der Jahreszeit, wie Ebbe und Flut im Wattenmeer. Die Welt hat einen Rhythmus des Lebens. Unsere Faszination für das Wunder des Vogelzugs rührt vielleicht daher, dass hier das Uhrwerk der Welt erlebbar wird.

Unser moderner Alltag lässt uns diesen Rhythmus häufig vergessen, und doch hängen wir davon ab. Zumindest unterbewusst leben auch wir mit den Jahreszeiten, selbst wenn Heizung und elektrisches Licht ihren Einfluss mindern. Und so kündigt das Erscheinen der ersten Gänse, ihre Keile und Rufe über der Stadt für uns den nahenden Winter an. Für viele Menschen in Mitteleuropa ist die Ankunft der Gänse im Herbst ein faszinierendes Naturschauspiel, ein Anlass, um an der Wattenmeerküste, am Niederrhein oder an der Müritz einige Tage zu verbringen und den Kopf freizubekommen.

Gänse sind international. Unsere arktischen Blässgänse passieren während ihres Gänsejahres mindestens zehn verschiedene Staaten. Im Jahresverlauf ist die Blässgans in mindestens 25 Ländern zu beobachten. Und überall erleben die Menschen das Wunder der überfliegenden Gänsekeile in gleicher Weise: mit Bewunderung und Faszination.

Am Lacul Balta Alba in Rumänien finden Bläss- und Rothalsgänse sichere Flachwasserzonen für die Nacht.

Nach dem letzten Weltkrieg waren es recht früh die Vogelfreunde, die wieder zwischen den verfeindeten Blöcken in Kontakt traten: über das Netz der Vogelwarten wurden Ringfunde und Publikationen ausgetauscht. Auch die Wissenschaft ist international angelegt. Unmittelbar mit den ersten Öffnungen der Perestroika-Politik brachen deutsche, niederländische und russische Gänseforscher gemeinsam zu Expeditionen in die arktischen Brutgebiete der Gänse auf. Es bildeten sich Netzwerke und Freundschaften. Das Internet tat sein Übriges. Heute sind für uns Wissenschaftler internationale Kontakte genauso normal wie der Flug der Wildgänse über die Ländergrenzen hinweg.

Auch für die breite Öffentlichkeit sind die Scharen der Gänse immer wieder von Interesse. Zeitungen und das Fernsehen berichten gerne über die herbstlichen Gänsescharen und viele Menschen sind von den Vögeln begeistert. Der Vogelzug stößt nicht nur auf dem Land auf Interesse. Und so fanden diese auch ihren Weg ins Kino: In der zweiten Hälfte der 1990er-Jahre lockte der amerikanische Film „Fly away home" („Amy und die Wildgänse") Millionen Menschen in Nordamerika und Europa in die Kinos. 2001 begeisterten die aufwendigen Aufnahmen fliegender Gänse und anderer Vögel in „Nomaden der Lüfte" („Travelling birds") die Naturfreunde in aller Welt und machten erstmals den Vogelzug erlebbar.

Filmaufnahmen zu der TerraX-Dokumentation „Zugvögel" 2015 auf Kolgujev.

In den Jahren 2008 bis 2015 begleiteten uns mehrmals die Filmemacher Petra Höfer und Freddie Röckenhaus auf dem Zug der Gänse vom Dollart bis zu der in der Barentssee gelegenen russischen Insel Kolgujev, dem vielleicht wichtigsten Gänsebrutgebiet in der eurasischen Arktis. Gemeinsam wollten auch wir mit den Gänsen fliegen und so wurde die Aufzucht von Graugansküken Teil der zweiteiligen Fernsehdokumentation „Zugvögel" bei Arte und TerraX, die bis heute auch als Kinofilm mit Live-Orchester auf Reisen ist. Mit großem Aufwand wurde die Welt der Gänse dokumentiert und für viele Menschen erlebbar gemacht – Zauber der Wildgänse auf eine andere Weise.

2 Zur Geschichte der Gänseforschung

Nur wenige Vogelstimmen dringen so tief in das Gemüt des Menschen wie die Rufe der Wildgänse, wenn sie im düsteren Grau des Herbstes oft in gewaltigen Scharen über das Land ziehen. Das Kommen der Gänse läßt den nahenden Winter, läßt Schnee, Eis und Kälte ahnen, weckt die Frage nach dem Woher und Wohin und nach der Lebensweise der Gäste.

Erich Rutschke „Die Wildgänse Europas" 1987

Die Frühgeschichte – von Mythen und Fakten

Das Interesse an den wilden Gänsen reicht schon lange Zeit zurück. Die erste wissenschaftliche Beschreibung von Gänsen finden wir bei dem griechischen Philosophen Aristoteles (384–322 v. Chr.), der in seiner Tierkunde über die zahme Gans, die kleinere, gesellig lebende wilde Gans sowie die Nilgans berichtet. Er charakterisiert Gänse als Schwimmvögel, die sich auf dem Wasser paaren und anschließend 30 Tage an Land brüten. Sie haben Füße mit Schwimmhäuten, und die Männchen besitzen einen äußerlich sichtbaren Penis. Schon er beschreibt, wie die Embryonen sich in den Eiern entwickeln und dass bei den Gänsen nur die Weibchen brüten. Der Zug der Vögel war ihm bereits vertraut.

Das Wissen der Antike erreichte uns über Umwege. Zwischen dem späten 3. und dem Beginn des 7. Jahrhunderts, in den „dunklen Jahrhunderten", brach die antike Welt in Europa weitgehend zusammen. Ursachen waren der Untergang des Römischen Reiches mit den Wirren der Völkerwanderungen und den in der Folge tobenden Kriegen und Plünderungen. Viel Wissen ging durch

Wandernde Ringelgänse sind immer in der Schar unterwegs.

den Tod gelehrter Menschen verloren, viele Handschriften und Bibliotheken brannten ab. Nur wenige Reste antiker Literatur überdauerten die Zeiten und wurden im Orient sowie in einigen klösterlichen Anlagen gesammelt. Im Oströmischen und späteren Byzantinischen Reich wurde jedoch ein Teil des antiken Wissens bis zum Fall Konstantinopels 1453 bewahrt.

Erst im Mittelalter haben einige Wissenschaftsbereiche wieder ein respektables Niveau erreicht. So war es der Stauferkaiser Friedrich II. (1194–1250), der in seinem umfangreichen, farbig illustrierten Vogelbuch sieben bis acht Gänsearten unterscheidet, von der Rothals- und der Weißwangengans sogar bis zur Schneegans.

Dass die Vögel den Sommer über verschwanden, war damals Anlass für zahlreiche Mythen und Legenden. Die Geschichte von den *Branta*-Gänsen, die im Norden an Bäumen heranwachsen, war aber bereits von Friedrich ins Reich der Fabeln verwiesen worden. Dennoch hielt sie sich standhaft in den folgenden Jahrhunderten. Noch Conrad Gesner (1516–1565) schreibt dazu, eine Gänseart namens *Branta* oder *Bernicla* wachse in Schottland an Bäumen bzw. faulendem Treibholz aus Entenmuscheln heran. Dieser Mythos beruht auf der Beobachtung, dass Entenmuscheln, eine Art festsitzender Krebse (Cirripedia), in ihren Schalen federartige Antennen verbergen. Wie man glaubte, entstanden daraus Weißwangen- oder Ringelgänse, deren arktische Brutplätze man damals nicht kannte. Erst auf der niederländischen Expedition zur Entdeckung der Nordost-Passage unter Willem Barents (ca. 1550–1597) wurden auf Spitzbergen erstmals Brutkolonien der Ringelgans entdeckt. Damit war die umstrittene Geschichte über die Entwicklung der *Branta*-Gänse endgültig widerlegt.

Ordnung im Tierreich – Systematik

Lange Zeit gab es keine eindeutige Festlegung der einzelnen Gänsearten. Ab der Mitte des 18. Jahrhunderts erwachte das naturwissenschaftliche Interesse und nun ging es Schlag auf Schlag vorwärts: Innerhalb von weniger als 50 Jahren wurden nahezu alle heute bekannten Gänsearten wissenschaftlich beschrieben. Es war der Schweizer Arzt Conrad Gesner, der erstmals die heute noch in der biologischen Wissenschaft üblichen zweiteiligen lateinischen Vogelnamen verwendete, die später von dem Schweden Carl von Linné (1707–1778) systematisiert und teilweise übernommen wurden. Der erste, großgeschriebene Name benennt die Gattung, der zweite, mit kleinem Anfangsbuchstaben, die Art. Später einigte man sich dann auf die heute gültige Systematik, nach der die echten Gänse aus zwei Gattungen bestehen (siehe auch Kap. 21): den Feldgänsen (*Anser*) und den Meeresgänsen (*Branta*). Zu letzteren zählen Nonnen- oder Weißwangengans, Ringel- und Rothalsgans sowie die ursprünglich nordamerikanischen

Kanadagansarten und die Hawaiigans. Zu den Feldgänsen gehören die Saatgansarten (Waldsaatgans und Tundrasaatgans), die Kurzschnabelgans, die Bläss-, Zwerg- und Graugans sowie die beiden heute anerkannten nordamerikanischen Schneegansarten und drei asiatische Arten: Kaiser-, Streifen- und Schwanengans.

Enzyklopädien – das Zeitalter der Wissenssammlung

Im 18. Jahrhundert kam die Zeit der großen Vogel-Enzyklopädien. Den Anfang machte Nozeman 1770–1829 mit „Nederlandse Vogelen", wenig später erschienen „A History of British Birds" von Thomas Bewick 1797 und Naumanns „Naturgeschichte der Vögel Deutschlands" 1820–1844. Mit wachsendem Wissen entstanden in ganz Europa immer neue Buchausgaben. Im 20. Jahrhundert kam Günther Niethammers „Handbuch der deutschen Vogelkunde" (1937–1942) hinzu. Als dessen Nachfolger begann 1958 der Schweizer U. N. Glutz von Blotzheim gemeinsam mit K. M. Bauer (1966–1997) aus Wien, das vorliegende Wissen im „Handbuch der Vögel Mitteleuropas" zusammenzufassen. Insgesamt umfasst dieses Werk 14 Bände, von denen zwei Bände (1969) umfangreiche Informationen über Schwäne, Gänse und Enten enthalten.

Die erste umfassende Arbeit allein über Gänse stammt von dem russischen Ornithologen S. N. Alphéraky (1850–1918) und erschien 1904 unter dem Titel „The Geese of Europe and Asia".

Blässgänse an der Emmericher Rheinbrücke

Ethologie und Nobelpreis: der Beginn der Gänseforschung

Der britische Forscher D. A. Spalding (1840–1877) erkannte aufgrund seiner Tierexperimente, dass viele Verhaltensweisen der Tiere das Ergebnis eines Zusammenspiels von angeborenen und erworbenen Informationen sind. Für gewisse Lernprozesse verwendete er bereits den Begriff „stamping in" (= Prägung). Obwohl sie die Basis der modernen Verhaltensforschung bildeten, blieben seine Arbeiten weitgehend unbekannt. Erst durch die Forschungen von O. Heinroth (1871–1945), der das Verhalten verschiedener Wasservogelarten studierte, wurde die „Vergleichende Verhaltensforschung" in breiten Kreisen populär.

Konrad Lorenz (links) mit Niko Tinbergen, 1978

Heinroth und seine Frau Margarete analysierten und verglichen die Verhaltensmuster von Wasservögeln während der Balz und Jugendentwicklung. Sie erkannten, dass Balzrituale vererbt werden und die Jungvögel ihre Eltern und ihre künftigen Geschlechtspartner durch einen kurzfristigen Lernprozess kennenlernen, die sogenannte Prägung. Der Begriff wurde durch die Arbeiten von K. Lorenz (1903–1989) weltweit bekannt. Lorenz hatte sich bereits in seiner Jugend für Enten und Gänse interessiert. Nach seinem Medizinstudium begegnete er O. Heinroth und dem Ornithologen E. Stresemann und entschloss sich zu einem ergänzenden Biologiestudium. Ab 1938 begann er an zahmen Gänsen Forschungen über die Störung des Instinktverhaltens durch Domestikation. Nach dem Krieg und seiner Rückkehr aus der Kriegsgefangenschaft setzte K. Lorenz seine Verhaltensstudien fort. Zunächst geschah dies in Buldern/Westfalen, ab 1954 dann im bayerischen Seewiesen in einem eigens für seine Forschungen und die des Verhaltensphysiologen Erich von Holst gegründeten Institut der Max-Planck-Gesellschaft.

Auch wenn Lorenz oftmals weitreichende Schlüsse auf der Basis einzelner Individuen und Wahrnehmungen zog, gilt er zu Recht als einer derjenigen, die der „Tierpsychologie" (heute Verhaltensbiologie) als Forschungsrichtung Weltgeltung verschafft haben. Viele seiner Beobachtungen und Schlussfolgerungen über das Gänseverhalten sind bis heute gültig geblieben. Seine Arbeit wird heute durch die 1973 in Grünau im Almtal in Oberösterreich gegründete Konrad-Lorenz-Forschungsstelle für Verhaltens- und Kognitionsbiologie fortgesetzt.

In den 1930er-Jahren analysierte Lorenz die Prägung bei Gänseküken und zusammen mit dem Niederländer Niko Tinbergen (1907–1988) die Eirollbewegung brütender Graugansweibchen. Im Gegensatz zu Lorenz legte Tinbergen – unter dem Einfluss amerikanischer Kollegen und Kolleginnen – Wert auf eine Quantifizierung und statistische Absicherung seiner Ergebnisse. Die Arbeiten der beiden wurden 1973 gemeinsam mit denen von Karl von Frisch mit dem Nobelpreis ausgezeichnet.

Rudi Drent mit Studenten in der Salzwiese, 1972

Ökologische Freilandforschung in den Niederlanden

Mit Niko Tinbergen und seinem jüngeren Bruder Luuk begann die moderne Ökologie an der Universität in Groningen. Dies lockte den in Los Angeles geborenen Niederländer Rudolf H. (Rudi) Drent (1937–2008) an, der dort – nach einem Forschungsaufenthalt in Vancouver – 1984 die Professur für Tierökologie übernahm. Im Zentrum von Drents Forschung standen Energiebudgets von der Nahrung bis hin zum Fortpflanzungserfolg. Dafür waren wildlebende Gänse die geeigneten Modelltiere. Auf Schiermonnikoog verband er Labor- und Freilanduntersuchungen, war häufig mit Studenten im Feld. So ermöglichte er in den 1970er-Jahren bis heute fortlaufend Gänseforschung auf Spitzbergen und im russischen Tobseda. Unter Drents Leitung wurde Groningen zu einem Zentrum der Gänseforschung und er inspirierte zahlreiche heute noch aktive Gänseforscher(innen).

Sir Peter Scott – Initiator von Gänseforschung und internationalem Zugvogelschutz

Sir Peter Scott in Slimbridge, ca. 1946

In Großbritannien zentrierte sich die Gänseforschung in und um Peter Scott. Er war der Sohn des tragisch zu Tode gekommenen Polarforschers Robert Scott, der in seinem Abschiedsbrief Peters Mutter aufforderte, „den Jungen für Naturgeschichte zu interessieren". Peter Scott liebte besonders die Feuchtgebiete Großbritanniens und die Gänse, die aus unbekannten Fernen zu Besuch kamen. Er begann als passionierter Jäger und endete als entschiedener Naturschützer mit dem Bestreben, die Vögel und ihre Feuchtgebiete unter Schutz zu stellen. Er war ein umtriebiger Mann, der maßgeblich am Aufbau des Naturschutzprogramms der Vereinten Nationen

IUCN (International Union for Conservation of Nature) mitwirkte und auch Gründungspräsident des WWF (World Wildlife Fund for Nature) wurde. Gleichzeitig war Peter Scott ein bekannter Maler und Rundfunkmoderator. Er präsentierte die ersten britischen Fernsehsendungen über Wildtiere live aus seinem Künstleratelier mit Blick auf die Wasserflächen von Slimbridge.

1946 gründete er dort den Wildfowl & Wetlands Trust (WWT) als ein Zentrum für Wissenschaft und Naturschutz. Bis zu seinem Tod 1989 und später in der Nachfolge unter Geoffrey Matthews (1923–2013) und Janet Kear (1933–2004) entstand ein beispielloses Wasservogel-Forschungszentrum, das Studenten und Forscher aus dem In- und Ausland anzog. Damals einzigartig, öffnete Peter Scott es für die Öffentlichkeit, sodass jeder in den Genuss der Natur kommen konnte.

Gänseforschung im geteilten Deutschland

In Deutschland war die Situation komplizierter. Seit dem Zweiten Weltkrieg war Deutschland in zwei Staaten geteilt. Zwar waren Austausch und Besuche unter Wissenschaftlern ab den 1970er-Jahren unter schwierigen Bedingungen möglich, aber Kooperationen entstanden selten. So entwickelten sich beiderseits der Grenze mit dem beginnenden Umweltbewusstsein der 1970er-Jahre getrennte Gänseforschungsprojekte.

Landende Bläss- und Weißwangengänse in der Krummhörn (Ostfriesland)

Erich Rutschke

In der damaligen Deutschen Demokratischen Republik (DDR) entstand unter der engagierten Leitung von Erich Rutschke (1926–1999) die „Zentrale für Wasservogelforschung der DDR", die die internationalen Zählungen koordinierte und so die Grundlagen für den Schutz der dortigen Feuchtgebiete erarbeitete. Gleichzeitig war Rutschke auch Professor an der Pädagogischen Hochschule in Potsdam. Neben der Erforschung der Brutbiologie und von Gänseschäden in der Landwirtschaft führte er ein langjähriges Beringungsprogramm durch. Sehr früh setzte er dabei bei Saat- und Blässgänsen auch Halsmanschetten zum Erkennen der Vögel im Gelände ein. Nach der deutschen Vereinigung führte Rutschke das Beringungsprogramm bis zu seinem Tod 1999 fort.

Im Westen beobachtete Peter Prokosch während seines Zivildienstes beim WWF in den Salzwiesen des Schleswig-Holsteinischen Wattenmeeres von seinem Standort Husum ausgehend farbig markierte Ringelgänse, die Andrew St. Joseph an der Ostküste Englands gefangen und beringt hatte. Daraus entstand eine intensive Zusammenarbeit von St. Joseph, Prokosch und Barwolt (Bart) Ebbinge, der zu dieser Zeit in Groningen studierte. Bald wurden an der gesamten Nordseeküste Ringelgänse gefangen und mit kodierten Farbringen versehen. Ab 1990 konnten diese Untersuchungen mit Expeditionen bis in die arktischen Brutgebiete ausgeweitet werden. Bis zur Pensionierung von Bart Ebbinge 2013 wurde die Ringelgansforschung federführend vom niederländischen Institut ALTERRA weiterbetrieben.

Ebenfalls in den 1970er-Jahren entwickelte sich, unter Johan H. Mooij mit Unterstützung des WWF-Deutschland, ein weiteres Projekt in Nordrhein-Westfalen. Seit Anbeginn standen hier die arktischen Bläss- und Saatgänse im Vordergrund, deren (west)deutsches Hauptvorkommen zu dieser Zeit am Unteren Niederrhein lag. In den 1980er-Jahren entwickelte sich eine Zusammenarbeit zwischen dem niederrheinischen und dem DDR-Gänseforschungsprogramm.

Die beiden westdeutschen Forschungsprojekte gipfelten Ende der 1980er-Jahre in den ersten gemeinsamen deutsch russischen Expeditionen zur sibirischen Halbinsel Taimyr. Im Rahmen dieser drei Expeditionen wurden die ersten Ringel-, Saat- und Blässgänse im sibirischen Brutgebiet gefangen und markiert. Diese Expeditionen stellten den Höhepunkt, aber teils auch den Abschluss einer langjährigen Forschungsphase dar.

Erste Kanonennetzfänge im schleswig-holsteinischen Wattenmeer, 1979

Deutsche Gänseforschung bis in die Gegenwart

Mitte der 1990er-Jahre entstand unter Leitung von Hans-Heiner Bergmann eine Arbeitsgruppe für Gänseforschung an der Universität Osnabrück. Bergmann lehrte zu dieser Zeit in der Ethologie und war auch naturschutzfachlich interessiert. Einen wichtigen Aspekt stellten dabei in den 1990er-Jahren die Auswirkungen menschlicher Störungen auf Wildtiere dar. Gleichzeitig flammten zu dieser Zeit, aufgrund einer Verschärfung der ökonomischen Situation in der Landwirtschaft nach der Wende, auch Konflikte zwischen dem Naturschutz und der Landwirtschaft auf, die hohe Schäden durch Gänse beklagte. In der Folge fanden sich ab 1994 in Osnabrück mehrere Doktorand(inn)en und Diplomand(inn)en mit Gänsethemen zusammen und es entstand eine aktive Arbeitsgruppe, die in Teilen auch nach der Pensionierung von Bergmann 2001 bis in die Gegenwart (2021), z. B. als „Fachgruppe Gänseökologie" der Deutschen Ornithologen-Gesellschaft (DO-G) weiter wirkt.

Im Rahmen der Promotionsarbeiten am Niederrhein und der Mittelelbe wurde die Beringung von Blässgänsen in Westdeutschland mit intensiver niederländischer Unterstützung durch Rudi Drent und Kollegen aufgenommen. Es war die Zeit des großen Umbruchs und Neubeginns. Die Farbmarkierung von Blässgänsen wurde gemeinsam mit den niederländischen Kollegen und Kolleginnen intensiviert, die vorhandenen Daten in einer großen Datenbank gesammelt. Das Beringungsprogramm läuft bis in die Gegenwart. Zeitweilig wurden mehr als 2.500 Gänse jährlich in den Niederlanden, Deutschland und den arktischen Brutgebieten markiert. Im Rahmen von Kooperationen konnten in den 25 Jahren Blässgänse zusätzlich in England, Litauen, Lettland, Bulgarien, Tschechien und Ungarn gefangen und gekennzeichnet werden. Zahllose ehrenamtliche Beobachter beteiligen sich alljährlich an den Ablesungen im Freiland. Ein Programm so kosmopolitisch wie auch die Gänse es sind.

Große Scharen von Blässgänsen fliegen bei Störungen auf.

3 Populationsentwicklung früher und heute

Im Laufe der Jahrhunderte hat der Mensch es fertig gebracht, sehr viele wildlebende Tierarten ganz oder doch bis auf kleine Restbestände auszurotten. [..] Wildzählungen – oder im weiteren Sinne Wildbestandserhebungen–sind in den meisten Fällen sehr problematisch und die schließlich gewonnenen Ergebnisse oft wenig zufriedenstellend. Aber sie geben nun einmal das wesentliche Ausgangsmaterial für viele weitere Schritte im Umgang mit dem Wild ab; und wenn schon die Ausgangsdaten nicht viel taugen, nicht genau genug sind, werden auch die darauf fußenden Maßnahmen ziemlich fragwürdig bleiben müssen.

Hartmut Gossow, Wildökologie, 1999

Wer frühmorgens an einem der großen Gänseschlafplätze Norddeutschlands steht, erlebt ein spektakuläres Naturereignis: Um die Dämmerungszeit schwillt das sowieso unaufhörliche Geschnatter der Vögel stark an; kurz danach sind es erst nur kleine Gruppen, doch danach riesige Wolken von Gänsen, die sich in die Luft erheben. Fast wird der Himmel „schwarz". Binnen einer Stunde fliegen die Gänse vom sicheren Schlafplatz auf einem See oder im Wattenmeer in die umliegenden Nahrungsflächen hinaus. Sie lieben große Gruppen, denn diese bieten ihnen Schutz. Auch zeigt die

Anwesenheit von Gänsen ortsfremden Artgenossen an, dass es hier Nahrung gibt. Wo Gänse sind, sind sie meist zu vielen. Für einige Menschen auch zu viele.

Tatsächlich haben die Bestände fast aller Gänsearten seit den 1960er-Jahren deutlich zugenommen. Dies war allerdings auch gewollt, denn durch Verfolgung und Lebensraumzerstörungen im 19. und in der ersten Hälfte des 20. Jahrhunderts waren die meisten Arten an den Rand der Ausrottung geraten. Die Bestandsgröße wildlebender Tierpopulationen ist eine dynamische Größe, die aufgrund der Umweltbedingungen ständigen Änderungen unterliegt. Die wichtigsten Kenngrößen sind die jährliche Fortpflanzungs- und die Sterblichkeitsrate. Sterben mehr Vögel als Junge aufwachsen, schrumpft die Population, sterben weniger Vögel als Junge aufwachsen, wächst die Population. Etwas komplizierter wird die Situation durch Zu- und Abwanderung. Für die Beurteilung von Bestandsentwicklungen ist es daher wichtig, den richtigen Raumbezug im Blick zu halten. Lokale Konzentrationen und Verschiebungen kommen auch beispielsweise in Folge von Klimaveränderungen oder einer veränderten Landnutzung vor. Keineswegs werden die Bestände dadurch automatisch kleiner oder größer.

Vor diesem Hintergrund ist es daher nicht immer möglich, die historische Entwicklung der Gänsebestände konkret nachzuzeichnen. Das System der internationalen Bestandserfassungen stammt erst aus den 1960er-Jahren. Ältere historische Quellen zu den Bestandszahlen sind oftmals mit großer Vorsicht zu genießen, lohnen aber durchaus die Aufmerksamkeit.

Morgenflug überwinternder Blässgänse im Kiskunsagi Nationalpark (Ungarn)

Der Blick zurück: Gänsebestände in der Vergangenheit

Es ist unbekannt, wie viele Gänse es früher gab. Zu Beginn der international koordinierten Zählungen in den 1960er-Jahren gab es nur mehr oder weniger blumige Umschreibungen oder grobe Schätzungen der Anzahlen von Wasservögeln. Die ersten, recht unbestimmten Hinweise für einzelne Gänsearten stammen aus dem 13. Jahrhundert („zahllos", „enorme Massen") und wurden bis zum 20. Jahrhundert nicht wesentlich genauer.

Hinzu kamen Veränderungen der Lebensräume: Noch bis in die 1950er-Jahre sahen die Überwinterungsgebiete der Gänse im Westen Europas wesentlich anders aus als gegenwärtig. Die Gänsearten waren stärker an natürliche und naturnahe Lebensräume gebunden. Die Ringelgänse und Weißwangengänse hielten sich im Wattenmeer, in den Flussmündungen, in den Salzwiesen und auf deichnahen Binnenlandsflächen auf. Ihre Hauptnahrung bestand aus Seegräsern, Salzwiesenvegetation und Gräsern der extensiv beweideten Küstengrasländer auf den Inseln, Halligen und Deichvorländern.

Die Grauen oder Feldgänse hielten sich damals vornehmlich in den ausgedehnten Moorgebieten Norddeutschlands und in den Flussniederungen des Tieflandes auf. Da die verfügbare Nahrungsmenge unter diesen natürlichen Bedingungen selten zur Ernährung größerer Gänsescharen ausreichte, die natürlichen Moore und unzugänglichen Niederungen aber sehr viel größer als heute waren, kamen die Feldgänse damals wahrscheinlich seltener in großen Schwärmen vor. Häufiger waren wohl kleinere, dafür vielfach weit verstreute Scharen.

Die Verfasser der historischen Quellen waren häufig gar nicht selbst Zeugen des Geschehens, sondern trugen nur Berichte zusammen. So schreibt der Schweizer Conrad Gesner unter Berufung auf Albertus Magnus (1200–1280) über die wilden Gänse: *„Im Anfang aber des Winters kommen sie wegen der Weyd / und wegen der gelinderen Lufft wiederumb zu uns / und fliegen alsdann mit grossen Schaaren also / daß ihrer zuweilen tausend / oder noch mehr beysammen gesehen werden."* Johann Matthias Bechstein berichtet im 18. Jahrhundert über die Saatgans: *„Es gibt Gegenden in Thüringen [..wo sich diese] Millionenweise den ganzen Winter hindurch aufhalten."* Häufig reichen die historischen Angaben als Datengrundlagen nach unserem heutigen Verständnis nicht aus.

Einige Quellen lassen sich schwer interpretieren. Ein Beispiel hierfür ist die Schneegans. Mehrere Autoren schreiben über die „Schneegans", die „... *auf ihren Wanderungen in Deutschland des Winters*" gesehen und soll „*ganze Landstriche bedeckt*" haben. Bis heute ist unklar, ob es sich dabei in allen Fällen wirklich um die weißen Schneegänse gehandelt hat. Es könnte sich häufig auch um einen volkstümlichen Namen für die Gänse handeln, die mit dem Schnee kamen oder gar um Kraniche, die bis heute als Schneegänse gemeldet werden.

Die weiße Gans mit den schwarzen Flügelspitzen wurde jedoch bereits im Mittelalter bei Albertus Magnus und Gesner detailliert als europäischer Wintergast beschrieben und Bechstein hat die Art noch im 18. Jahrhundert in Schwärmen „*von hunderten und mehrere*" über Thüringen beobachtet. Er bezeichnete die weißen Vögel mit ihrer „*schwarzen Flügeleinfassung*" als „*einen herrlichen Anblick*". Daher scheint es, dass die heute in Nordamerika überwinternde Schneegans bis ins 18. Jahrhundert auch im Westen Europas vorgekommen ist.

Bedeutung der historischen Bestandsgrößen

Die hier vorgestellte Auswahl von Beschreibungen und Angaben zu den Gänsezahlen soll einen Eindruck davon verschaffen, wie schwierig aus heutiger Sicht eine Abschätzung der Bestände im 18. oder 19. Jahrhundert ist.

Nach einer Analyse kamen die russischen Wissenschaftler Flint und Krivenko Ende der 1980er-Jahre zu dem Schluss, dass die Wasservogel-Brutbestände (Enten, Gänse und Schwäne) auf dem Territorium der ehemaligen UdSSR nur noch 30–50 % des Niveaus von 1850 erreichten. Als wichtigste Ursachen für die Bestandsrückgänge in Europa wurden das Trockenlegen von Feuchtgebieten, Mooren und Sümpfen, der Verlust von natürlichen und naturnahen Lebensräumen, die zunehmende Inanspruchnahme und Intensivierung landwirtschaftlicher Flächen sowie eine mögliche Überjagung einzelner Arten genannt. Herbert Ringleben stellte 1957 fest: „*Die Zeiten des Massenvorkommens nordischer Wildgänse im Innern Deutschlands und Mitteleuropas sind also längst vorüber, und heute findet hier nur noch ein spärlicher Durchzug statt, der in keinem Verhältnis zu den riesigen Scharen von einst steht.*"

Bestandseinbrüche und Erholungen im 20. Jahrhundert

Als Hauptursachen für die Bestandsrückgänge der paläarktischen Gänse sind eine ständige Übernutzung durch den Menschen sowie die vom Menschen verursachten Umweltveränderungen anzusehen. Während das Brüten in entlegenen Gegenden, Feuchtgebieten und in Kolonien im Allgemeinen einen hohen Schutz für die Brutvögel und deren Nachwuchs gegen Prädatoren bedeutet, gilt dies im Falle des Menschen nur sehr begrenzt. Überall dort, wo der Mensch auf brütende Gänse stieß, wurden die Bestände intensiv genutzt; Brutvögel wurden getötet, Daunen und Eier aus den Nestern entnommen und Jungvögel gefangen. Die wachsende Bevölkerung, die zunehmende Besiedlung entlegener Gegenden sowie die stete Verbesserung von Jagdmethoden und Jagdwaffen erzeugten einen zunehmenden Druck auf die Gänsepopulationen der nördlichen Hemisphäre. Die Einführung von Steinschlossgewehren in der zweiten Hälfte des 17. Jahrhunderts sowie von Gewehren mit gezogenem Lauf in der zweiten Hälfte des 19. Jahrhunderts ermöglichten schnellere Schussfolgen und erhöhten die Treffsicherheit auch auf größere Entfernungen.

In Eurasien wurde diese negative Bestandsentwicklung in der ersten Hälfte des 20. Jahrhunderts noch dadurch beschleunigt, dass die Sowjetunion die dortige indigene Bevölkerung zwangsweise in Siedlungen zusammenbrachte und zum Teil in bisher unbewohnte Gebiete umsiedelte. Darüber hinaus wurden in der Arktis Gefangenenlager, militärische Anlagen und Bergbausiedlungen errichtet. Die intensive Nutzung der Ressource „Gans" in allen Teilen ihres natürlichen Lebensraumes, insbesondere an den Brut- und Mauserplätzen, setzte den eurasischen Gänsebeständen arg zu.

Als Reaktion auf die rückläufigen Gänsezahlen wurden in den 1920er-Jahren in den USA und Großbritannien die ersten großflächigen Wasservogel- und Gänsezählungen durchgeführt. Dieses maßgeblich von Ehrenamtlichen getragene Erfassungssystem verbreitete sich nach und nach durch immer neue Beteiligungen von Staaten und begründete das heute weltweit existierende System der Wasservogelerfassungen.

Landende Weißwangengänse bei Westerhever

Nachdem die katastrophalen Bestandsrückgänge unübersehbar waren, wurde in Nordamerika und großen Teilen Europas bis Mitte des 20. Jahrhunderts die Gänsejagd zunehmend eingeschränkt bzw. verboten und jedwede Störung der Fortpflanzung und Mauser untersagt. In den meisten Ländern schränkte man die herbstliche Bejagung ziehender und überwinternder Gänse ein und untersagte die Frühjahrsjagd vollständig. In der Sowjetunion wurden im Rahmen von Chruschtschows Entstalinisierung die arktischen Straflager in der zweiten Hälfte der 1950er-Jahre aufgelöst.

In der Folge dieser Maßnahmen setzte eine Erholung bei den meisten Gänsebeständen ein, wobei die Erholung des Graugans-Bestandes in einer Reihe von europäischen Ländern durch Auswilderungs- und Ansiedlungsaktionen unterstützt wurde. Gleichzeitig stellten sich die meisten Gänsearten für ihre Ernährung von der Vegetation der schrumpfenden natürlichen und naturnahen Habitate auf eine Ernährung auf landwirtschaftlichen Nutzflächen um, wodurch Nahrungsengpässe während des Zugs und im Wintergebiet entfielen. Das durchgängige und großflächige Angebot an hochwertiger Nahrung verringerte die Mortalität und ermöglicht den Gänsen, sich in größeren Gruppen zusammenzuschließen, wodurch sie besser gegen Prädation geschützt sind. Aufgrund des verringerten Verfolgungsdrucks und der angeborenen Flexibilität der meisten Gänsearten haben sich die Bestände der meisten Gänsearten seit Mitte des 20. Jahrhunderts erholt bzw. stabilisiert.

Blässgänse erkennt man gut an den schwarzen Bauchstreifen.

An der leuchtend hellgrauen Flügelvorderkante lässt sich die Graugans erkennen.

Bestandsentwicklung einzelner Arten

Graugans *Anser anser*

Nach der Eiszeit besiedelte die Graugans die mehr gemäßigten Klimazonen Eurasiens und lebte in un- bzw. dünn besiedelten typischen Feuchtgebieten, wie den damals ausgedehnten Flussauen und Mooren. Die weite Verbreitung dieser Habitate in Eurasien ermöglichte auch eine weite Verbreitung der Art sowie vermutlich hohe Bestandszahlen. Als die Bevölkerung Europas ab dem 17. Jahrhundert stark zunahm, reichten die höher gelegenen Bereiche für Wohnen und Nahrungserwerb nicht mehr aus und die Menschen nutzten zunehmend auch die Niederungen. Handel und Transport erfolgten bis ins 20. Jahrhundert vornehmlich über Flüsse und Seen. Die Flüsse wurden zunehmend reguliert, die Auen zu landwirtschaftlichen Nutzflächen gemacht und größtenteils eingedeicht. Die Trockenlegung von Seen und Niedermooren machte diese für Menschen nutzbar. Dies entzog den Graugänsen vielerorts die Lebensgrundlage.

Neben der Zerstörung von Lebensraum litten die Graugänse auch unter einer Zunahme von Störungen durch die wachsende Besiedlung ihrer Lebensräume. Mit zunehmender Technisierung, insbesondere seit Beginn des 19. Jahrhunderts, hat sich diese Entwicklung noch beschleunigt. Hinzu kam der Einsatz neu entwickelter, moderner und effektiverer Feuerwaffen bei der Jagd. Im frühen 18. Jahrhundert muss die Graugans in Deutschland noch recht häufig gewesen sein. Zur Bestandssituation im frühen 19. Jahrhundert berichtet Johann Friedrich Naumann (1844), dass dieser früher so häufige Brutvogel aus Anhalt-Zerbst weitgehend verschwunden sei und stellt fest „*Von vielen andern, nahen und ent-*

fernten Gegenden des östlichen und nordöstlichen Deutschlands ließe sich Gleiches sagen, und so wird sie unsern Nachkommen bald ein noch seltnerer Vogel werden, als sie uns, im Vergleich mit unsern Vorfahren, bereits geworden ist." Auf den Wochenmärkten der wachsenden Großstädte des 19. Jahrhunderts bildeten Vögel, insbesondere Wasservögel, ein bezahlbares Fleischangebot für die mittlere und ärmere Stadtbevölkerung. In der Folge gingen die Graugansbestände ab dem 18. Jahrhundert zurück und brachen im 19. Jahrhundert zuerst im Westen zwischen Atlantik und Ural zusammen, später auch in Teilen Sibiriens.

Anfang des 20. Jahrhunderts brütete die Graugans in Westeuropa nur noch lückenhaft östlich der Elbe. Der Bestand wurde in Ost- und Westdeutschland 1950 auf insgesamt 4.000–7.000 Vögel, der Bestand der westlichen Unterart *A. a. anser* auf 80.000–90.000 Vögel geschätzt. Wiedereinbürgerungsprojekte wurden in den 1930er-Jahren im Vereinigten Königreich und in den 1960er-Jahren u. a. in Frankreich, Belgien sowie den Niederlanden, Deutschland und Schweden gestartet, wonach im Nordwesten Europas eine Bestandserholung einsetzte. In den 1970er-Jahren wurde der Bestand der Unterart *anser* auf 190.000–200.000 und gegenwärtig (2020) auf 1,2–1,5 Millionen Vögel geschätzt.

Ursachen für die Bestandserholung der Graugans in Europa sind das Ende der ganzjährigen Verfolgung (Verbot von Eier- und Daunensammeln sowie Jungvogel- und Mauserfang) sowie die verbesserten Nahrungsbedingungen durch die moderne Landwirtschaft.

Saatgans *Anser fabalis*

Die Bestandsentwicklung der Saatgänse ist schwierig nachzuvollziehen, weil bis ins 20. Jahrhundert nicht bzw. nicht immer sauber zwischen den Populationen der Tundrasaatgans (Saatgans), Waldsaatgans (Taigasaatgans, „Ackergans")

Tundrasaatgänse sind durch einen runderen Kopf, eine gedrungene Körperform und oftmals dunkle Schnäbel gekennzeichnet.

Auch im Flug erkennt man den dunklen Kopf und die orangen Beine der Saatgänse sehr gut.

und Kurzschnabelgans unterschieden wurde. Heute werten wir die beiden Saatgänse als eigenständige Arten. Eine genaue Zuordnung von „Ackergans" bzw. „Saatgans" zu den jetzt bekannten (Unter-)Arten ist nicht immer einfach. Die Waldsaatgans überwinterte in den Hochmoorgebieten Südschwedens, Englands, Norddeutschlands und der Niederlande, während die Tundrasaatgans eher in den Flussniederungen und Niedermooren zu finden war.

Seit dem Mittelalter wurden in der norddeutschen Tiefebene die typischen Überwinterungshabitate der Saatgans nach und nach trockengelegt. In der Folge verloren zuerst die Tundrasaatgänse und später auch die Waldsaatgänse große Teile ihrer Wintergebiete und wurden zunehmend gezwungen, auf landwirtschaftliche Nutzflächen auszuweichen. Hierdurch gerieten sie vermehrt in menschliche Nähe und wurden einem höheren Verfolgungsdruck ausgesetzt. Aufgrund des seit der Begründung des russischen Kaiserreichs im 18. Jahrhundert in Russland einsetzenden Bevölkerungswachstums und der zunehmenden Besiedlung Sibiriens stieg auch in den Brutgebieten der Verfolgungsdruck für die Gänse stark an. Entsprechend gingen die Saatgansbestände zuerst im Westen, später auch im Osten Eurasiens stark zurück.

Nozeman & Houttuyn stellen 1797 fest, dass die – nach den Abbildungen eindeutig identifizierbare – Waldsaatgans in den Niederlanden die häufigste Gänseart war. Auch in Deutschland ist zu dieser Zeit die (Wald)Saatgans, die „... *im Winter oft in grossen Heerden angetroffen* ..." wird, eine sehr häufige Art, wie es Schmidt 1818 beschreibt. Dies behält auch bis in das frühe 20. Jahrhundert für die Niederlande und Deutschland Gültigkeit. In der ersten Hälfte des 20. Jahrhunderts nahmen die Zahlen der Waldsaatgans in den Niederlanden stark ab und die Art wurde von der häufigsten zu einer der seltensten Gänsearten.

Ab der zweiten Hälfte der 1960er-Jahre nahm die Zahl der überwinternden Saatgänse wieder zu, dabei handelte es sich vornehmlich um Tundrasaatgänse. Die Zunahme von Tundrasaatgänsen wurde zeitgleich auch im Osten Deutschlands und am deutschen Niederrhein bemerkt. Ein Großteil der von den Waldsaatgänsen geräumten Wintergebiete wurde nach und nach von Tundrasaatgänsen übernommen. Während die Zahl der Waldsaatgänse abgenommen hat, ist für die Tundrasaatgans nicht eindeutig geklärt, ob der Zunahme in Westeuropa ein real vergrößerter Bestand zugrunde liegt oder ob sich nur die überwinternden Vögel verstärkt nach Westen orientiert haben.

Mitte des 20. Jahrhunderts wurde der Tundrasaatgansbestand im Westen Eurasiens (*A. serrirostris*) auf 500.000–600.000 geschätzt. Für die Waldsaatgans (*A. fabalis*) wurde ein Bestand von 90.000–110.000 Vögeln angenommen. Durch Schutzmaßnahmen und gute Nahrungsbedingungen in den europäischen Wintergebieten sowie die zunehmend milden Winter der letzten Jahrzehnte hat sich die Tundrasaatgans in der westlichen Paläarktis weitgehend stabilisiert und wurde 2020 erneut auf 500.000–600.000 Vögel geschätzt. Für die Waldsaatgans sieht die Bestandssituation deutlich schlechter aus. Seit den 1990er-Jahren hat der Bestand sich auf ca. 45.000–55.000 Vögel halbiert. Grund sind wahrscheinlich die zunehmenden menschlichen Störungen in den Brutgebieten sowie die Frühjahrsjagd in Russland und Weißrussland.

Im Jahr 2015 wurde für die Waldsaatgans von den Mitgliedsstaaten des African Eurasian Waterbird Agreement (AEWA) ein „International Single Species Action Plan“ veröffentlicht. Dieser hat das Ziel, u. a. mit einer Jagdruhe den steten Bestandsrückgang zu stoppen.

Kurzschnabelgans *Anser brachyrhynchus*

Wie für die Saatgänse gilt für die Kurzschnabelgans, dass Aussagen zur Bestandsgröße aufgrund der unklaren Bezeichnungen bis ins 20. Jahrhundert schwierig sind. Die Art brütet in zwei weitgehend getrennten Populationen: die Island-Grönland-Population, die in Großbritannien überwintert, und die Spitzbergen-Population, die vor allem in den Niederlanden und in Dänemark überwintert.

Island-Grönland-Population. Bis zur Mitte des 20. Jahrhunderts waren die Brutgebiete dieser Population schlecht untersucht. In der zweiten Hälfte des 19. Jahrhunderts war die Kurzschnabelgans ein regulärer Wintergast der nördlichen und östlichen Teile der Britischen Inseln, aber die Zahlen waren möglicherweise rückläufig. Seit den 1950er-Jahren wurde der Bestand im britischen Wintergebiet jährlich ermittelt und auf 30.000–35.000 Vögel geschätzt. Von da an wurden steigende Bestände festgestellt, wobei in den 1970er-Jahren schon eine Bestandsgröße von 75.000–85.000 Vögeln und in den 2000er-Jahren von 300.000–350.000 Vögeln erreicht wurde. Gegenwärtig (2020) wird der Bestand der Island-Grönländischen Kurzschnabelgans-Population auf 350.000–450.000 Vögel geschätzt.

Spitzbergen-Population. Mindestens Mitte des 19. Jahrhunderts wurde die Kurzschnabelgans immer wieder in kleiner Zahl in den Niederlanden beobachtet, aus Belgien fehlen sogar Meldungen über größere Zahlen vor den 1950er-Jahren. In der ersten Hälfte des 20. Jahrhunderts lag das Hauptwintergebiet in den Niederlanden in der Provinz Zeeland und an der IJsselmündung bei Kampen sowie in Deutschland in Ost- und Nordfriesland, wo alljährlich insgesamt bis zu 10.000 Vögel gezählt wurden. In kalten Wintern wichen die Vögel bis Belgien und Nordfrankreich aus. Für die Periode zwischen den 1930er- und 1950er-Jahren wurde eine Bestandsgröße von 10.000–12.000 Vögeln geschätzt. Seit den 1950er-Jahren setzte eine Bestandszunahme ein. Allerdings gingen durch Wasserbaumaßnahmen am Leuchtturm Arngast (Jadebusen) sowie den Bau des Leda-Sperrwerks bei Leer die großen norddeutschen Rastgebiete verloren. In den 1970er-Jahren erreichte der Bestand 15.000, in den 2000er-Jahren 35.000–40.000, in den 2010ern 80.000–85.000 und bis 2020 sogar 90.000–100.000 Vögel.

Damit Akzeptanzprobleme mit der Landwirtschaft vermieden werden, soll der Bestandsanstieg der Spitzbergen-Population der Kurzschnabelgans gestoppt werden. Hierzu wurde von der AEWA ebenfalls ein Action Plan beschlossen. Die wichtigsten Instrumente sind hier Entschädigungszahlungen an Landwirte und ein erhöhter Jagddruck entlang der Wanderroute, um die Bestandszahl auf rund 60.000 Individuen zu begrenzen.

Im Brutgebiet angekommen, suchen die Kurzschnabelgänse nach frischem Gras.

Blässgans *Anser albifrons*

Für Nozeman & Houttuyn ist die Blässgans 1787 „wahrscheinlich der häufigste Vogel der Welt". Im Deutschland des 19. Jahrhunderts ist die Blässgans *„häufiger in den nördlichen Teilen und in der Nähe der Seeküsten, namentlich der friesischen, im Oldenburgischen selbst tief landeinwärts"* und kommt dort *„oft in fast ebenso großer Anzahl als die Saatgans"* vor, die laut Naumann *„in ungeheuern Schaaren"* auftritt. Droste-Hülshoff bestätigt dies 1869 und stellt fest, dass die Blässgänse *„wechselnd oft in grosser Masse an den Nordseeküsten, besonders in den Niederlanden"* zu beobachten sind. 1919, also rund 50 Jahre später, stellt Schalow dagegen fest, dass die Blässgans *„... als sehr seltener Durchzugsvogel ..."* für die Mark Brandenburg bezeichnet werden muss. Laut Niethammer (1938) wechseln Blässgänse periodisch ihre Wanderungen *„...in bezug auf Zugwege, Winterquartiere und Menge der beteiligten Vögel. Erst zu Beginn des 20. Jahrhunderts wurde Massenauftreten der Blässgans in Mittel- und Südost-Europa häufiger beobachtet ..."*. *„In den meisten Gebieten Deutschlands ist die Blässgans ein seltener Durchzügler ..."*. In größerer Zahl trat die Art damals allerdings in den küstennahen Gebieten der Ost- und Nordsee auf. Für die Niederlande wurde angegeben, dass die Blässgans dort im frühen 20. Jahrhundert „ziemlich häufig" ist.

Die erste realistische Schätzung des Blässgansbestandes kommt aus den 1960er-Jahren: der Gesamtbestand in der westlichen Paläarktis wurde auf ca. 566.000–766.000 Vögel taxiert, aufgeteilt in ca. 16.500 Vögel der grön-

Blässgänse am Unteren Niederrhein

ländischen Subspezies *flavirostris* und 550.000–750.000 Vögel der westpaläarktischen Population, von denen 10.000–50.000 im Nordwesten und die übrigen im Südosten Europas überwinterten. In den 1990er-Jahren wurden ca. 30.000 *flavirostris*-Vögel gezählt sowie 750.000–1,3 Mio. Vögel in der westlichen Paläarktis, von denen 400.000–600.000 im Nordwesten und die übrigen im Südosten Europas überwinterten. Um 2010 erreichte die westeurasische Blässgans-Population fast 1,6 Mio. Individuen, mit ca. 24.000 *flavirostris*-Vögeln und bis zu 1.525.000 Vögeln der westpaläarktischen Population. Der größte Bestandsanstieg fand in der im Westen Europas überwinternden Population statt, während die Bestände in der restlichen Westpaläarktis (v. a. Südosteuropa) abnahmen bzw. nur mäßig zunahmen.

Zwerggans *Anser erythropus*

Die Zwerggans wurde zwar 1758 durch Carl von Linné erstmalig beschrieben, aber es war lange unklar, welche Art er beschrieben hat, und sie wurde noch lange als eine kleine Unterart der Blässgans betrachtet („Zwergblässgans“). Im späten 19. Jahrhundert behandeln viele Wissenschaftler die Zwerggans als eigene Art, aber es gibt Zweifel an ihrem Art-Status. Daher ist es nicht sehr verwunderlich, dass über das frühere Vorkommen der Art kaum Zahlenangaben vorliegen.

Über das Vorkommen der Zwerggans im 19. Jahrhundert in den Niederlanden schreibt Schlegel, dass die Art immer wieder beobachtet, gefangen und geschossen wird, andere sprechen von einem ziemlich seltenen Wintergast. In Deutschland bezeichnet Naumann die Zwerggans als seltene Art, aber als regelmäßigen Gast, „... *wenn auch meistens in geringerer Zahl als Anser albifrons.*“ Im Westen Deutschlands galt sie als selten, wohingegen im Osten Deutschlands regelmäßiges Vorkommen und manchmal auch größere Zahlen dokumentiert wurden. Über die Zwerggans auf der skandinavischen Halbinsel (Fennoskandien) wurde 1870 geschrieben, dass sie in Schweden in großer Zahl brütet und während des Zugs in großen Scharen zu beobachten ist. Dennoch war sie in Deutschland, Frankreich und Holland im Winter vergleichsweise selten.

Wie die Blässgans hat die Zwerggans ein individuelles Streifenmuster auf dem Bauch.

Es gibt also keine zuverlässigen Schätzungen des Zwerggans-Bestandes vor

Rastende Zwerggänse im schwedischen Hudiksvall

den 1960er-Jahren, aber es liegen einige Angaben zu regionalen Konzentrationen vor. So wurde für die 1920er-Jahre über eine regionale Konzentration von Zwerggänsen entlang der Südküste des Kaspischen Meeres von mindestens 30.000–60.000 Vögeln berichtet. Des Weiteren schätzte man das Wintermaximum der durch Ungarn ziehenden Zwerggänse in der ersten Hälfte des 20. Jahrhunderts auf 80.000–120.000 Vögel. Unter Berücksichtigung dieser entlang der auf verschiedenen Zugrouten geschätzten Zwergganszahlen scheint für das frühe 20. Jahrhundert ein Bestand von 100.000–200.000 Zwerggänsen in der westlichen Paläarktis wahrscheinlich.

In den 1970er-Jahren wurde der Brutbestand der Bolshezemelskaya Tundra (Nordrussland) auf 3.600–5.400 Zwerggänse und auf der Yamal-Halbinsel auf rund 10.000 Vögel geschätzt. Im Osten, auf der Taimyr-Halbinsel, brüteten ca. 110.000 Zwerggänse. Damit wäre der Bestand zwischen den 1920er- und 1970er-Jahren nahezu halbiert worden. Für die erste Hälfte der 1990er-Jahre schätzt Morozov die Größe des westpaläarktischen Bestandes auf nur noch 30.000–50.000 Vögel, was eine nochmalige Halbierung bedeutet. Um das Jahr 2000 wurde der westpaläarktische Bestand auf 20.000–35.000 Vögel und rund zehn Jahre später auf 30.000–40.000 Zwerggänse geschätzt. Ob die letztere Bestandszahl auf eine Bestandserholung hinweist, ist nicht klar, da die Erfassungsmethoden nicht immer vergleichbar sind und die Art ein sehr großes Überwinterungsareal aufweist.

Ringelgans *Branta bernicla*

Von der Ringelgans wissen wir, dass sie früher wohl sehr häufig war und der Bestand bis in das 19. Jahrhundert regional sehr groß war. Lorenzen beschreibt 1749 die Situation auf der Hallig Nordmarsch im Schleswig-Holsteinischen Wattenmeer: *„Die Rottgänse fliegen bey Tausenden am Ufer, und machen bey stillem Wetter ein so lautes Gegäckse, daß es scheint, als ob sie über wichtige Angelegenheiten Rath hielten. Im Frühjahr kommen sie zuweilen bey Hunderten aufs Land herauf spaziren, und fressen das Graß von unsern Wiesen ab.“*

Mitte des 19. Jahrhunderts hat sich das Wissen über die Ringelgans schon deutlich vermehrt. So schreibt A. Brehm: *„der hohe Norden der Alten und Neuen Welt* *ist die Heimat der Ringelgans. Auf Island brüten nur wenige, auf Spitzbergen sehr viele Ringelgänse; mehr nach Osten hin begegnet man ihnen im hohen Sommer an allen Küsten des Eismeeres, ebenso in der Hudsonbai und in den benachbarten Gewässern in Menge. Von dieser unfreundlichen Heimat aus treten sie alljährlich Wanderungen an, welche sie an unsere Küsten, zuweilen auch in südlichere Gegenden führen. Ende Oktober oder spätestens Anfang November bevölkern sie alle flachen Gestade der Ost- und Nordsee zu Tausenden. Soweit das Auge reicht, sieht man die Watten oder die Sandbänke, welche von der Ebbe bloßgelegt werden, bedeckt von diesen Gänsen; ihr Geschrei übertönt das Rollen der Brandung; ihre Massen gleichen, von fern gesehen, wenn sie auffliegen, einem dichten, weit verbreiteten Rauche und lassen jede Schätzung als unzulässig erscheinen.*“

Erst zu Beginn des 20. Jahrhunderts gingen die Brutbestände katastrophal zurück. Ein Grund war möglicherweise ein Massensterben der *Zostera*-Seegräser, der Hauptnahrungspflanze der Ringelgänse im Herbst. Eine Infektion mit Schleimpilzen befiel Seegrasbestände zunächst an der nordamerikanischen Atlantikküste, dann an der französische Atlantikküste, anschließend an den übrigen Küsten Europas. Hinzu kam eine intensive Nachstellung durch den Menschen. Neben der Jagd und dem Gänsefang, in nahezu allen europäischen Ländern, wurden von den 1920er- bis in die 1960er-Jahre alle Wildganspopulationen in der sowjetischen Arktis organisiert und im Großmaßstab gewerblich genutzt. Zur Versorgung der Insassen der Arbeits- und Straflager, des stationierten Militärs, des Bewachungspersonals sowie der Besatzungen von meteorologischen Stationen wurden die arktischen Wasservögel systematisch durch Eierentnahme, Fang (und Aufzucht) von Jungvögeln, Massenfang mausernder Vögel, Fang mit Fallen, Schlingen sowie im Rahmen von Sport- oder Fleischjagd genutzt. Die in großen Kolonien brütenden *Branta*-Arten Ringel- und Weißwangengans waren hiervon am stärksten betroffen. Ihre Bestände brachen daher zusammen.

Dunkelbäuchige Ringelgänse landen an der Leybucht.

Von einem geschätzten Bestand von über 200.000 Vögeln in den 1920er-Jahren ging der Bestand der in der russischen Arktis brütenden und in Westeuropa überwinternden Population der Dunkelbäuchigen Ringelgans (*Branta b. bernicla*) bis Mitte der 1950er-Jahre auf weniger als 16.500 Vögel zurück. Nachdem die Jagd international eingestellt wurde, wuchs der Bestand Ende der 1960er-Jahre auf 20.000–30.000. Bis in die 1990er-Jahre stieg der Bestand sehr stark an: auf 250.000–300.000 Vögel. Danach setzte allerdings wieder ein Rückgang ein. 2010 wurden noch 200.000–250.000 Dunkelbäuchige Ringelgänse gezählt. Die Gründe für diesen erneuten Rückgang sind bis heute unklar.

Eine Population der Hellbäuchigen Ringelgans (*Branta b. hrota*) brütet auf Spitzbergen und überwintert in Dänemark. Ein weiteres Brutvorkommen gibt es auf Nordgrönland und im Nordosten Kanadas, von wo diese im Winter nach Irland ziehen. Die auf Spitzbergen brütenden Hellbäuchigen Ringelgänse wurden Ende des 19. Jahrhunderts auf 40.000–50.000 Vögel geschätzt, nahmen aber aus ungeklärten Gründen stark auf weniger als 4.000 Vögel in den 1950er-Jahren ab. Zu dieser Zeit überwinterten ca. 6.000 *hrota*-Ringelgänse in Irland, in den 1990er-Jahren waren es dort wieder rund 12.000 Vögel und 20 Jahre später 40.000 Ringelgänse. Die Spitzbergen-Population der Hellbäuchigen Ringelgans wuchs von 1.600–2.000 Vögeln in den 1960er-Jahren langsam an und erreichte in den 2010er-Jahren 7.300–7.500 Vögel.

Weißwangen- oder Nonnengans *Branta leucopsis*

Diese Art hat zwei in Deutschland verbreitete Namen. Offiziell heißt die Art Weißwangengans, doch führt dies in der Praxis immer wieder zu Verwirrungen. Denn eigentlich hat sie ein weißes Gesicht. Die Gans mit der weißen Wange ist die Kanadagans.

Aus älterer Literatur wissen wir, dass die Weißwangen- oder Nonnengans im 18. Jahrhundert an den europäischen Küsten vorkam. Frisch berichtet

Im Schutzgebiet von Nordkehdingen finden die Weißwangengänse attraktives Feuchtgrünland vor.

Im Flug sind Weißwangengänse aufgrund der charakteristischen Färbung leicht zu erkennen.

1763, dass die Art auch im Odertal anzutreffen war und dort geschossen wurde. Bechstein stellt 1809 über die Art fest: „Im Winter erscheint sie *an den Brittischen Küsten und Morästen in ungeheurer Menge, und verläßt sie im Februar wieder. Zu dieser Jahreszeit besucht sie auch Deutschland; sie wird deshalb unter den schlesischen Vögeln mit aufgezählet, und ich kenne sie als einen Thüringischen Vogel.*“ Für das angehende 19. Jahrhundert stellt Naumann fest, dass die Art „.... *in nicht geringer Anzahl an das Gestade des südlichen Schwedens und auch an die diesseitigen Küsten der deutschen Ost- und Nordsee, in sehr großer Menge an die Westküste von Jütland und Holstein, an die von Holland, auch noch des nördlichen Frankreichs, ebenso häufig an einige nördliche und westliche von England und an die von Irland*“ vorkam. Bereits für die erste Hälfte des 19. Jahrhunderts wurde über rückläufige Bestandszahlen an der niederländischen Küste berichtet und in den 1950er-Jahren fanden russische Kollegen und Kolleginnen, dass die Brutbestände zu Beginn des 20. Jahrhunderts katastrophal abgenommen hatten.

In Westeuropa überwinterten in dieser Zeit drei getrennte Brutpopulationen der Weißwangengans. Im Gegensatz zu den Ringelgänsen handelt es sich dabei um die gleiche Unterart, nur mit weit auseinanderliegenden Brutgebieten. Die grönländische Population brütet an der Ostküste Grönlands und überwintert an der Westküste Irlands und Schottlands. Die Spitzbergen-Population brütet vorwiegend an der Westküste Spitzbergens und zieht über die Bären-Inseln und Nordnorwegen nach Schottland. Die russische Population überwintert an der Nordseeküste von Belgien bis nach Dänemark und brütet an der Barentssee: von der Kanin-Halbinsel entlang der Küste bis nach Gydan, auf der Insel Kolgujev sowie auf Nowaja Semlja.

Der Rückgang der Brutbestände erreichte seinen Tiefpunkt in den 1950er-Jahren, als der grönländische Bestand auf rund 8.500, der Bestand der Spitzbergen-Population auf etwa 1.000 und der Bestand der russischen Population auf 10.000–20.000 Vögel geschätzt wurde. Ab dann setzte jedoch bei allen drei Populationen eine Bestandserholung ein. In den 1970er-Jahren erreichte die grönländische Population eine Bestandsgröße von 25.000–35.000, der Bestand der Spitzbergen-Population 5.000–7.000 und die russische Population eine Bestandsgröße von 40.000–50.000 Vögeln.

Seit 1971 besiedelte die Weißwangengans zuerst Gotland und Öland, später auch die weitere Küste der Ostsee. Heute brütet sie in drei Teilgebieten: dem ursprünglichen, arktisch-russischen Vorkommen, einem Brutvorkommen im Ostseeraum sowie einem zwischen Schleswig-Holstein und Belgien (Nordseepopulation). Die neuen Brutvorkommen gehen wahrscheinlich teilweise auf Gefangenschaftsflüchtlinge und Parkvögel zurück. Die Weißwangengänse der russisch-baltischen Population überwintern in Dänemark, Norddeutschland und in den Niederlanden. In milden Jahren finden sich sogar bereits Mitte des Winters Weißwangengänse in Südschweden.

In den 1990er-Jahren wurde der Grönland-Bestand auf 35.000–45.000, der Spitzbergen-Bestand auf 20.000–25.000 und der russisch-baltische Bestand auf 250.000–300.000 Vögel geschätzt. Auch im 21. Jahrhundert setzte sich das Bestandswachstum fort: In den 2010er-Jahren erreichte die Grönland-Population 70.000–80.000 Vögel, die Spitzbergen-Population 30.000–40.000 Vögel und die russisch-baltische Population 1–1,4 Millionen Vögel. Seit 2015 stagniert das Bestandswachstum.

Warum die Weißwangengans-Bestände bereits im 19. Jahrhundert rückläufig waren, ist unbekannt. Für den starken Bestandsrückgang der in großen Kolonien brütenden Gänseart im frühen 20. Jahrhundert gilt die verstärkte menschliche Aktivität, erhöhte Störung und Nachstellung in den Brutgebieten als Hauptgrund. In Ost-Grönland wurden ab 1908 die jagdlichen und fischereilichen Aktivitäten und die Gründung von Siedlungen verstärkt. Auf Spitzbergen begann ab 1900 die Rohstoffgewinnung und die damit verbundene verstärkte Besiedlung, während auf Nowaja Semlja bereits im Jahr 1872 eine erste dauerhafte Siedlung auf der Südinsel gegründet wurde. Solche Besiedlungen gingen stets mit einer Zunahme der Störungen und der jagdlichen Aktivitäten einher. Darüber hinaus könnten die militärischen Vorhaben, die auf Nowaja Semlja ab 1955 in den dortigen Atomtests gipfelten, die Verlagerung brütender Weißwangengänse von der Insel zur Südküste der Barentssee, des Weißen Meeres und des Baltikums ausgelöst oder gefördert haben. Die Bestandserholungen folgten auf ein umfassendes Jagdverbot in allen europäischen Ländern.

Die Rothalsgans lässt sich an ihrem auffälligen Gefieder sofort erkennen.

Rothalsgans *Branta ruficollis*

Laut Alphéraky brütete die Rothalsgans in der zweiten Hälfte des 19. Jahrhunderts in einem geschlossenen Brutgebiet von der Ob-Mündung im Westen bis zur Mitte der Halbinsel Taimyr im Osten. Als Wintergebiet gibt der Autor die Region des Kaspischen Meeres und des Aral-Sees an. Beschreibungen im späten 20. Jahrhundert bestätigen dies, wenngleich nun die Schwerpunkte auf der Gydan-Halbinsel und im Pjasina-Becken auf West-Taimyr lagen. Damit scheint das Brutgebiet sich zwischen 1900 und 2000 etwas gegen Osten verlagert zu haben.

Rothalsgänse rasten in großen Scharen in Kasachstan, Bulgarien oder wie hier in Rumänien (Lacul Balta Alba).

Über die Bestandsgröße im 19. Jahrhundert liegen zwar keine Zahlen vor, aber aufgrund der vorliegenden Fakten über die intensive Nutzung der arktischen Gänsebestände in der ersten Hälfte des 20. Jahrhunderts ist es nicht unrealistisch, davon auszugehen, dass der Rothalsgans-Bestand im 19. Jahrhundert deutlich höher war als die in den 1950er-Jahren geschätzten 50.000–60.000 Vögel. In dieser Zeit wurden zur Versorgung der Lagerinsassen, des stationierten Militärs, von Bewachungspersonal sowie der Besatzungen von meteorologischen Stationen die arktischen Wasservogelpopulationen systematisch genutzt. Hinzu kommen der aufgrund menschlicher Einflussnahme zwischen den 1930er- und 1980er-Jahren stark absinkende Wasserpegel des Kaspischen Meeres sowie der seit den 1950er-Jahren austrocknende Aralsee, wodurch die Überwinterungsbedingungen der Rothalsgans im kaspischen Raum sich deutlich verschlechterten. In der Folge ging der Rothalsgans-Bestand wahrscheinlich bereits seit den 1930er-Jahren zurück.

In der zweiten Hälfte der 1960er-Jahre verlagerten die Vögel ihr Überwinterungsgebiet vom kaspischen Raum zur Westküste des Schwarzen Meeres. 1970 wurde die Art in der gesamten UdSSR unter Schutz gestellt, wonach der Bestand von damals 20.000–30.000 Vögeln sich langsam erholte. In den 1990er-Jahren wurde dieser auf 50.000–60.000 Vögel geschätzt. In den 2000er-Jahren erreichte der Bestand mit 60.000–70.000 Vögel ein Maximum und ging seitdem wieder zurück: auf 50.000–60.000 Vögel in den 2010er-Jahren.

4 Kolgujev – die Insel der Gänse

16. Juni.–Das Wetter war so still und ruhig, dass es ganz sicher schien, die Saxon für eine Weile zu verlassen und etwas von der Insel zu sehen, bevor wir wieder nach Süden fuhren, um zu sehen, ob sich das Eis bewegt hatte. So stiegen wir an diesem Morgen um 10.30 Uhr in das kleine Boot. [..] Wir fanden den Strand teilweise mit einer Eisschicht bedeckt, die zweifelsohne durch das Spülen der Wellen entstanden war. Dieses Eis erstreckte sich über das Meer hinaus und bildete eine feste Plattform, die von kleinen Buchten durchzogen war. In eine dieser Buchten fuhren wir mit dem Boot hinein, und sprangen hinaus auf das Eis. [..] Es war vereinbart, dass, sollte irgendetwas unsere plötzliche Rückkehr erfordern, die Dampfpfeife ertönen sollte. Wir waren gerade unterhalb eines großen Flusses gelandet, der von unserer Position aus nichts anderes sein konnte als die Kriva. [..] Und so ging ich die Küste hinauf, während mein Begleiter direkt ins Landesinnere ging. Aber es herrschte Ebbe. Wir fanden nur eine breite Flussmündung, die ganz aus Sand bestand, kein einziger Felsen und kaum ein Stein war zu sehen, und nur ein Wasserstrom in der Rinne, etwa drei Fuß tief. Auf dem Flusssand war die Spur eines Fuchses. Wir bogen nach Süden ab und gingen allmählich landeinwärts.

Aubin Trevor-Battye „Ice-bound on Kolguev" 1895

Ein Forschungssommer auf der Eismeerinsel

Kolgujev, eine Insel etwa halb so groß wie Belgien, liegt in der Barentssee, ungefähr 90 km vor der Küste des russischen Festlandes. Hierher kommt jedes Jahr ein Großteil der in Europa überwinternden Bläss-, Weißwangen- und Saatgänse zur Brut. Ihre Anreise ist lang, riskant, teuer und mühevoll. Warum nehmen sie diese auf sich? Der arktische Sommer ist in der Regel kurz, das Wetter oft ungemütlich und viele Räuber lauern darauf, das Gänsegelege oder die Küken zu ihrer Nahrung zu machen. In manchen Jahren scheitert dadurch ihre Brut. Warum aber trotzdem die Arktis im Allgemeinen und Kolgujev im Speziellen die besten Brutgebiete darstellen, haben wir auf mehreren Expeditionen seit 2006 untersucht.

Bei Frost Ende Mai musste sich Helmut Kruckenberg für die Nestersuche warm anziehen.

Etwas mehr als eineinhalb Stunden dauert der Flug vom Festland mit dem Helikopter MI-8 MTW, dem Arbeitstier des russischen Nordens. Wir landen am 25. Mai 2006 das erste Mal auf der Insel Kolgujev. Gut drei Tonnen Ladung kann er transportieren. Wir haben ein ganzes Forschungscamp mit Ausrüstung für eine dreimonatige Expedition dabei. Der Flug beginnt in Naryan-Mar am Petschora-Fluss, der Hauptstadt der autonomen Provinz der Nenzen, einer indigenen Volksgruppe. Drei Tage benötigt man von Deutschland, bevor man in den Hubschrauber steigen kann. Verglichen mit den Mühen, die der Brite A. Trevor-Battye vor 120 Jahren auf sich nehmen musste, als er die Insel mit dem Boot erreichte, ist unsere Anreise bequem. Bereits im Herbst 1893 war er bis nach Archangelsk gereist, um seine Expedition vorzubereiten. Am 2. Juni 1894 legte das Segelschiff *Saxon* ab und erreichte 14 Tage später die Gewässer vor Kolgujev. Trevor-Battye war der erste Naturforscher überhaupt, der die Insel besuchte. Zuvor hatten Segler ihre tückische Küste gemieden. Trevor-Battye blieb gut ein Jahr auf Kolgujev und verfasste ein umfangreiches Buch, das das Leben der Nenzen beschreibt, ebenso wie die Vogelwelt der Insel. Seitdem gab es nicht einmal zehn Expeditionen nach Kolgujev. Allesamt waren sie nur eine bis zu zwei Wochen lang. Zuletzt waren russische Ornithologen 1994 auf der Insel und führten erstmals Untersuchungen an den Vögeln durch. Und nun – Ende Mai 2006 – sind wir hier angekommen.

Bis zu drei Tonnen Ausrüstung kann der russische Helikopter für eine Expedition laden.

Um nicht tief in den Tundraboden einzusinken, lässt der Pilot den Rotor des Helikopters laufen. Tief gebückt steigen wir aus. Zunächst ist keine Zeit, sich zu orientieren. Die Heckklappen des Mi-8 werden geöffnet und alle müssen mit anpacken, um das viele Gepäck aus dem Hubschrauber zu laden und gut 30 m entfernt auf einen Stapel zu legen. Noch liegt an vielen Stellen Schnee, bei einer Temperatur von 3° C. Der Strahl heißer Abgase am Hinterende des Helikopters trifft uns hart im Vorbeirennen. Nach weniger als zehn Minuten ist der Flieger leer, Klappen zu, der Navigator winkt aus der Seitentür. Das gesamte Forscherteam legt sich auf den Gepäckstapel. Nach einigen Hopsern hebt das wuchtige Fluggerät ab. Der Wind der Rotoren trifft uns direkt. Keine Chance, die Kamera ruhig zu halten. Einige leichte Gepäckteile sausen mit dem Sturm des aufsteigenden Hubschraubers davon.

Keine Minute später ist er südwärts verschwunden. Nach über einer Stunde Fluglärm im Inneren des Mi-8 fällt sie umso mehr auf: die unglaubliche Stille der Arktis. Allerdings ist nur wenig Zeit, sie jetzt zu genießen. Das Wetter ist grau. Unbeständigkeit ist eines der Kennzeichen Kolgujevs. Ständig dreht sich der Wind, treibt von Westen, Norden oder Osten feuchte Luft heran. Kommt der Wind von Nord, wird es bitterkalt. Dreht er auf Süd, wird es Sommer. Ende Mai herrschen noch nord- und westliche Winde vor. Eilends werden die Zelte aufgebaut. Da kommt einiges zusammen: das Gruppenzelt mit der Küche, Vorratszelte für Lebensmittel und Ausrüstung; eine Banja, die russische Sauna, darf nicht fehlen. Sie ist allerdings weniger eine echte Sauna, sondern ein Zelt mit einem Ofen. Hier kann man sich warmes Wasser machen, für sich selbst und das Waschen der Kleidung. Nachdem alle Vorräte eingelagert sind, kommen die persönlichen Zelte dran. Es entsteht eine kleine Zeltstadt, die wacker den arktischen Stürmen zu trotzen hat.

Im Delta des Peschanka Flusses, wohin große Mengen des Schmelzwassers Kolgujevs fließen, brüten Weißwangengänse in großen Kolonien.

Frühling der Gänsenester und die letzten Schneefelder

Unsere Expeditionen sind immer zeitlich dreigeteilt. Mit einer kleinen Crew beginnen wir im Mai zunächst damit, im weiten Umkreis des Lagers Gänsenester zu suchen, ihre Lage einzumessen und die Zahlen, Gewichte und Maße der Eier zu bestimmen. Auch haben wir feste Probeflächen festgelegt, in denen wir alle brütenden Vogelarten aufnehmen, um Jahr für Jahr und im Vergleich zu 1994 die Entwicklung der Bestände zu vergleichen. In dieser Phase sind wir ständig unterwegs. Es gibt viel zu tun und alles muss zu Fuß erledigt werden. Für die Überquerung der großen Flüsse gibt es ein Schlauchboot. Überall liegt noch Schnee und teilweise verbergen sich unter diesen Schneefeldern tiefe Eiskanäle: unterirdische Schmelzwasserrinnen, die die Bäche geschnitten haben, die nach oben aber noch mit einem Dach aus Schnee bedeckt sind. Hier besteht Lebensgefahr, wenn man einbricht. Hüfthohe Gummistiefel sind Standardausrüstung, denn überall schmilzt es. Jeder Bach ist nahezu unüberwindlich angeschwollen und macht weite Umwege erforderlich. Trotzdem bringen wir lange Touren zustande, oftmals von mehr als 20 km Länge, quer durch die Tundra. Es ist bereits rund um die Uhr hell, und wer läuft, hält sich immerhin warm. Zurück im Camp heißt es: schnell etwas essen, dann in den warmen Daunenschlafsack im Zelt!

Verhaltensbeobachtungen der ankommenden Gänse im Frühjahr

Im Vergleich mit dem sibirischen Festland weist Kolgujev eine bedeutsame biologische Eigenheit auf: Es gibt hier keine Kleinsäuger. Vom Festland kennen wir Lemmingzyklen, wobei Jahre mit vielen Lemmingen und Jahre mit wenigen Lemmingen sich in einem festen Rhythmus abwechseln. In Jahren mit vielen Lemmingen sind diese Kleinsäuger die Hauptbeute von Eisfuchs, Eismöwe und anderen Beutegreifern. Dadurch können die Gänse und Watvögel recht ungestört brüten und viele Junge aufziehen. Diese markante Wechselwirkung zwischen Lemmingen, Fressfeinden und dem Bruterfolg der Bodenbrüter fehlt hier auf der Insel. Für die Gänse ist zudem der Weg von den Tundren zu den Salzwiesen am Meer nicht weit. Ebenso findet sich aber im zerklüfteten Inneren der Insel eine große Vielfalt arktischer Lebensräume von Mooren bis trockenen Tundren, die während der Jungenaufzucht der Gänse wechselweise genutzt werden und so eine konstante und qualitätvolle Nahrungsgrundlage sichern.

Die Gegebenheiten auf Kolgujev sind offenbar so herausragend günstig, dass es einen großen Teil der gesamten Gänsepopulationen der westlichen Arktis zur Brut hierherlockt. Im Sommer 2006 fanden wir während unserer Untersuchungen Brutdichten von 32–40 Nestern pro km^2 bei Blässgänsen und ungefähr 10 Nestern pro km^2 bei Saatgänsen. In den folgenden, kälteren Jahren 2007 und 2008 lagen die Dichten etwas niedriger. Die Weißwangengänse brüteten nach Erzählungen der Ölsucher dort aufgrund einer Schlechtwetterphase erstmals 1985 auf Kolgujev, Mitte der 1990er-Jahren war die Zahl schon auf einige hundert Paare angewachsen. Aber damit verglichen war die Zahl der Weißwangengänse in 2006 eine Sensation. Allein in der Kolonie am Peschanka-Fluss im Nordosten der Insel brüten nach unseren Zählungen hochgerechnet 55.000 Paare! Unsere Hochrechnungen für die gesamte Insel ergaben, dass möglicherweise 20–30 % der westeurasischen Blässgans- und wahrscheinlich mehr als 30 % der russischen Weißwangenganspopulation auf Kolgujev brüten. Auch für die Tundrasaatgans ist die Insel ein wichtiges Brutgebiet. Hier brüten möglicherweise 10–20 % der Weltpopulation.

Ende Juni haben wir die ersten Arbeiten erledigt. In weitem Umkreis um das Lager sind alle Gänsenester aufgenommen, dazu die Nester von Wanderfalke und Raufußbussard. Auch die anderen Brutvogelarten wie Gold- und Kiebitzregenpfeifer, Alpen-, Zwerg- und Temminckstrandläufer sind dokumentiert. Die bunten Odinshühnchen finden sich an vielen kleinen Teichen und die Balz der Kampfläufer unweit unseres Camps in den sandigen Dünen hat uns stundenlang begeistert. Auch die Baue der Eisfüchse haben wir entdeckt. Die erste Phase geht zu Ende. Bald schlüpfen die Gänseküken – und wir erwarten Verstärkung.

Anfang Juli schlüpfen die Gänseküken überall auf der Insel.

Sommerliche Kükenschwemme

Bei Gefahr drückt sich die Gans im Nest ganz tief auf den Boden.

Es ist Ende Juni. Fast zehn Minuten bevor der Hubschrauber in Sicht kommt, kann man ihn bereits hören. Erst ist er nur ein kleiner Punkt am Horizont, doch wird er schnell größer. Auf dem See hinter der Hügelkette fliegen die Gänse in wilder Panik hoch und ziehen ihre Kreise. Laut knatternd überfliegt der Helikopter das Camp wie eine bunte, viel zu große Hummel. Die Piloten testen den Wind und kommen gegen den Wind zurück. Wir haben mit Flatterband eine Landestelle markiert – in ehrfürchtigem Abstand zu unseren Zelten. Ganz vorsichtig schiebt sich das große Fluggerät heran. Noch schwebt er über dem Boden, da geht die Tür auf und der Navigator springt heraus. Mit einer Stange prüft er die Tragfähigkeit des Bodens. Erst als er zufrieden ist, setzt der Pilot auf. Auch jetzt geht alles wieder sehr schnell, aussteigen, einsteigen, Gepäck sichern, hinzu kommen herzliche Begrüßungs- und Abschiedsszenen. Einige aus unserem Team verlassen jetzt die Insel, während andere neu ankommen. Einige freudige Umarmungen, selbst für kurze Gespräche ist es zu laut. Und schon ist der Hubschrauber wieder in der Luft.

Im Grunde beginnt jetzt der Sommer. Die Temperaturen erreichen auch im Hochsommer nur an wenigen Tagen die 20 °C-Marke, ebenso kommen aber noch Ende Juli Tage mit 5–8 °C vor. Zumeist weht ein kräftiger Wind, der häufige Nieselregen gibt selbst den arktischen Mücken kaum eine Chance. Trotzdem sind sie da. Kaum tritt mal Windstille ein, summt es unangenehm und jeder wünscht sich den Nieselregen zurück. Das Sommerwetter in der Arktis ist für uns Menschen meist nicht gerade einladend. Die Gänse sehen das anders: Sie finden hier die Bedingungen vor, die sie auch bei uns im Winter bevorzugen. Dennoch: Die Witterung im Frühjahr hat auf Kolgujev maßgeblichen Einfluss auf die Anzahl der brütenden Gänse. Ist das Frühjahr auf dem Zugweg kalt und schneereich, kommen die Gänse spät an und müssen zudem oftmals noch lange warten, bis ihre Nistplätze schneefrei werden. Die Wartezeit in solchen Jahren zehrt an der Kondition der Vögel: Sie finden nichts zu fressen und müssen von ihren Reserven leben. Hält diese Phase länger an, müssen mehr und mehr Paare die Brutpläne aufgeben. Dies gilt besonders in den höheren Lagen, wo sich Eis und Schnee länger halten. Das erste Ei im

Eileiter des Weibchens wird dann irgendwo abgelegt, die übrigen Eier werden zurückgebildet. Ein Großteil der Paare zieht in solchen Jahren nach kurzer Rast im Juni weiter ostwärts in Richtung der traditionellen Mauserplätze auf Taimyr oder Nowaja Semlja – ohne eine Brut versucht zu haben.

Doch selbst wenn sich die Paare zur Brut entschlossen haben, kann ein kaltes Frühjahr den erhofften Erfolg stark gefährden. Während die Gans mit großen Reserven im Brutgebiet ankommt, sind die Männchen zumeist in schlechterer Verfassung. Finden sie in den Tagen vor und während der Eiablage nicht ausreichend Nahrung, müssen sie später die Gans auf dem Nest zeitweise allein lassen, um in der weiteren Umgebung Nahrung zu suchen. Ist die Gans allein, kann sie das Nest aber nicht mehr gegen den Eis- oder Polarfuchs verteidigen und oft geht das Gelege dann verloren. Anders in Jahren mit einem milden Frühjahr: Die Gänse kommen auf Kolgujev an und finden sogleich reichhaltige Nahrung. Fast alle Brutplätze sind schneefrei und in diesen Jahren schreiten nahezu alle Paare zur Brut. So schwankt die Anzahl brütender Blässgänse auf Kolgujev hochgerechnet zwischen 120.000 (kaltes Frühjahr 2007) und 180.000 Brutpaaren (mildes Frühjahr 2006).

Dies ist die große Aufgabe der zweiten Arbeitsphase: Nach dem Schlupf müssen alle Kontrollnester erneut besucht werden. Mit dem Computer werden am Abend im Camp die GPS-Geräte gefüttert. Jede Gruppe besteht zumeist aus zwei oder drei Personen und nimmt sich ein Teilgebiet vor. Bei

Blässgänse bewachen ihr Gelege.

der Ankunft am Nest lässt sich mit einiger Übung gut erkennen, ob die Küken geschlüpft sind oder die Eier geraubt wurden. Blutige Eischalen sprechen für Möwen als Prädatoren, trockene Eimembranen für geschlüpfte Küken. Immer ist zügiges Arbeiten angesagt: Man muss sich ranhalten, denn das Wetter kann schnell wechseln. Regentage sind Computertage. Der starke Wind und die kalten Temperaturen sind nicht dazu geeignet, stundenlang im Regen herumzulaufen. Umso wichtiger ist es, günstiges Wetter zu nutzen. „Ach, das mache ich morgen" funktioniert in der Tundra nicht. Was zählt, ist der Augenblick und das gewonnene Ergebnis. Nur gut, dass es Tag und Nacht hell ist.

In der ersten Juliwoche schlüpfen meist die Küken. Dies passiert in milden Jahren fast überall auf der Insel gleichzeitig. Für die Gänse ist das von großem Vorteil. Plötzlich werden Eisfuchs und Eismöwe quasi von einer „Kükenwelle überrollt". In der großen Masse haben viele eine Chance zu überleben. Die Küken von Paaren, die zu früh oder auch zu spät mit der Brut beginnen, werden fast immer zur leichten Beute. Es gibt also einen enormen Selektionsdruck auf den richtigen Zeitpunkt, der seinen Einfluss rückwirkend bis zum Datum des Abflugs in Westeuropa geltend macht.

Ganz ruhig werden die Gänse in die Fanganlage gelenkt.

Der Juli ist der Monat der vollen Mitternachtssonne – und der Küken. Wir müssen in dieser Zeit vorsichtig sein. Überall in der Tundra sind Gänsefamilien unterwegs. Hinzu kommen die vielen Küken der Watvögel und der Enten. Auf den großen Seen schwimmen Zwergschwäne mit ihren Jungen und selbst die Schmarotzerraubmöwen und Eismöwen haben Junge. Besonders die Eismöwen sind gewieft. Schon nach wenigen Tagen haben sie gelernt, dass es nutzbringend ist, wenn sie uns folgen. Stöbern wir doch mal versehentlich eine Gänsefamilie in den Weidendickichten auf, kann man wetten, dass die Eismöwen versuchen, die Küken zu erbeuten.

Herbststürme und Mauserfänge

Bereits Ende Juli beginnt die dritte und letzte Phase des arktischen Forschungssommers: der Herbst. Wieder taucht der Mi-8 auf, Leute kommen und gehen. Insgesamt erreicht das Camp mit jetzt 10–14 Personen seine größte Stärke. Nun kommt die Zeit des Mauserfangs der Gänse und der Beringung von

Enten. Dafür brauchen wir sehr viel Material: fast 200 m Netze, Stangen, Boote, Heringe, Aufbewahrungszelte, Ringe, Sender, Lineale, Beringungszangen, Klappstühle. Ziemlich vollbepackt ziehen wir morgens los. Auf den Seen rings um das Camp mausern die Gänsefamilien. Zu Beginn müssen wir daher nicht weit laufen. Gut zwei Kilometer über den weichen Tundraboden, durch Bäche und Moore mit rund 30 kg Alustangen auf dem Rücken, das ist natürlich wenig bequem. Ein kleines Team ist bereits vorausgegangen, um die Gänse zu suchen. Vorsichtig muss man agieren und im weiten Bogen im Sichtschutz der Hügel um die Seen herumlaufen. Erst wenn sich der Kreis um den See geschlossen hat, kann man die Nase über die Hügelkante stecken und schauen, wie viele Gänse auf dem Wasser schwimmen. Während der Mauser sind die flugunfähigen Gänse extrem vorsichtig. Schon wenn sie uns auf einer Hügelkuppe in zwei Kilometern Entfernung entdecken, nehmen sie Reißaus.

Ist es aber gelungen, den See mit drei Leuten zu umstellen, bleiben die Vögel auf der Mitte des Sees. Möglichst gut gedeckt wird nun hinter dem nächsten Hügel die Netzanlage aufgestellt. Alles muss stabil und sicher eingerichtet werden – auch wenn der Wind noch so stark bläst. Ist das Netz fertig, werden am entgegengesetzten Seeufer die Schlauchboote zu Wasser gelassen. Die übrigen Personen ziehen sich am Ufer zusammen. So werden die Gänse ans gegenüberliegende Ufer gedrängt und treten die Flucht über den Hügel zum nächsten See an. Hinter der Kuppe steht das Netz. Am Ende der trichterförmigen Netzanlage öffnet sich ein schmales Tor, dahinter ein weiter umzäunter Raum. Hier sammeln sich die Gänse. Sind alle im Korral, wird das Tor geschlossen. Ein solcher Fang kann einige Dutzend, bei Weißwangengänsen auch einige Hundert Vögel umfassen. Nun werden die Gänse nach und nach aus dem Korral genommen. Wie am Fließband verläuft die Beringungsarbeit: Metallring, Farbring, Geschlechtsbestimmung, Maße, Tupferprobe wegen Vogelgrippe, in manchen Fällen auch Blutproben. Manchmal geht das mehr als 12 Stunden so. Den härtesten Job hat die Person, die alle Daten

notieren muss: bei 1–4 °C werden die Finger fürchterlich kalt und steif! Die Vögel werden in speziellen Hälterungszelten aufbewahrt, damit alle Gänse, und somit die Familien, auch wirklich gemeinsam entlassen werden können. Dies ist ein spektakulärer Augenblick. Auf „Drei“ reißen wir alle die Ecken der Gänsezelte hoch und die Gänse rasen in Richtung See davon. Hier angekommen, beginnen sie sofort zu baden. Die Familien müssen sich neu sortieren – das alles geschieht mit einem gänsetypischen, besonders lautstarken Geschnatter.

Die Tage sind jetzt schon kürzer. Am 20. Juli berührt die Sonne das erste Mal wieder den Horizont. Anfang August ist es bereits drei Stunden in der Nacht sehr dunkel, nur ein Schein am nördlichen Horizont bleibt bestehen. Die Tage sind warm, aber in einigen Nächten gibt es ersten Frost. Auf dem Heimweg

Im Hochsommer führt der Peschanka-Fluss nur noch wenig Wasser.

vom Gänsefang breitet sich von den Seen kommend Nebel aus. Dies kann gefährlich werden. Gut, dass jeder ein GPS-Gerät dabei hat!

Am 15. August endet die Saison. Die meisten Gänse können jetzt wieder fliegen. Wir haben jeden Tag mehr Gänse beobachten müssen, die über unsere Netze hinweg flogen, und die Zahl der gefangenen Vögel wurde täglich kleiner. Die letzten Tage haben wir genutzt, um im weiten Umkreis nochmal alle Seen zu kontrollieren: Wo finden sich Entenfamilien? Diese werden erst deutlich später flügge, und zu dieser Zeit kann man sie noch sehr gut auf den großen Seen auszählen. Gleichzeitig besteht jetzt noch die Chance, in den weit vom Camp entfernten Bereichen Saatgansfamilien anzutreffen. Sie haben unsere Nähe fast sofort nach unserer Ankunft verlassen und nun treffen wir sie wieder. Mit etwas Geschick lassen sich die Gänse mit der Hand fangen. Vorsichtig muss man sich anschleichen, nie den Vogel direkt ansehen und – im letzten Augenblick – weit und beherzt in die Weidenbüsche springen. Oftmals fängt man so einen oder beide Altvögel und die noch unbedarften Jungtiere obendrein.

In der Nacht vom 13. zum 14. August 2019 kommt ein Sturm auf. Obwohl unsere Zelte in einer Senke aufgebaut sind, rüttelt der Wind hart an ihnen. Die leichteren Bauweisen hatte es schon gleich zu Beginn zerstört. Doch dieser Sturm ist anders. Der Wind steht so stramm auf unserem Küchenzelt, dass die Seitenwand reißt. Wir legen die anderen Zelte nieder und beschweren sie mit Steinen, Holz und Kanistern. Nachtwache.

Am nächsten Morgen offenbaren sich die Schäden. Das Küchenzelt ist wohl unbrauchbar. Glücklicherweise bleibt nur ein Tag bis zur Abreise. Wir entscheiden, bereits jetzt das Camp weitgehend abzubauen und nur dringend benötigte Teile stehen zu lassen. Dann sind wir am kommenden Tag auch etwas schneller. Das Packen dauert ziemlich lange, obwohl alle hart mitarbeiten. Alles muss so verschnürt werden, dass wir es am Festland gleich vom Flughafen aus in ein Zwischenlager bringen können. Und so liegen wir am kommenden Tag im Windschatten unseres riesigen Gepäckstapels und warten auf den Helikopter. Für uns geht die Reise jetzt über Naryan-Mar und Moskau nach Hause. In vier Tagen sind wir daheim. Die Gänse bleiben noch gut drei Wochen hier, bevor auch sie Richtung Norddeutschland aufbrechen. Dann allerdings sind sie schneller: sie können es in zwei Tagen schaffen.

Expeditions-Video Kolgujev 2019
https://youtu.be/z6ZOQVT_JSY

5 Brüten in der Arktis – wozu der Aufwand?

Die großen Vorgänge der arktischen Welt sind nicht leicht zu ertragen. Im Winter wird es dunkel sein, man wird sich leichter verirren und keinen Fernblick haben. Es wird sehr kalt. Im Frühling stehen die Augen in Gefahr, von Licht und Schnee geblendet zu werden. Lawinen drohen, Flüsse schwellen an. Der Sommer Lapplands allein ist eine kurze versöhnende Zeit der Farben und Freude. Der Herbst bringt Sturm und Schnee. Frühherbst war also der letzte Teil der guten Monate.

Eberhard Koebel (tusk) „...seh ich Schwäne nordwärts fliegen" 1930/1977

Daunenbett für die Eier

Noch fliegen die brutwilligen Altvögel in kleinen Scharen in der arktischen Tundra auf Grönland, Spitzbergen oder in Russland umher und weiden an offenen, sumpfigen Stellen. Hier haben sie sich darauf spezialisiert, die noch grünen, dem Frost entgangenen Stängel des Wollgrases aus dem Boden zu ziehen. Anfang Juni sind alle Brutplätze an den Südhängen der Bachtäler so weit abgetaut, dass die Gänse mit dem Legen der Eier beginnen können. Dies geschieht zunächst mit großer Vorsicht. Bis das Gelege vollständig ist, werden die Eier gut versteckt, das Nest ist fast nicht zu finden. Erst wenn das

Während die Gans brütet, hält der Ganter nebenan Wache.

letzte Ei gelegt ist, beginnt die Gans mit dem Brutgeschäft. Um die Eier weich zu lagern und gegen die Kälte zu isolieren, kleiden die Gänseweibchen die Nestmulde jetzt mit den Daunenfedern aus ihrem Bauchgefieder aus. Während bei Singvögeln diese wärmenden Federn aufgrund hormoneller Prozesse ausfallen und den Brütebauch freigeben, lösen die weiblichen Gänse, Enten und Schwäne das lose Federvlies aktiv mit dem Schnabel ab und legen es ins Nest. Die gut durchblutete Haut am Bauch ist jetzt nackt und nur seitlich durch das Deckgefieder geschützt. Sie gewinnt also beim Brüten direkten Kontakt mit dem Ei. Dies führt zu dem benötigten Wärmeübergang vom brütenden Weibchen in die Eier. In der kargen arktischen Tundrenlandschaft zeigt nur noch eine Spur verwehter Daunen in den umliegenden Büschen ein vorhandenes Nest an – zumindest an ungeschützten Stellen. Bevor das Weibchen sich gelegentlich vom Nest entfernt, um in Eile etwas Nahrung aufzunehmen, Kot abzugeben und ihr Gefieder zu pflegen, zupft sie das Daunenvlies über die Eier. Sie werden dadurch nicht nur warmgehalten, sondern auch noch getarnt. Während Bläss- und Saatgänse weiträumig verteilt in der Tundra brüten, ziehen die kleineren Weißwangengänse es vor, sich in Kolonien zusammenzufinden.

Feinde in der Tundra

Der Eis- oder Polarfuchs ist der Hauptfeind der Gänse, ihrer Gelege und der Küken. Teilweise haben die Gänse Brutplätze gefunden, die aufgrund ihrer Lage an einem Steilhang an Fluss oder Küste vor dem Fuchs geschützt sind. Viele andere suchen die Nähe zu den Nestern großer fliegender Beutegreifer und erfreuen sich dort eines „Burgfriedens": Wanderfalke und Raufußbussard, Gerfalke und Schneeeule verteidigen die Umgebung ihres Brutplatzes aggressiv und wirkungsvoll gegen Feinde, lassen aber die Gänse

Der Eis- oder Polarfuchs ist der wichtigste Fressfeind in der Arktis.

ungeschoren. Diese profitieren also vom Schutzschild der Greifvögel. Sie müssen nur zusehen, dass sie später mit den geschlüpften Küken schnell zum nächsten Gewässer gelangen, wo sie schwimmend und tauchend Sicherheit finden. Aus diesen Gründen liegen viele kleine Gänsekolonien an den Steilufern von Flussläufen, an deren Oberkante Falken und Bussarde ihre Nester anlegen. An sicheren Orten wie auf Inseln oder Sandbänken bilden Ringel- und Weißwangengänse auch ohne diesen Schutz Kolonien.

Raubmöwen erbeuten Eier aus Gelegen und kleine Küken (hier eine Schmarotzerraubmöwe).

Allerdings ist das Spektrum der Interessenten für Gänseeier breit gestreut. Neben dem Eisfuchs interessieren sich auch die zahlreichen Möwen (Eismöwe, Tundramöwe) und Raubmöwen für die nahrhafte Beute. Während die größeren Bläss- und Saatgänse sich gegen die meisten Feinde auch als einzelnes Paar in der Tundra behaupten können, nehmen die kleinen Weißwangengänse eher den Schutz der Kolonie in Anspruch. Hier wird ein Feind von einem angreifenden Gänsepaar zum nächsten weitergereicht.

Partnerschaft der Gänse: Teilen der Aufgaben

Bei den Gänsepaaren hat sich eine klare Aufgabenteilung entwickelt. Während die Gans das Brüten allein übernimmt, sorgt der Ganter für die Sicherheit. 26 Tage bebrütet das Weibchen die Eier und verlässt das Nest nur selten und für wenige Minuten. Der Ganter bezieht in direkter Nachbarschaft zum Nest Position und baut sich ein kleines Nebennest, von wo aus er die meiste Zeit wacht. Dafür gibt es gute Gründe: der Eisfuchs ist ständig in der Tundra unterwegs, um Eier oder Altvögel als Nahrung für seine Jungen zu erbeuten. Auch Rentiere müssen sofort verscheucht werden und stets muss der Ganter vor Eismöwen auf der Hut sein.

Die einzeln brütenden Saat- und Blässgänse verlassen das Nest fast nicht, beide Partner zehren in dieser Zeit von den Fettreserven, die sie vor und während des Frühjahrszugs angesammelt haben. Bläss- und Saatgänse verlassen das Nest nur für ungefähr zehn Minuten am Tag. Dabei begleitet der Ganter stets seine Gans auf den Ausflügen. Weißwangengänse in den großen Kolonien hingegen können es sich erlauben, das Nest auch häufiger zu verlassen und einen kleinen Nahrungsausflug zu unternehmen. Kotfunde in der Umgebung des Nestes zeugen davon: während sich an den Nestern der grauen Gänse kein Kot findet, liegt bei den Weißwangengänsen rund um das Nest überall Kot. Im Sommer – lange nachdem die Gänse mit ihren Küken das Nest verlassen haben – zeigen leuchtend blau blühende Himmelsleitern (*Polemonium*) dann, dass es hier gut gedüngten Boden und reichhaltige Vegetation gibt.

Familienleben in der Tundra

Knapp vier Wochen brütet die Gans auf dem Gelege, bevor die Gössel schlüpfen. Da die Gans erst nach dem Ablegen des letzten Eies mit dem Brüten begonnen hat, schlüpfen alle Geschwister an einem Tag. Das Küken öffnet die Schale von innen mit dem Eizahn, einem speziellen Werkzeug auf dem Schnabel. Dies bedeutet stundenlange harte Arbeit für die Kleinen. Aber dies müssen sie allein schaffen. Ist die Arbeit getan, können sich die Gänseküken erst einmal unter der Mutter ausruhen. Zu Anfang sehen sie noch nass aus. Doch sie sind nicht nass: Die Daunen der Gänseküken sind in dünne Häutchen eingepackt, die an der frischen Luft trocknen und zerfallen. Erst jetzt entfaltet sich das flaumige Kükenkleid, was am besten funktioniert, wenn sie unter der Gänsemutter sitzen. Dort ist es warm und trocken und die Reibung an den Federn der Mutter hilft, dass die Dunen sich elektrostatisch aufladen und ihre volle Größe erreichen.

Weißwangengans-küken im Nest

Nach ein bis zwei Tagen verlässt die Gänsefamilie das Nest. Das Elternpaar führt die Jungen teils bis zu 20 Kilometer weit in andere Zonen der Tundra, die die beste Nahrung für den Nachwuchs bieten. Frisches Gras wächst Anfang Juli vor allem dort, wo der Schnee erst kürzlich getaut oder der Wasserspiegel gefallen ist und junge Vegetation gedeiht. Daher halten sich die Familien häufig in Bachtälern oder an Schmelzwasserseen auf. Während Weißwangengänse in großen Verbänden mit teils über hundert Familien durch die Tundra und die Salzwiesen ziehen, verhalten sich die Saat- und Blässgänse wieder gerne unauffällig: Sie führen entweder ihre Küken allein oder treffen sich mit einigen anderen Paaren an den Seen. Gerne nutzen auch sie dabei die Bachtäler, in denen Weidengebüsch dem Nachwuchs zusätzlichen Schutz verspricht. Erst wenn die Küken größer sind und dann schneller zum sicheren Wasser laufen können, versammeln sich auch die grauen Gänse in großen Scharen an den Seen.

Mehrere Gänsefamilien sammeln sich an geeigneten Gewässern.

Zum Ende der Brutzeit haben die Altvögel ihre Mauser begonnen und binnen weniger Tage ihre Flugfähigkeit verloren. Das ist ein Zustand, der sie mindestens drei Wochen lang begleitet. Alle Schwungfedern werden gleichzeitig abgeworfen und müssen nun nachwachsen. Dies geschieht synchron mit dem Federwechsel der Küken, die nun an der Stelle ihres Dunenkleides auch wasserdichtes Körpergefieder und Schwungfedern ausbilden. Während ihrer „flugfreien" Zeit sind sichere Plätze für die Gänse besonders wichtig. Während der Nahrungssuche oder auf den Ruhegewässern als große Gruppe unterwegs zu sein, bietet dann zusätzlichen Schutz durch gemeinsame Aufmerksamkeit. Ab Anfang August können die ersten Altvögel wieder fliegen. Wenige Tage später beginnen auch die Jungen mit ihren ersten Flugversuchen, und ab Mitte August sind es nur noch einige Nachzüglerfamilien, die in der Tundra unterwegs sind.

Auf Kolgujev ist die Dichte der brütenden Gänse höher als in anderen Teilen der westlichen Arktis. Das liegt wohl auch daran, dass es hier keine Kleinsäuger gibt, zu denen in der Arktis zwei verschiedene Arten von Lemmingen und andere Kleinsäugerarten zählen. Wenn sich diese auf dem Festland massenweise vermehren, stellen sie als Pflanzenfresser auch eine Nahrungskonkurrenz für alte und junge Gänse dar. Allerdings entfällt am Festland dann auch ein Teil des Feinddrucks, weil die Prädatoren wie Füchse, Bussarde und Eulen sich auf die Kleinsäuger stürzen. In der Summe sind deshalb auf dem Festland vor allem die Jahre mit vielen Kleinsäugern für die am Boden brütenden Vögel von Vorteil. Auf der Insel sind die Verhältnisse ausgeglichen: der Feinddruck ist über die Jahre gleich hoch. Ihre abgelegene Lage hat zudem auch eine intensive menschliche Besiedlung bisher verhindert. Alles gute Gründe für die Gänse und andere arktische Bodenbrüter, Kolgujev besonders zu bevorzugen. Die hohe Attraktivität birgt für die Gänse allerdings ein besonderes Problem: Am Ende des Sommers ist die Insel ziemlich „leergefressen". Sobald die Jungen ausreichend fliegen können, verlassen daher die Gänsefamilien ihre Brutheimat und begeben sich ans Festland. Die Satellitentelemetrie zeigte dabei: Die 90 km Strecke übers Meer wird von den Vögeln durch einige Zwischenstopps auf offener See unterbrochen. Welches mag der Grund dafür sein? Haben die Jungen noch nicht genügend Kondition für den nonstop-Flug entwickelt? Oder sind die Altvögel nach der

In weiten Teilen der Arktis bestimmt der Lemming mit seinem zyklischen Massenauftreten den Bruterfolg der Gänse (im Bild ein Sibirischer Lemming *Lemmus sibiricus*).

Mauser noch nicht wieder im Vollbesitz ihrer Flugfähigkeit? Dazu sagen uns die Daten leider nichts.

Die Festlandstundra bietet Ende August einen herbstlich reich gedeckten Tisch. Neben frischen Gräsern sind dies vor allem energiereiche Beeren. Das Angebot reicht von den schwarzen Früchten der Krähenbeere über Preiselbeeren und die Arktische Brombeere bis zu den orangegelben Früchten der Moltebeere. Für die Gänse sind diese zuckerhaltigen Früchte die Kraftnahrung, die sie zum Aufbau ihrer Fettreserven für den Herbstzug benötigen. Mitte September kündigen erste Schneefälle den Beginn des Winters an. Vor den jungen Gänsen steht nun die erste große Reise ihres Lebens.

Im Spätsommer stellen die vielen Beeren (im Bild die Moltebeere) wichtige energiereiche Nahrung in der Tundra dar.

6 Gänse in Raum und Zeit – Fang und Markierung

Es war eine Sache, sich für den Versuch zu entscheiden, Gänse lebendig zu fangen, und eine ganz andere, einen Weg zu finden, es zu tun. Erst nach zwanzig Jahren perfektionierten wir eine Methode, mit der wir Hunderte von Wildgänsen fangen konnten, aber unser Erfolg verleiht diesen frühen Anfängen ein gewisses Interesse.

Sir Peter Scott „The Eye of the Wind" 1961

Um mit Sicherheit sagen zu können, wo Gänse leben, wie lange sie leben und ob sie z. B. ziehen und wohin, müssen einzelne Tiere gefangen und markiert werden. Nur so wird aus der großen Masse eine Gruppe von Individuen und man kann das Schicksal des einzelnen Vogels verfolgen. Abhängig von der Fragestellung gibt es einiges zu klären: Was für Daten benötige ich für die Beantwortung meiner Frage? Reichen wenige Beobachtungen sehr vieler Tiere oder ist die detaillierte, regelmäßige Aufzeichnung der Bewegungsroute einzelner Vögel maßgeblich? Wie viele und welche Gänse kann ich wann und wo dafür am einfachsten fangen? Es gibt viele Techniken und Methoden, die alle ihre Vor- und Nachteile haben. Manchmal müssen Kompromisse gefunden werden, häufig ist es auch nur „gewusst wie".

Freilassen von Weißwangengänsen nach der Beringung

Gänsefang – Wissen und Handwerk

Es gibt verschiedene Möglichkeiten, Gänse zu fangen. Die meisten wissenschaftlichen Fangmethoden sind alte Jagdtechniken, die die Forscher übernommen haben. Der Aufwand ist oftmals sehr hoch und das Verfahren setzt ein detailliertes Verständnis der Lebensweisen und des Verhaltens der Gänse voraus. Denn es ist nicht leicht, die angeblich „dumme Gans" zu überlisten.

Eine sehr alte Methode ist der Mauserfang (Kap. 4). Dabei macht man sich die Tatsache zunutze, dass Gänse am Ende des Sommers zeitgleich ihre gesamten Schwungfedern verlieren und in drei bis vier Wochen ihre neuen Federn nachwachsen müssen. In dieser Zeit sind sie flugunfähig und sammeln sich in größeren Mausertrupps, oft auf und in der Nähe kleiner Gewässer. Beim Mauserfang werden auf einer Seite eines solchen Mausergewässers, möglichst unbemerkt und versteckt, stabile Netze aufgebaut, die zu einem kleinen Gehege führen. Mit kleinen Booten und vielen Freiwilligen an Land werden die Gänse dann langsam in das Gehege getrieben. Bei einigen Gänsearten bleiben dabei die Vögel dicht zusammen und suchen Schutz beieinander, andere versuchen mehr oder weniger kopflos auch einzeln zu entkommen. Über diese Methode wird bereits von Trevor-Battye 1895 berichtet, der an einem solchen Mauserfang der Nenzen auf Kolgujev teilnahm. Einige tausend Ringelgänse wurden dabei gefangen, getötet und für den Winter im Permafrost eingelagert. Diese Methode wurde überall in der russischen Arktis – und wahrscheinlich auch schon in der Eiszeit – genutzt. Der Mauserfang ist auch für Gänsearten, die in gut erreichbaren Gebieten Westeuropas mausern, eine einfache und effektive Möglichkeit und bietet sich daher besonders für Grau- oder Kanadagänse an. Für die Vögel in abgelegenen Gebieten wie Kolgujev oder Taimyr ist der Aufwand ungleich höher: eine lange, aufwendige Anreise, Visum, Hubschrauber und vieles mehr. Andererseits können so sehr viele Vögel beringt werden, da gerade die arktischen Gänse in großen Scharen mausern.

Mausernde Weißwangengänse lassen sich mit großen Stellnetzen einfangen.

Für den Fall von Gänsen in den Überwinterungsgebieten gibt es andere Möglichkeiten. Hier müssen die Gänse wortwörtlich überrumpelt werden. In den 1940er-Jahren wurde dazu das „Kanonennetz" erfunden. Das Prinzip ist recht einfach: an beliebten Weideplätzen der

Gänse werden getarnte Netze ausgelegt. Mit ferngezündeten Patronen werden vier bis fünf Projektile abgeschossen, die ein 12 x 20 m großes Netz über die Gänse ziehen sollen. Auf der Wiese oder dem Feld wird noch zusätzliches Futter gestreut oder/und es werden künstliche Lockgänse aufgestellt, um die Gänse an genau die richtige Stelle zu bringen. Die Vorbereitung geschieht am besten von den Gänsen unbemerkt, oft am Abend zuvor oder vor der Dämmerung. Am Morgen dann ist die Spannung groß: Kommen die Gänse zum Fressen an den richtigen Ort? Aus Erfahrung weiß man, dass sie mehrere Tage hintereinander einen Weideplatz aufsuchen, sofern er störungsfrei war. Oft müssen die Gänseforscher viele Stunden oder gar Tage in ihrem Versteck ausharren, bevor die Gänse sich an der richtigen Stelle befinden. Der Erfolg steht ständig auf der Kippe: Warten wir noch oder besteht das Risiko, dass die Gänse durch einen Spaziergänger oder Adler aufgescheucht werden? Ein Knopfdruck im richtigen Moment, ein dumpfer Schlag und eine große Wolke Pulverdampf beenden das Warten. Eine Gruppe Gänse zappelt unter dem Netz. Nun muss alles schnell gehen: das Netz sichern, die Gänse in luftige Kartoffelsäcke verpacken und in den Schatten bringen.

Mit schwarzpulvergetriebenen Projektilen wird ein Netz über die rastenden Gänse geschossen.

Eine ganz besondere Fangtechnik wurde spätestens im ausgehenden Mittelalter von den niederländischen Gänsefängern („Ganzenflappers“, www.nvvganzenvangers.com) entwickelt und wird noch heute angewendet. Ihre Anwendung ist allerdings nur noch in Zusammenarbeit mit der Vogelberingung erlaubt: das Fangen mit trainierten Lockgänsen. Auch hier werden auf der Wiese die Netze in einem kleinen Graben versteckt. Das Netz hängt an einem Stahlseil, das mit langen, gespannten Metallfedern verbunden ist. Zwei versteckte Stangen an jeder Seite des Netzes machen aus dem Konstrukt ein großes, gut getarntes Klappnetz. Ungefähr 200 m von den Netzen entfernt steht die „Gänsefängerhütte“. Dorthin führen Drähte des Auslösemechanismus für die federgespannten Netze. Der besondere Kniff sind die Lockvögel. Diese werden schon über Generationen von den Gänsefängern gehalten, gezüchtet und abgerichtet. Während der Fangsaison sind die Lockgänse nachts in Käfigen untergebracht. In jedem Käfig wohnte eine Familie Lock-

Video Kanonennetzfang

gänse: Vater, Mutter, Jungtiere und oft auch Tanten oder Großmütter. Jeden Morgen kommt der Gänsefänger, noch im Dunklen, zu seinen Gänsen und bringt die Familienväter an die Netze. Genau zwischen zwei Netzen werden sie an kleinen Ketten angepflockt und bekommen ausreichend Wasser und Futter. Fliegen nun Wildgänse über die Wiese, die oft strategisch zwischen bevorzugten Nahrungsflächen und Schlafgewässern gewählt wurde, bewirken die Gänsefänger und „Locker" ihren Zauber. Mit lautem Gänsegeschnatter (oft als Aufnahme mit Lautsprecher verstärkt abgespielt) werden die Wildgänse aufmerksam gemacht: Hier sitzen andere Gänse und es gibt wunderbares Futter! Sobald sie umkehren und Interesse zeigen, wirft der Gänsefänger in seiner Hütte nach und nach die Weibchen und Jungtiere in die Luft, und diese steuern im Tiefflug auf ihr Familienoberhaupt am Netz zu, wo sie sich mit lautem Geschnatter niederlassen. Das Beobachten dieser Flüge suggeriert den anfliegenden Wildgänsen einen sicheren Weideplatz und wenn der Gänsefänger Glück hat, landen sie. Dies ist fast nie direkt bei den Lockgänsen der Fall, und wieder heißt es Warten und Bangen: Werden die Wildgänse zu den Lockgänsen hinüberlaufen? Kommen sie an die richtige Stelle des Netzes? Wenn ja, dann löst der Gänsefänger den Federmechanismus aus und das Netz schnappt zu, über die Köpfe der Wildgänse. Die Lockgänse daneben flattern und hüpfen bestenfalls einmal kurz in die Höhe. Die Kunst der Gänsefänger ist leider eine aussterbende Tradition. Derzeit sind in den Niederlanden noch sechs Fänger aktiv, die meisten sind Nachfahren mehrerer Generationen von Gänsefängern.

Mit einem gut versteckten Netz neben den Lockvögeln werden die wilden Gänse gefangen.

Winterfänge als Geduldsprobe – ein Erlebnisbericht

„Meine ersten Erfahrungen, Gänse im Winter zu fangen, konnte ich bei den niederländischen Ganzenflappers sammeln. Dort durfte ich zu Besuch kommen, früh am Morgen im November 2013. Begeistert erzählten sie mir alles über ihre Fangmethode und zeigten mir die Netze, Auslösemechanismus und ihre Gänsefamilien. Es ist eine uralte Tradition. Bis in die 1970er-Jahre diente dieses Handwerk noch teils dem Lebensunterhalt. Ganzenflapper fingen die wilden Gänse und konnten diese auf den Märkten verkaufen. Seltene Gänse wie eine Zwerggans konnten auch den Zoos angeboten werden. Heute arbeiten sie mit der wissenschaftlichen Vogelberingung zusammen. Für dieses traditionelle Gänsefangen leben die Ganzenflapper das gesamte Jahr mit ihren Gänsen, füttern und trainieren sie. Wie viel Arbeit sie für ihr besonderes Hobby auf sich nehmen, wurde mir nach und nach bewusst. Im Spätherbst wird der Fangplatz vorbereitet, die Hütte aufgestellt, die Netze aufgebaut und gut getarnt. Von November bis Februar stehen die Gänsefänger fast jeden Tag in ihrer Fanghütte und warten auf wilde Gänse. Da mal eine längere Pause zu machen oder gar in den Urlaub zu fahren, ist einfach nicht möglich.

Am Abend bringt der Gänsefänger die Lockvögel zurück in ihre Boxen.

Wie viel schwieriger Gänsefang ohne die trainierten Lockvögel ist, wurde mir klar, als wir in Ungarn Blässgänse mit dem Kanonennetz fangen wollten. Auch dort war die Vorbereitung und Arbeit vor Ort umfangreich und anstrengend: Erlaubnis der lokalen Gemeinde beantragen, Anreise und Unterkunft organisieren, Fangausrüstung verschicken und Sprengstoff vor Ort besorgen, dann bei Nacht und Nebel die Netze und Kanonen zum sorgfältig ausgewählten Ort durch den Schlamm schleppen und aufbauen. Bei all dieser Arbeit ging es trotzdem immer einen Schritt vorwärts, man hatte die Idee, etwas zu tun, was uns den Gänsen näherbrachte. Der zermürbende Teil des Fangs begann am Morgen danach: Warten, warten, bangen und nochmals warten. Versteckt hinter Bastmatten, die Teleskope auf die versteckten Netze gerichtet, hieß es nun, vom Morgengrauen bis abends in der rauen Kälte ausharren, bis die Gänse zu ihrem vorab genutzten Nahrungsplatz zurückkehren würden. Am ersten Tag war es noch spannend, die Gespräche mit den Kollegen und Kolleginnen vergnüglich und motivierend und die Beobachtung der Natur umher faszinierend. Dass die Gänse nur kurz über das Gebiet flogen und

In Ungarn wartet Andrea Kölzsch sehnsüchtig auf die Gänse.

doch an einer anderen Stelle landeten, nicht so dramatisch. Geduld ist eine Tugend. Doch schon am zweiten Tag kamen die Zweifel. Haben wir den richtigen Platz gewählt? Kommen die Gänse noch zurück? Ist das Netz gut genug versteckt? Wildgänse werden in Ungarn fast den gesamten Winter bejagt und sind deshalb sehr misstrauisch. In diesem Jahr haben uns die Gänse bis zum letzten Tag vor unserer Abreise auf die Folter gespannt! Gerade wollten wir aufgeben, da kamen sie doch noch auf das Feld. Geduld war auch jetzt noch gefragt. Die Spannung war groß, wann sollten wir das Fangnetz auslösen, um die meisten Gänse zu erwischen? Peng-Knall-Puff! Die Gänse sind unterm Netz, die ungarischen Gänsekundler werden unterrichtet und wir haben viele Helfer zum Messen, Beringen, GPS-Sender anlegen und Gänse freilassen. Wunderbar, alle sind euphorisch! Im darauffolgenden Jahr lernte ich, dass es auch anders geht, keine Gänse, Netz unbenutzt wieder abbauen, säubern, einpacken.

Während meiner weiteren Besuche bei den niederländischen Ganzenflappern erkannte ich, wie unendlich motiviert und gelassen sie bei ihrem Fanggeschäft sind. Erst ihre Gänse versorgen, einen Tee trinken, den Himmel im Blick behalten, ob Gänse in der Nähe fliegen. Die Hilfe ihrer Lockgänse ist nicht zu unterschätzen. Hören die Wildgänse deren Geschnatter und sehen sie aus der Hütte fliegen, drehen sie oft bei. Und landen Gänse neben den Netzen, entsteht keine Hektik bei den niederländischen Fängern: Ganz ruhig warten sie ab, witzeln miteinander über vorige Fangaktionen, bis die wilden Gänse Schritt für Schritt in die richtige Richtung laufen. Sind sie „unterm Netz", alle oder nur einige? Lohnt es sich? Gelassen wird entschieden, ob der Fangmechanismus ausgelöst wird und dann klappt das Netz zu. Gemütlich laufen wir vor, zuerst werden die Lockgänse versorgt, dann haben sich auch die wilden Artgenossen etwas beruhigt und können ganz vorsichtig aus den Netzen geholt werden."

Fußring oder Halsband?

Seit Ende des 19. Jahrhunderts werden Vögel in Mitteleuropa systematisch mit kleinen Fußringen aus Metall markiert, die spezifische Nummernkombinationen tragen. Bei Totfund, Wiederfang oder Abschuss solcher beringten Vögel werden diese Ringe an die zuständige Beringungszentrale zurückgesandt und erlauben durch die Angabe des Fundortes und -datums Rückschlüsse auf die Zugbewegungen der Vögel. In Deutschland wird die wissenschaftliche Vogelberingung traditionell durch die Beringungszentrale Hiddensee (heute Güstrow), die Vogelwarte Helgoland (Hauptsitz Wilhelmshaven) und die Vogelwarte Radolfzell koordiniert.

Die Zahl der Meldungen ist meist gering, da es sich fast immer um Totfunde handelt. Um diese zu erhöhen, entwickelten Wissenschaftler farbige Kunststoffringe. Durch verschiedene Farben und Farbkombinationen entstehen individuelle Codes und diese können mit einem Fernglas oder Spektiv im Feld abgelesen werden. Ein großer Vorteil: so gibt es von einer Gans mehr als nur eine Meldung! Auf Flächen mit niedriger Vegetation sind diese Fußringe relativ leicht abzulesen, aber auf Weideflächen mit hohem Gras oder Kraut sind sie fast nicht auszumachen. Dies beschränkt die Ableseraten und bevorzugt die Rückmeldungen aus Gebieten mit kurzer Vegetation, wie z. B. flachen Küsten. Zur Verbesserung dieser Situation wurden für Gänse, die sich viel in Gebieten mit höherer Vegetation aufhalten, farbige Halsmanschetten mit Buchstaben- oder Zahlencodes entwickelt, die sich nun sogar aus größerer Entfernung gut ablesen lassen. Dies betrifft hauptsächlich die grauen Gänse wie Bläss-, Grau-, Saat- und Kurzschnabelgans. Durch vergleichende

Markierte Graugänse aus Skandinavien (links oben) und Niedersachsen (rechts oben), Weißwangengans mit Halsring (links unten) oder farbigen Beinringen (rechts unten)

Studien der in den Niederlanden markierten Gänse wurde gezeigt, dass sich die Überlebensrate der Gänse mit einem Halsband nicht von Gänsen mit einfachem Metallring unterscheidet. Der zusätzliche Nutzen dieser ablesbaren Markierungen für die Wissenschaft und den Schutz der Gänse ist beachtlich.

Aus der Vogelart, der Art und Farbe der Markierung und dem Code entsteht eine einzigartige Kombination, etwa wie ein Autokennzeichen. Die Suche nach markierten Gänsen wird von den Wissenschaftlern durchgeführt, aber eine unschätzbare Hilfe sind besonders die Meldungen von freiwilligen „Ringablesern". In den mitteleuropäischen Überwinterungsgebieten gibt es derzeit über 10.000 Hobbybeobachter, die mit ihren Ferngläsern oder Spektiven Ringe ablesen und melden. Besonders einfach lassen sich die Beobachtungen auf der Website www.geese.org (oder fürs Mobiltelefon: BirdRing App) eintragen. Gibt der Beobachter seine Ablesung ein, bekommt er sofort die Lebensgeschichte „seines" Vogels zu sehen. Die Daten werden gesammelt und stehen uns Wissenschaftlern für unsere Studien zur Verfügung. Für diese Mithilfe sind wir ausgesprochen dankbar.

Hightech am Himmel

Die Daten der Vogelberingung werden oft zur Berechnung von Überlebensraten und Populationsgrößen genutzt. Zur detaillierten Erforschung der Zugwege wilder Tiere sind sie jedoch weniger geeignet. Die Meldungen von markierten Tieren hängt eben sehr stark davon ab, wo wie viel Beobachtungsaufwand betrieben wird und wie die regionalen Voraussetzungen sind. Deshalb werden für Studien über die Ortsveränderungen von Vögeln seit den 1960er-Jahren verschiedene Arten von Telemetrie genutzt. Telemetrie bedeutet „Fernmessung". Ein Tier wird mit einem Sender versehen und so erhält man auf Distanz Daten über den Aufenthaltsort.

Die Verwendung von Rucksacksendern wurde ab 1990 möglich. Die Daten mussten per Funk heruntergeladen werden oder wurden über den Argos-Satelliten verschickt.

Zuerst wurde die Radiotelemetrie entwickelt, bei der kleinste Sender Geräuschimpulse auf verschiedenen Radiofrequenzen aussenden. Diese Geräusche (oft als regelmäßiges „Klicken" zu vernehmen) können mit Empfängern und Antennen über Entfernungen bis zu 1–2 km hin empfangen werden. Durch Triangulation (Peilung mit mehreren Empfängern) kann der ungefähre Aufenthaltsort eines Tieres ermittelt werden. Da Radiosender nicht viel Energie benötigen, sind sie oft sehr klein und leicht (bis zu 0,5 g) und können so an vielen, auch kleinen Vogelarten angebracht werden. In der Vogelzugforschung werden sie benutzt, um Abzugs- oder Durchzugsorte und -zeiten zu bestimmen. Allerdings benötigt man aufwendige Empfangssysteme. So gibt es entlang der nordamerikanischen Ost- und Südküste eine lange Reihe von automatisierten Empfangstürmen mit Antennensystemen, die die Zugbewegungen kleiner sendermarkierter Singvögel aufzeichnen.

Moderne Halsbandsender verschicken die Daten heute über das mobile Internet.

Gänse können aufgrund ihrer Körpergröße schon seit vielen Jahren auch schwerere Sender tragen, die es erlauben, Positionen unabhängig zu ermitteln, zu speichern und sogar zu übertragen. Eine Revolution stellte in den frühen 1990er-Jahren die Satelliten-Telemetrie dar. Bei dieser Technik schickt der Sender von dem Vogel aus regelmäßig Signale zu den ARGOS-Satelliten, die die Erde umkreisen. Vom Satelliten wird aus den Signalen eine Position ermittelt und diese Information dann über eine Bodenstation an die Wissenschaftler gesendet. Der Vorteil der Satelliten-Telemetrie ist, dass sie auf der gesamten Erde verfügbar ist, auch in der abgelegenen Arktis. Leider sind die Sender und Datenpakete teuer und die Positionsermittlung durch das Argos-System relativ ungenau, was nur die Beantwortung großräumiger Fragestellungen erlaubt. Zur Erforschung der Vogelzugrouten war das aber vorerst ausreichend. Die Zugwege vieler großer Vogelarten konnten so bestimmt werden, und die Naturschützer bekamen erstmals konkrete Angaben, wo Schutzgebiete für bedrohte Zugvogelarten nötig waren.

In den frühen 2000er-Jahren wurde endlich die GPS (Geo-Positioning-System)-Technologie für nicht-militärische Projekte freigegeben und zahllose Anwendungen wurden entwickelt: vom Navigationssystem fürs Auto bis hin zur Handyortung. Für die Zugvogelforschung war dies ein riesiger Durchbruch. Da GPS-Sender kleiner und kostengünstiger waren, konnten von einer größeren Zahl Individuen die deutlich genaueren GPS-Positionen erfasst werden. Die beiden Technologien unterscheiden sich insoweit, als dass GPS-Systeme Signale von Satelliten empfangen und damit ihre Position selbst berechnen und speichern. Dies birgt jedoch ein weiteres Problem: Die Sender müssen zum Datenauslesen entweder geborgen werden (Wiederfang) oder eine weitere Technologie zum Datenabruf muss im Sender verbaut werden. Ersteres ist leider für viele Vögel, inklusive der klugen Gänse, keine Option. Übergangsweise wurden so GPS- und Satelliten-Telemetrie oft kombiniert: die punktgenauen Daten wurden mittels des Satelliten übertragen. Dieses war noch immer sehr teuer. Erst mit der Verbreitung der mobilen Smartphones kam eine neue Technologie: die Übertragung via GSM (SMS) und GPRS (mobiles Internet). Jeder Sender wurde mit einer SIM-Karte ausgerüstet und die Daten werden übertragen, sobald Sendemasten verfügbar sind. In der Arktis gibt es bisher nur sehr wenige solcher Stationen, weshalb wir Gänseforscher auch ein „Sommerloch" erfahren. Aus den Brutgebieten werden nur selten Daten übertragen. Die Sender speichern allerdings die Daten des Sommers und versenden sie bei Rückkehr der Gänse im Herbst.

Die Sender liefern riesige Datenmengen. Dieser Segen kann jedoch auch zum Fluch werden. Wie handhabt man mehrere hunderttausend Datensätze pro Vogel? Die Analysen der Positionsabfolgen und Zusatzdaten benötigen sowohl ein eingehendes Verständnis der verfügbaren Analysemethoden als auch Computer. Am Max-Planck-Institut für Ornithologie in Radolfzell wurde die Movebank Datenbank (www.movebank.org) entwickelt. Dort können Senderdaten automatisch eingespielt, gespeichert und weitergegeben werden. Wissenschaftler entwickeln neue Methoden zur Analyse der Daten und tauschen diese mit den Kollegen und Kolleginnen aus. Die Wissenschaft vom Verhalten der Tiere wird immer abstrakter. Auch dies kann als Segen oder Fluch verstanden werden. Die großen Datenmengen erfordern es, die individuellen Aktivitäten der Tiere zu generalisieren und das Allgemeingültige zu suchen – also den großen Bogen in den Daten zu finden. Dennoch ist es bei allen Zahlen wichtig, nicht den Kontakt zur Natur und den Tieren an sich zu verlieren, denn nur so können die Ergebnisse der Computeranalysen richtig interpretiert und verstanden werden.

Aktuelle Sender sammeln aber noch zahlreiche weitere Informationen: Es gibt Temperatur- und Drucksensoren, die unter anderem die Bestimmung der Flughöhe, der Tauchtiefe, des aktuellen Wetters und vieles mehr ermöglichen. Weiterhin werden Beschleunigungs- und Magnetometer-Daten aufgezeichnet, die die Bestimmung der Flugrichtung und von Verhaltensweisen erlauben. Die Daten können verraten, ob die Gans im Augenblick gerade fliegt, frisst oder schwimmt. Darüber hinaus ist viel möglich: mit speziellen Sensoren lässt sich der Puls messen, mit Lichtsensoren am Bein kann die Brutaktivität (Sitzen auf den Eiern = Füße im Dunkeln) bestimmt werden.

Alle Senderarten müssen so entwickelt und gebaut werden, dass sie optimal an die Tierart angepasst sind, die sie tragen soll. Ist die Beeinträchtigung durch den Sender minimal, verbessert dies die Aussagekraft der Ergebnisse. Doch eine Gans mit einem zu schweren Sender fliegt vielleicht nicht mehr. Für wissenschaftliche Besenderung hat sich eine Gewichtsobergrenze von maximal 3–5 % des Körpergewichts bewährt, was für die meisten Gänse bedeutet, dass sie Sender von bis zu 20–40 g tragen können. Das Gewicht der Sender wird derzeit hauptsächlich durch die Größe der Batterie bestimmt. Durch Einbau von Solarzellen konnte die Funktionsdauer der Sender beträchtlich verlängert werden: Wir konnten in den letzten Jahren Gänse bis zu fünf Jahre lang mit demselben Sender verfolgen.

In der Anfangszeit der Besenderung waren nur sogenannte „Rucksack"-Sender für Gänse verfügbar. Diese wurden mit einem kleinen Geschirr aus besonders strapazierfähigem Material um die Flügel oder Beine herum befestigt. Oft wurden diese Sender und besonders deren externe Antennen von den Gänsen mit ihren kräftigen Schnäbeln demoliert. Deshalb haben sich seit einigen Jahren für die grauen Gänse „Halsband"-Sender durchgesetzt. Diese werden in einem Halsband verbaut, was auch die Ergänzung mit einem lesbaren Code und Rückmeldung durch Beobachter ermöglicht. Da diese Sender keine außenliegende Antenne haben, die die Gänse mit ihrem Schnabel bearbeiten können, haben diese eine viel längere Funktionsdauer.

Codierte Halsringe sind für viele Untersuchungen immer noch sehr wichtig und sollen über geese.org gemeldet werden.

7 In die Arktis und zurück – Transkontinentalzug der Gänse

Eine Schwalbe macht noch keinen Sommer, aber ein Keil von Gänsen, der sich durch die Trübe des Tauwetters im März den Weg bahnt, ist der Frühling.

Aldo Leopold „Sand County Almanac" 1949

Viele Vogelarten wandern im Frühjahr aus dem Süden in unsere Breiten, um hier zu brüten. Andere, wie verschiedene Gänsearten, kommen im Herbst nach Mitteleuropa zum Überwintern. Schon der griechische Philosoph Aristoteles hat versucht, die Hintergründe der saisonalen An- und Abwesenheit der Vögel zu ergründen. In seinem Buch *Historia animalium* (ca. 350 v. Chr.) beschrieb er, dass einige Arten „im Herbst die kalten Länder verlassen, um den nahenden Winter zu vermeiden, und im Frühling die warmen Länder verlassen, um die Hitze zu vermeiden". Wilde Gänse zählte er zu diesen ziehenden Arten. Des Weiteren unterschied er schon Kurzstreckenzieher, die nur „von Orten in der Nähe kommen" und Langstreckenzieher, die „vom Ende der Welt kommen". Ein anderer Pionier der Vogelzugforschung, der britische Universitätslehrer Charles Morton (1627–1698), postulierte sogar, dass Vögel bis zum Mond ziehen.

Durch systematische Forschungsarbeiten, besonders mithilfe der Vogelberingung, konnte im vergangenen Jahrhundert belegt werden, dass ver-

Schutzgebiet Petten in Noord-Holland

Noch vor der Schneeschmelze kommen die Gänsepaare in ihrem Brutgebiet in der Arktis an.

schiedene Vogelarten tatsächlich weite oder weniger weite saisonale Zugbewegungen durchführen, allerdings „nur“ in andere Gebiete auf der Erde. Viele Gänsearten gehören zu den Langstreckenziehern, und heute wissen wir schon viel mehr, als dass sie wegziehen und wiederkommen. In Beringungs- und Besenderungsprojekten werden immer mehr Details des Gänsezugs erarbeitet: Wann sie ziehen, wohin sie genau ziehen, warum sie ziehen, wie lange die Reise dauert und wie sie den richtigen Weg finden. Heute wissen wir zum Beispiel: Ziehende Gänse rasten in Gebieten mit günstigen Nahrungsbedingungen und fliegen in Höhen bis zu mehreren tausend Metern.

Der Ritt auf der „Grünen Welle“ – Frühjahrszug

Arktische Gänse ziehen in den Hohen Norden, um dort die günstigen Bedingungen zur Brut zu nutzen (Kap. 4 bzw. 5). Die schneefreie Zeit mit günstiger Witterung und überreichem Nahrungsangebot in der Arktis ist sehr kurz. Deshalb ist es wichtig, dass die Gänse genau zur Schneeschmelze im Brutgebiet ankommen und dann unmittelbar mit der Brut beginnen, sodass die Jungen vor dem ersten Schneesturm Ende August in guter Kondition und flugfähig sind, um in mildere Gebiete zurückzukehren. Des Weiteren ist die Bedrohung für das Gelege und die Gänseküken durch Eisfuchs und Raubmöwen in der Arktis sehr hoch (Kap. 5). Deshalb kann die Gänse-

Die Keilformation hilft den Gänsen, auf dem langen Zug Energie zu sparen.

mutter nur selten für kurze Zeit das Gelege verlassen und der Gänsevater wacht und verteidigt das Nest und die Jungen fast ohne Unterbrechung. Um den Feinddruck zu verringern, synchronisieren die Gänse ihre Ankunft in den Brutgebieten und die Eiablage, sodass auch der Schlupftermin der Küken auf wenige Tage konzentriert ist. Beispielsweise schlüpfen 95 % aller Weißwangenganskükem auf Spitzbergen innerhalb von fünf Tagen. In dieser Zeit bildet sich also ein Überangebot an „Futter" für die arktischen Fleischfresser, und viele junge Gänse können überleben.

Aus diesen verschiedenen, aber fein vernetzten Gründen ist es für den Bruterfolg der Gänse entscheidend, dass sie sich bei ihrer Ankunft im Brutgebiet nicht noch Fettreserven für die lange Bebrütungsphase und die Jungenaufzucht anfressen müssen. Dies tun sie deshalb vorher, nämlich vor dem Abflug, noch in ihren Wintergebieten, oder/und in Rastgebieten auf dem Weg. Arten, die nur wenige günstige Rastgebiete auf ihrem Zug nutzen bzw. nutzen können, erhöhen ihre Nahrungsaufnahme wenige Wochen vor dem Abzug drastisch. Wie für Ringel- und Weißwangengänse im Wattenmeer beobachtet und gemessen wurde, konnten sie vorher noch tagsüber Ruhepausen einlegen, aber 2–3 Wochen vor dem Abzug verbrachten sie den gesamten Tag und bei hellem Mondschein sogar einen Teil der Nacht mit Fressen. Weißwangen- und Ringelgänse wechseln in dieser Zeit gern zum Fressen auf küstennahe Salzwiesen, da der Nährstoffgehalt der dortigen Vegetation dann hoch und günstig für die Bildung von Reserven ist. Ringelgansweibchen steigern im Frühjahr ihr Gewicht um ein Viertel von 1.200 auf 1.500 Gramm, die Männchen weniger. Dieses Zusatzgewicht muss auf der Wanderung mitgeschleppt werden. Größere Graue Gänse, wie z. B. Saatgänse oder Blässgänse müssten für den gleichen Nutzen absolut mehr Fett anlagern. Das ist eher nachteilig, da sie während des Langstreckenfluges umso mehr Energie investieren müssten und sogar ihr Flugvermögen bei solch großem Körpergewicht beeinträchtigt werden könnte. Deshalb sind sie darauf angewiesen, in verschiedenen Rastgebieten den Zug zu unterbrechen und dort wieder Fettreserven „nachzutanken".

Rastgebiete auf ihrem Zugweg müssen Gegenden sein, die in einem Radius von bis zu 30 km ein sicheres Schlafgewässer und viele nahrungsreiche Wiesen oder Äcker zu bieten haben. Die verschiedenen Gänsearten haben unterschiedliche Bedürfnisse, weshalb ihre Zugrouten sich unterscheiden und sie auch verschiedene Rastgebiete aufsuchen. Weißwangengänse benötigen küstennahe Gebiete mit Salzwiesenvegetation, Blässgänse sind weniger wählerisch und nutzen verschiedenste Grünflächen, sofern diese feucht sind oder unweit von kleinen Gewässern liegen. Infolgedessen unterscheidet sich auch die Anzahl der Zwischenstopps bei den Arten: Blässgänse rasten auf ihrem Zug zwischen fünf und zwölf Mal und unterteilen ihren Weg somit in kleine Segmente von wenigen hundert Kilometern. Weißwangengänse nutzen klassischerweise nur zwei bis drei Rastgebiete vom Wattenmeer über das Baltikum und Kanin in die Brutgebiete. Viele Tiere fliegen heute nonstop aus Norddeutschland in die russische Tundra. Einerseits bietet das Baltikum der gewachsenen Population nicht mehr ausreichend Nahrung, andererseits ist durch die wiedererstarkende Seeadlerpopulation vor Ort der Feinddruck deutlich angestiegen. Um trotzdem zur richtigen Zeit in der Arktis anzukommen, müssen die Weißwangengänse derzeit 4–6 Wochen länger im Wattenmeergebiet bleiben und größere Fettdepots aufbauen. Tageslänge, körperliche Konstitution und Temperaturen bestimmen den Abzugszeitpunkt, aber Erfahrung und Wissen über die Rastgebiete scheinen die Gänse schon vorweg in ihre Entscheidung einfließen zu lassen. Lernen und Tradition ermöglichen es den Gänsen, ihr Zugverhalten an Veränderungen anzupassen.

Die Bedeutung der Rastgebiete entlang des Zugwegs wird klar, wenn man beobachtet, wann die Gänse sie nutzen. Betrachtet man den Nährstoffgehalt von Gräsern in verschiedenen Wachstumsstufen, zeigt sich, dass junge Gräser, die teils noch unter dem schmelzenden Schnee wachsen, die meisten Nährstoffe bieten und zudem leicht verdaulich sind. Dabei handelt es sich um Proteine, die in den Wachstumsenzymen arbeiten, und um Zucker und andere lösliche Kohlenhydrate. Im Frühjahr erwacht die Vegetation als sogenannte „Grüne Welle", die sich in Richtung Norden und Osten entlang des Zugwegs der arktischen Gänse ausbreitet. In

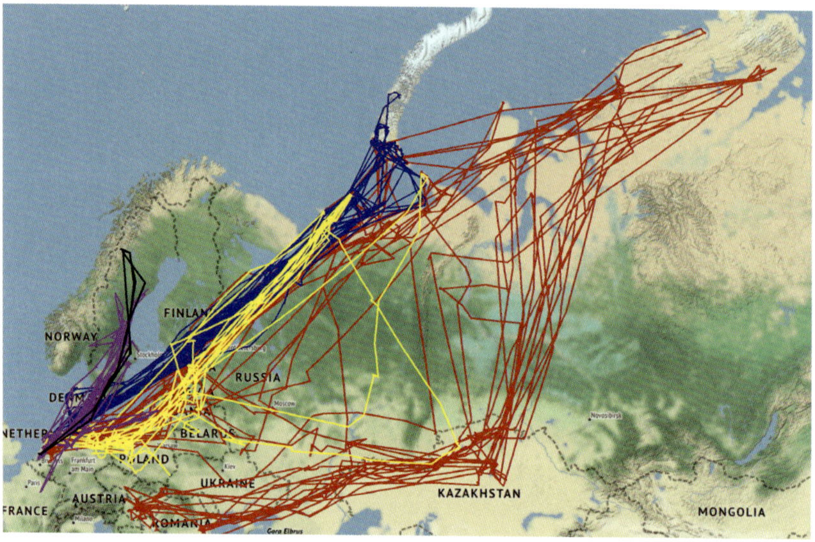

Zugrouten besenderter Gänse aus unseren Projekten (blau Weißwangengans, schwarz Zwerggans, rot Blässgans, gelb Tundrasaatgans)

der Tat stellen sich die Vögel auf dieses wandernde Nahrungsangebot ein. Die Senderdaten verschiedener Arten zeigen, dass die Rastgebiete jeweils genau zu dem Zeitpunkt dieses frühen Wachstums angeflogen werden: Die Gänse „surfen“ auf der Grünen Welle. Einzig davon ausgenommen ist die Ankunft im Brutgebiet. Die Gänse treffen dort einige Wochen vor dem Wachstumsbeginn der Vegetation ein. Auf diese Weise wird das frische, energiereiche Grün dann verfügbar, wenn die Gänseküken schlüpfen. Um dies zu gewährleisten, beginnen die Gänse mit der Eiablage und Brut sofort, das heißt nur ein oder zwei Tage nach ihrer Ankunft. Die zeitgenaue Ankunft im Brutgebiet ist von so großer Bedeutung, dass in Jahren mit frühem Wachstum dort die Synchronisation mit der grünen Welle in den letzten Rastgebieten verschoben sein kann oder Rastgebiete sogar ganz ausgelassen werden.

Diese Mechanismen haben allgemeine Gültigkeit, wie durch langjährige Untersuchungen an den nach Spitzbergen ziehenden Populationen der Kurzschnabelgans und der Weißwangengans belegbar ist. Die Gänse bestimmen am Anfang ihres Frühjahrszugs die Flugzeiten anhand ihrer Fettreserven und des Vegetationswachstums und folgen also der „Grünen Welle“. Am Ende des Zugs wird die Bindung an das Nahrungsvorkommen schwächer und die Gänse beeilen sich, um pünktlich und gleichzeitig im Brutgebiet anzukommen. Sie richten sich in dieser letzten Etappe nach der Tageslänge, also dem Datum. In dieser Zeit und während des gesamten Brutgeschäfts zehren sie von ihren Reserven. Höchste Priorität hat die Ankunft am Brutplatz: Nur wer gemeinsam mit den anderen die Brut beginnt, wird erfolgreich Küken aufziehen.

Vom Wind getragen – der Herbstzug

Da der Herbst- oder Wegzug für den Bruterfolg und somit das Populationswachstum der Gänse nicht von so entscheidender Bedeutung ist wie der Frühjahrszug, wurden dazu bisher relativ wenig Untersuchungen durchgeführt. Doch so viel steht fest: Der Abzug aus dem Brutgebiet muss vor dem ersten Schnee- und Kälteeinbruch geschehen. Letzten Endes werden die Gänse also auch hier wieder durch eine Wettervariable getrieben, an der sich ihr Zeitplan für das Anlegen von Fettreserven ausrichten muss. Bei der Ankunft im Überwinterungsgebiet in Mitteleuropa benötigen die Gänse keine Reserven, da sie dort dann keine anderweitigen Verpflichtungen haben und ausreichend Nahrung auf den grünen Wiesen und abgeernteten Feldern zur Verfügung steht. Deshalb können die Vögel während des Herbstzugs weitgehend auf Fress-Stopps in Zwischenrastgebieten verzichten. Sie fressen sich im oder nahe beim Brutgebiet Reserven für den Zug an. Wie Besenderungsstudien bestätigt haben, ziehen die meisten Gänsearten dann in einem Stück bis direkt in ihre Überwinterungsgebiete. Diese Strecke von bis zu 3.000 km legen die meisten der Vögel in ungefähr 24 bis 36 Stunden zurück, wobei sie ohne Unterbrechung Tag und Nacht in der Luft sind. Dabei fliegen sie in Höhen von 1.000–3.000 m unerreichbar über die Köpfe der menschlichen und tierischen Jäger hinweg.

Aus Daten von besenderten Blässgänsen, die auf der arktischen Insel Kolgujev brüten (Kap. 4), hat sich jedoch noch ein weiterer wichtiger Zeitgeber gezeigt: der Wind. Während die Gänse auf ihrem Frühjahrszug von dem in Europa allgemein vorherrschenden Westwind eher unterstützt werden, ist dieser für die Herbstwanderung ein Problem. Im Herbst kämpfen die arkti-

Im September sammeln sich die Gänse auf den Stoppelfeldern Südschwedens.

Einfliegende Tundrasaatgänse

schen Gänse fast durchgängig mit starkem Gegenwind, der ihren Flug deutlich verlangsamt und erschwert. Die Blässgänse von Kolgujev fliegen deshalb Ende August erst einmal ans Festland, um sich dort an den reichhaltigen Vorkommen von Krähen-, Molte- und Preiselbeeren der herbstlichen Tundra fett zu fressen (Kap. 5). Dabei warten sie, dass der Wind sich dreht. Sobald sie genug Reserven „getankt" haben und der Wind aus Osten weht, löst dies einen massenhaften Abzug westwärts in die Überwinterungsgebiete aus. Dabei fliegen die Gänse ungefähr 5 bis 7 km/h schneller als beim Frühjahrszug, also bis zu 150 km weiter pro Tag. Solch günstige Ostwindlagen waren 2006–2014 oft Anfang Oktober zu beobachten. In den folgenden Jahren ließ dieser Ostwind aber länger auf sich warten und die Gänse kamen ein bis zwei Wochen später. Bleibt aber der Ostwind zu lange aus und die ersten arktischen Schneestürme drohen, ziehen die Gänse notgedrungen auch gegen den Wind ab, mit bisher noch unbekannten Kosten und Verlusten. Auch im Westen, in den Überwinterungs- und Durchzugsgebieten, kann man daher die Zugtage von Gänsen und Kranichen gut voraussagen. Sobald im Oktober der Wind auf Ost dreht, tauchen die wandernden Keile am Himmel auf.

Für Gänsefamilien stellt der Herbstzug eine besondere Herausforderung dar. Die Jungen sind gerade flügge geworden und noch unerfahren im Flug und gegenüber den Gefahren „da draußen". Deshalb bleiben fast alle Gänsefamilien bis weit in das Frühjahr zusammen. Die Jungen können so von ihren Eltern lernen und die Sicherheit und andere Vorteile in der Gruppe genießen (Kap.

11). Des Weiteren benötigen sie zum Fliegen oft mehr Energie als erfahrene Altvögel. Ihre Muskulatur ist noch nicht austrainiert, anfänglich schlagen sie schneller mit den Flügeln, sie müssen den effizienten Rhythmus noch finden. Wie Beobachtungen zeigten, suchen Familien während des Zugs häufiger Rastgebiete auf, um dort einige Tage auszuruhen und zu fressen. Sie kommen mehrere Wochen später im Überwinterungsgebiet an als Paare ohne Junge.

Gefahren am Wegesrand

Da die meisten Gänse auf ihrem Zugweg rasten und fressen müssen, sind sie gezwungen, sich den vielfältigen Gefahren am Boden auszusetzen. Auf der Route in die russische Arktis begegnen sie seit jeher einem hohen Jagddruck, denn in vielen Staaten wie Weißrussland, Russland und Kasachstan ist neben der Herbstjagd zusätzlich die Frühjahrsjagd auf Gänse eine weit verbreitete und beliebte Tradition. Die russischen Jagdzeiten richten sich sogar nach der Ankunft der ersten Gänsegruppen aus, was speziell ein Problem für die Saatgänse ist, die oft vor allen anderen Gänsen ziehen und somit immer mitten im Jagdgeschehen stehen. Der Einfluss des menschengemachten Jagddrucks auf den Frühjahrszug lässt sich besonders gut aus unseren Senderdaten ersehen. Viele Blässgänse haben ihre Route nach Norden verlagert und rasten mehrere Wochen in den baltischen Staaten. Auf ihrem Weiterflug scheinen sie an der Grenze zwischen Estland und Russland zu „warten", bevor sie so schnell wie möglich in ihre Brutgebiete weiterfliegen.

Rastende Blässgänse im Nemunas Delta, Litauen

In Olonez am Ladoga-See finden die Blässgänse ein jagdfreies Schutzgebiet.

Im Baltikum hat jedoch eine andere Gefahr für durchziehende Gänse zugenommen, nämlich die Zahl der Seeadler, die im Frühling bereits ihre Jungen versorgen müssen. Seit den 1980er-Jahren erholt sich die Population der großen Beutegreifer, da sie vom Menschen nicht mehr geschossen werden dürfen und das Insektizid DDT, welches zu hohen Brutverlusten geführt hat, verboten wurde. Derzeit gibt es in Europa wieder ungefähr 20.000 Individuen der großen Greifvögel. Seeadler gehören neben dem Steinadler zu den wenigen Prädatoren, die den Gänsen gefährlich werden können, insbesondere unerfahrenen Junggänsen. In den Horsten von Seeadlern wurden Gänseknochen, Ringe und sogar Satellitensender gefunden.

Die derzeitige Verlagerung der Zugwege der Blässgans nach Norden (Baltikum) oder Süden (Ukraine und Süd-Russland) scheint aber vor allem durch ein anderes, politisches Phänomen bedingt: nämlich den Abbau staatlicher Subventionen für die russische Landwirtschaft. Dies führte zu einem weitreichenden Strukturwandel der russischen Landnutzung. Viele Bauern in Nord- und Mittel-Russland mussten ihre Felder aufgeben. Diese nun größtenteils verbuschten Flächen sind für die Gänse auf ihrem Zug nicht mehr nutzbar und sie müssen andere Routen nehmen. Auf diesen müssen sie allerdings erst geeignete Rastgebiete mit ungestörten Schlafgewässern und ergiebigen Weideflächen ausfindig machen.

8 Immer immer weiter – Mauser und Mauserzug

Mauserzeiten in meinem Leben: so wie bei den Gänsen in dieser Zeit die Federn nachwachsen, wächst möglicherweise auch in mir etwas Neues heran. [..] Eine alte Ordnung verschwindet, löst sich auf, wird weggenommen. Es folgt eine Zeit der Nicht-Ordnung, des Chaos, des Durcheinanders. Allmählich sortiere ich mich wieder. Das Neue, andere wird zum Alltag, zum Vertrauten. [..] Mauser ist nicht das Ende, sondern ein Anfang. Wenn man seine Federn verliert, dann vielleicht nur deshalb, damit sie neu und besser und schöner nachwachsen.

Andrea Schwarz „Frei–Sehnsuchtsvoll leben. Die Botschaft der Wildgänse" 2016

Durch die weiten und zahlreichen Flüge der Gänse sind ihre Schwungfedern nach einem Jahr reichlich abgenutzt und müssen erneuert werden. Im Gegensatz zu den meisten anderen Vögeln, die die Schwungfedern nacheinander austauschen, werfen Gänse im späten Sommer auf einmal alle großen Federn ihrer Flügel ab. Diese wachsen in ungefähr drei bis vier Wochen nach, in denen die Gänse dann nicht flugfähig sind. Die neuen Federn schieben sich aus den glänzenden, neu angelegten Blutkielen mit gut 6 mm Wachstum am Tag! Dafür benötigen die Tiere große Mengen hochwertige Nahrung und

Die Altvögel mausern so, dass sie gemeinsam mit den Küken wieder fliegen können.

sichere Mauserplätze. Sie sind in dieser Zeit besonders störungsempfindlich und sammeln sich in großen Trupps, um die Aufgabe des „Ausschauhaltens" zu verteilen. Ausschlaggebend für die Wahl des Mauserplatzes ist des Weiteren ein nahegelegener sicherer Schlafplatz, den sie schwimmend oder zu Fuß erreichen können. Bei Gänsen mit erfolgreichen Bruten geschieht die Mauser im Brutgebiet synchron mit dem Federwechsel der Küken, die ihr flauschiges Dunenkleid gegen ein wasserdichtes, kräftiges Körper- und Fluggefieder austauschen.

Mausern in der Ferne

Bei vielen Gänsepopulationen legen die Nichtbrüter und Fehlbrüter jedoch große zusätzliche Strecken zurück, um alternative, bevorzugte Mausergebiete zu erreichen. Es kommt dann neben dem klassischen Frühjahrs- und Herbstzug auch zu einem sogenannten Mauserzug. Wie Senderdaten von russischen Blässgänsen gezeigt haben, fliegen Nichtbrüter und Brutvögel, denen die Brut (häufig durch Feinddruck) missglückt ist, Anfang bis Mitte Juli z. B. von Kolgujev 1.500 bis 2.000 km weiter nach Osten auf die Halbinsel Taimyr oder nach Nowaja Semlja. In der weiten, unbewohnten Tundra mit ihren Tausenden von kleinen Seen mausern sie dort in riesigen Gruppen, gemeinsam mit meist Tausenden anderer Gänse verschiedener Populationen und Arten. Ein weiteres Beispiel ist eine Population der Waldsaatgans, deren Brutvögel „nur" zwischen Nordfinnland/Westrussland und

Zur Mauser sammeln sich Graugänse in großen Scharen am Gülper See in Brandenburg.

Südschweden/Dänemark wandern. Nichtbrüter und Fehlbrüter dieser Population mausern auch auf Taimyr, was ihren jährlichen Zugweg mehr als verdoppelt. Kürzere, aber ökologisch ähnlich bedeutsame Mauserzüge sind auch auf Spitzbergen zu beobachten: Kurzschnabelgänse, die in ihren Brutgebieten an der Westküste der Inseln Spitzbergens ihre Brut verloren haben, ziehen ca. 200 km nach Osten, an die jenseitige Küste der Inselgruppe.

Sogar die norddeutschen Graugänse zeigen dies: Auch wenn sie heute traditions- und klimabedingt keine großen Winterwanderungen mehr unternehmen, führen die Nichtbrüter und Paare, die früh ihr Gelege verloren haben, von Ende Mai bis August weite Mauserwanderungen durch. Viele Graugänse treffen auf den größten Mauserplätzen in den Niederlanden, in Dänemark und Norwegen, zunehmend aber auch in Deutschland, zusammen. Auf vielen dieser Mauserplätze ernähren sich die Graugänse überwiegend von Schilfschösslingen. Die Vögel spielen daher eine wichtige Rolle im Ökosystem der Seen: Über lange Zeiträume verlanden Seen und würden über einige hundert Jahre zu Mooren. Graugänse können durch ihre Fresstätigkeit im Röhricht diesen Prozess stark verzögern.

Auch die Anpassungsfähigkeit der Gänse und Wichtigkeit guter Mauserplätze zeigt sich am Beispiel der Graugans: In Dänemark entdeckten die Tiere die Insel Saltholm im Kattegat am Anfang der 1990er-Jahre; innerhalb weniger Jahre fanden sich mehrere Tausend Individuen hier ein. In kurzer Zeit verlagerten dorthin weitere ca. 13.000 Graugänse ihren Mauserplatz, die zuvor in den Oostvaardersplassen (Niederlande) gemausert hatten. Mit Sendern und Ringen versehene Graugänse aus Niedersachsen zogen zur Mauser in die Speicherköge Schleswig-Holsteins, an die Ostseeküste Dänemarks und teils wiederum in die Niederlande. Gänse aus Süddeutschland wanderten nach Niedersachen und an den Unteren Niederrhein. Gemeinsam mit schwedischen Kollegen und Kolleginnen haben wir mehrere hundert Graugänse auf einem Mauserplatz bei Hudiksvall an der schwedischen Ostseeküste beringt. Es zeigt sich, dass hier zahlreiche dieser Vögel eigentlich Brutvögel aus Polen waren.

Mauserplätze zur Heirat

Vermutlich werden diese weiten Züge unternommen, um die höhere Sicherheit und ein besseres Nahrungsangebot der Mausergebiete zu nutzen. Wahrscheinlich gibt es dort besondere Pflanzenarten, die sich für die Mauserzeit eignen, weil sie auch im Sommer noch ausreichend Proteine und Spurenelemente für den zehrenden Federaufbau bieten. Gleichzeitig entgehen die Vögel der Nahrungskonkurrenz mit den lokalen Gänsefamilien im Brutgebiet. Insbesondere wenn die Küken etwas größer sind, erweisen sich die vielschnäbligen Gänsefamilien als sehr erfolgreich darin, die guten Weideplätze wirksam gegen andere, insbesondere einzelne, Gänse zu verteidigen. Für die vorjährigen bzw. zweijährigen Jungvögel bieten die Mauserplätze einen weiteren wichtigen Aspekt: Sie funktionieren als Heiratsmärkte, denn hier lassen sich potenzielle neue Partner finden.

Dass dies ein wirksamer Mechanismus zur Durchmischung der Populationen ist, wurde kürzlich bei der bedrohten Zwerggans nachgewiesen: Reichte ihr Brutareal einstmals in einem fast geschlossenen Band von Skandinavien ostwärts bis an den Pazifik, so ist dieses heute stark verinselt. Dennoch ziehen selbst die Fehlbrüter aus Nordnorwegen fast 4.000 km weit zu den traditionellen Mauserplätzen auf der sibirischen Halbinsel Taimyr, wo sie auf Artgenossen aus den sibirischen Brutarealen treffen. Laboruntersuchungen bewiesen nun, dass es aufgrund dieses hocharktischen Heiratsmarktes keine genetischen Unterschiede zwischen den norwegischen und den sibirischen Vögeln gibt.

Auf Taimyr treffen sich hunderttausende Blässgänse zur Mauser im Pyasina-Delta.

Blässgänse im Rheiderland (Ostfriesland)

9 Wintergänse – Wintergäste

Die wilde Gans hat viel und mancherley Nahmen / wird aber auch von etlichen Schnee-Gans genennet / dieweil sie zu Anfang des Winters / wann der Schnee verhanden / sich bey uns auffhält. [..] Im Anfang aber des Winters kommen sie wegen der Weyd / und wegen der gelinderen Lufft wiederumb zu uns / und fliegen alsdann mit grossen Schaaren / also / daß ihrer zuweilen tausend / oder noch mehr beysammen gesehen werden.

Conrad Gesner, Vogelbuch, 1669

Der arktische Winter beginnt Anfang September. Mit den ersten Schneefällen wird die Tundra für die Gänse unwirtlich, sie müssen das Gebiet verlassen und das alljährliche Schauspiel des Vogelzugs beginnt von Neuem. Aus der Arktis ziehen rund um den Nordpol die Gänse nun in ihre Wintergebiete. Aus dem Westen der russischen Arktis erreichen die meisten Vögel Westeuropa, wo sie im Winter ganz ähnliche Bedingungen antreffen wie in den sommerlichen Brutgebieten: kühle Witterung um die 0°-5 °C, häufiger Regen, nasse und weite Grünlandgebiete, große Seen, das Wattenmeer und Flüsse als sichere Schlafplätze. Graugänse und einige der neuen Gänsearten sind über das ganze Jahr in Nordwest-Europa zu finden. Sie sind Standvögel und legen im Winter keine großen Zugstrecken zurück. Wenn die arktischen

Gänse zur Überwinterung in großer Zahl in unsere Breiten kommen, ist das für Vogelfreunde eine große Freude, für andere dagegen ein Ärgernis.

Ankunft in Etappen

In den meisten Jahren werden in der zweiten Septemberhälfte die ersten arktischen Wintergänse in Westeuropa beobachtet. Ihre Ankunft wird oft durch starken Wind aus Osten angekündigt, der sie beim langen Flug unterstützt. Hoch segeln sie so in größeren Trupps ein und ihre Rufe verkünden den Beginn des Winters. Die ersten Ankömmlinge sind in der Regel die Nichtbrüter bzw. Fehlbrüter, die ohne Pause direkt aus der Arktis einfliegen. Für junge Gänse ist ihre erste lange Reise noch eine große Herausforderung. Darauf nehmen die Eltern Rücksicht und erlauben hier und da eine kurze Rast, was zu leicht verzögerter Ankunft im Überwinterungsgebiet führt.

Mit der starken Zunahme des Maisanbaus für die Biogasproduktion haben alle Gänsearten Maisstoppel als Nahrungsflächen entdeckt.

Einige der grauen Gänse – Saat- und Blässgans – landen bei Ankunft vorerst für mehrere Tage oder Wochen in östlichen Gebieten, wie dem Odertal, der nördlichen Elbe oder der Ostseeküste, ruhen sich aus und tanken nach. Die meisten Gänse jedoch fliegen, wie die Weißwangengänse, entlang der Küsten, mit nur kurzen Stopps direkt ins Wattenmeer. Etliche Ringelgänse fliegen vom Wattenmeer sogar weiter bis an die französische Atlantikküste, wo sie den Winter verbringen. Von allen Gänsearten bleiben die Saatgänse am weitesten im Osten und laben sich bis in den Dezember an den Ernteresten, insbesondere Mais und Rüben. Sind diese aufgebraucht oder wird der Boden durch große Schneemengen abgedeckt, ziehen auch sie weiter Richtung Westen. Die Blässgans zeigt sehr unterschiedliches Verhalten: einige rasten ebenfalls zunächst im Osten Deutschlands auf den ausgedehnten Maisstoppeln, andere Gänse fliegen jedoch schon bei Einflug im September direkt an die Nordsee, nach Friesland oder zum Niederrhein. Gänsefamilien kommen erst im Oktober und überfliegen meist die östlichen Rastgebiete, um die im Westen noch reichlich vorhandene Nahrung zu nutzen.

Bis in den Dezember nehmen die Zahlen der Wintergänse in den meisten Überwinterungsgebieten zu und erreichen für die grauen Feldgänse im Dezember/Januar ein Maximum. Die schwarz-weißen Meeresgänse erreichen ihr zahlenmäßiges Maximum bei uns im Frühjahr. Erst ab März kommen die Ringelgänse aus ihren Hauptüberwinterungsgebieten an der französischen Atlantikküste und in Holland zu uns und tanken am Wattenmeer ihre Reserven für den langen Zug in die Arktis auf. Auch Weißwangengänse wechseln in dieser Zeit ans Wattenmeer und konzentrieren sich dadurch an den deutschen Küsten. Fast umgekehrt stellt sich der Abzug der Gänse im Frühjahr dar: Die Saatgänse ziehen dicht hinter dem zurückweichenden Frost und Schnee her, gefolgt von den Blässgänsen Ende März. Die nordischen Graugänse ziehen kontinuierlich durch: zu ihren Brutgebieten zwischen Mittelschweden und dem Nordkap haben sie unterschiedlich viel Zeit. Die beiden Gänsearten des Wattenmeeres, Weißwangen- und Ringelgans, bleiben am längsten: Die Mehrzahl der Weißwangengänse verlässt Nordwestdeutschland im Laufe des Aprils, ein bis zwei Wochen später folgen die Ringelgänse, die von allen Arten am weitesten im Norden brüten.

Das tägliche Hin und Her – Schlafen und Fressen

Im Laufe des Tages wechseln Gänse mehrmals ihren Aufenthaltsort. Zur Sicherheit vor Fuchs und anderen Feinden ruhen sie nachts auf kleinen Seen oder Küstengewässern, sogenannten Schlafplätzen. Während der hellen Stunden ziehen sie dann um und sind vornehmlich auf Nahrungsplätzen zu finden: Feldern, Wiesen und Weiden. In den frühen Morgenstunden, etwa eine Stunde vor Sonnenaufgang, fliegen kleine Gänsegruppen von den Schlaf-

Ist die Schneedecke nur dünn, bleiben die Weißwangengänse vor Ort und hoffen auf Tauwetter.

plätzen zu den Nahrungsplätzen. Nach und nach folgen ihnen die anderen in großen Gruppen. Bis Sonnenaufgang finden sich ca. 80 % der Gänse dort ein, wo die „Späher", die den Schlafplatz früher verließen, schon eifrig weiden. Die Gänse landen in der Flächenmitte und verteilen sich während der nächsten halben Stunde unter kleineren Rangeleien fast gleichmäßig über die Nahrungsflächen. Danach beruhigt sich die Gruppe und intensives Fressen wird zur wichtigsten Beschäftigung.

Wenn sie auf den Nahrungsplätzen gestört werden, fliegen die Gänse auf, drehen eine oder mehrere Runden und landen wieder an der gleichen Stelle oder auf einer Alternativfläche. Dort landen sie, wie beim morgendlichen Anflug, wieder eng zusammen und brauchen erneut ungefähr eine halbe Stunde, bis alle wieder ungestört weiden können. Damit wird als Folge einer Störung, die zum Auffliegen führt, während des Fluges nicht nur viel Energie verbraucht, sondern geht zusätzlich wichtige Äsungszeit verloren.

Sind die Nahrungsflächen feucht bis nass, nutzen die Gänse jede kleine Pfütze oder überstauten Graben, um zwischendurch zu trinken und zu baden. Als Folge der intensiven Landwirtschaft mit dem Wunsch nach bester Maschineneignung sind solche feuchten Stellen in der Kulturlandschaft selten geworden. Wie bei Frostlagen müssen die Gänse in solchen Landschaften über Mittag Trink- und Badeflüge zu benachbarten Gewässern vollziehen. Nach einer halben bis ganzen Stunde Trinken, Baden und Gefiederpflege

Die Nächte verbringen die Gänse auf den sicheren Wattflächen der Meeresbuchten wie Dollart oder Jadebusen.

Auch Weißwangengänse bevorzugen nasses Grünland in Flussnähe.

fliegen die Vögel wieder zurück zu ihrem Nahrungsplatz, wo sie sich bis abends erneut der Nahrungsaufnahme widmen.

Am Abend verlassen die Gänse in den Minuten nach Sonnenuntergang ihre Nahrungsfläche und fliegen zum nächstgelegenen Schlafplatz. Oft nutzen Gänse über viele Tage oder Wochen hindurch dafür denselben Ort. Der Schlafplatz ist das Kommunikationszentrum eines Rastgebiets, das andauernde nächtliche Geschnatter lässt dies erahnen. Hier finden sich Paare oder Familien wieder, die sich über Tag aus den Augen verloren hatten. Hier prüfen die Vögel ihre Nachbargänse mit kritischem Blick: Sehen diese besonders zufrieden und satt aus? Sollte ich denen morgen früh folgen?

Nahrungspräferenzen und Erntereste

Ursprünglich waren natürliche Feuchtwiesen der Flussniederungen, die Salzwiesen im Wattenmeer und die Moore bevorzugte Nahrungsgebiete der Gänsearten. Mit der Trockenlegung dieser Gebiete und der Nutzung durch die Landwirtschaft mussten die Gänse sich an die neuen Gegebenheiten anpassen. Bläss- und Weißwangengänse finden sich heute bei uns vornehmlich auf Grünland (Weide, Wiese bzw. Grasacker), während Saatgänse eine deutliche Präferenz für Ackersaaten und Erntereste zeigen. Graugänse sind sowohl auf Grünland als auch auf Ackerflächen anzutreffen. Als Ausnahme zu den mittlerweile als Kulturfolger zu bezeichnenden Gänsen können Ringelgänse noch weitestgehend ihre natürlichen Nahrungsgebiete nutzen: die Salzwiesen auf den Watteninseln und Halligen sowie am Festland. Im Frühjahr können sie jedoch auch auf Grünland hinter den Deichen angetroffen werden.

Im Herbst, kurz nach Ankunft der arktischen Gänse, werden Zuckerrüben, Kartoffeln und Mais geerntet. Bei der Ernte bleiben oft Reste liegen, so denn die Felder nicht sofort wieder umgepflügt werden. Diese Reste bieten sehr energiereiches Futter, das fast alle Gänse mittlerweile gerne annehmen. Saatgänse haben sich bereits darauf spezialisiert und ernähren sich vornehmlich von Ernteresten auf Zuckerrüben-, Kartoffel- und Maisäckern, aber bei später Ernte auch von Zuckerrübenblatt sowie Zwischenfrüchten wie Raps oder Rübsen. Jedoch auch große Scharen Bläss- und Weißwangengänse sind auf solchen abgeernteten Feldern anzutreffen. Wintergetreide wird von den meisten Arten seltener genutzt, nur bei größeren Kälteeinbrüchen weichen viele Gänse auf Getreidefelder aus.

Gänse als Rasenmäher

Natürlicherweise vermeiden Gänse die Überweidung der Vegetation und verteilen sich optimal über ihre Nahrungsflächen. Auf natürlichen und naturnahen Nahrungsflächen begrenzt die verfügbare Nahrungsmenge die Zahl der weidenden Gänse. Das heute flächendeckende Angebot von Nahrung in hoher Qualität (Proteingehalt) auf landwirtschaftlichen Nutzflächen ermöglicht es einer größeren Zahl von Gänsen, auf diesen Flächen satt zu werden. Die Gewohnheit der Gänse, als Familie einen größeren Bereich als Nahrungsfläche zu beanspruchen und Konkurrenten von dort zu vertreiben, bewirkt jedoch eine relativ lockere Verteilung des Trupps über die Fläche. Da Saat- und Blässgänse eine Fläche nicht mehr besuchen, wenn die Vegetation bis zu einer Höhe von 2–4 cm abgeweidet ist, werden die beweideten Graspflanzen nicht geschädigt und können sich unter günstigen Wetterbedingungen schnell wieder erholen. Weißwangengänse fressen mit ihren kurzen Schnäbeln das Gras etwas kürzer ab. Durch das regelmäßige Abäsen halten die Gänse das Gras in einer Phase hoher Regenerationsleistung. So sorgen sie

In Schlafplatznähe besuchen Weißwangengänse die gleichen Flächen häufig und erhalten so im Frühjahr ihre Nahrungsfläche.

dafür, dass die Vegetation während der Rastzeit das beste Nahrungsangebot liefert. Werden die Gänse allerdings in ihrem natürlichen Nutzungsmuster regelmäßig gestört, ziehen sie sich zunehmend in störungsarme Kernbereiche zurück. Durch die dortige Konzentration können die hungrigen Vögel die Vegetation im äußersten Fall übernutzen. Die Vegetation kann sich anschließend nur mühsam erholen.

Heute hier, morgen dort – Nutzungsmuster

„Die Bewegungen der Gänse [..] hängen ganz vom Stand des Hochwassers auf den verschiedenen Marschen ab. Da jeder Teil der Niederung unterschiedlich überflutet wird, wechseln die Gänse von einem Teil zum anderen, wenn die Bedingungen ihnen zusagen. Normalerweise neigen sie dazu, in einem Schwarm zu bleiben, aber gelegentlich, wenn sie stark gestört wurden, teilen sie sich in zwei oder drei Gruppen auf. Es ist jedoch sehr ungewöhnlich, kleine Gruppen von Gänsen zu finden, die über das gesamte Gebiet verstreut sind und fressen. Die Marschen scheinen ihnen am besten zu gefallen, wenn das Hochwasser noch steigt oder gerade erst gekommen ist, und sie meiden fast immer das von den fallenden Fluten freigelegte Gras, wenn eine alternative Weide vorhanden ist. Vermutlich ist das aufgeweichte Gras, das durch das zurückweichende Wasser freigelegt wurde, sauer und mit Schlick bedeckt und möglicherweise auch durch ihre vorherige Anwesenheit darauf verschmutzt. Sollte die Überflutung einer bevorzugten Niederung zu tief werden, um als Weide zu dienen, werden die Gänse diesen häufig weiterhin als Schlafplatz nutzen und zur Nahrungssuche auf weniger überflutetes Weideland ausfliegen.“

So beschreibt J.G. Harrison 1954 das Verhalten der arktischen Gänse im ostfriesischen Dreistromland von Ems, Leda und Jümme Ende der 1940er-Jahre. Diese Schilderung dürfte für die meisten norddeutschen Flussniederungen zwischen Eider, Peene und Ems, wohl auch westlich in den Niederlanden gelten. Das reliefreiche Marschland war durch niedrige Deiche nur vor leichten Hochwassern geschützt, im Winter überwiegend flach überstaut. In diesen Flutbereichen zeigten die Gänse ein kleinräumiges Nutzungsmuster, wie wir es heute noch im Nemunas-Delta in Litauen, an der Biebrza oder vielleicht den renaturierten Abschnitten der Havel finden.

In den meisten ehemals naturnahen Niederungen wurden seit den 1950er-Jahren Sielwerke und Straßen gebaut, Senken verfüllt und Kuppen abgetragen, Flurbereinigungsverfahren durchgeführt und teils die Hochwasser zusätzlich durch Sperrwerke wie an der Leda oder der Eider gedämmt. Die Landschaft wurde in eine weitgehend gleichförmige Grassteppe verwandelt, mit regulierten Wasserständen und einer hohen Wüchsigkeit. Die Gänse haben sich an diese Landschaft angepasst: Da sie speziell die frischen Grasspreiten abfressen, können sie nur kurze Zeit auf den einförmigen Flächen weiden.

Dann ist die Nahrung erschöpft. Die Gänse ziehen auf die Nachbarfläche um. In den Wintern 1996–98 untersuchten wir dies an den rastenden Blässgänsen im Rheiderland (Dollart) genauer. Es zeigte sich, dass die Gänse zuerst im Norden die Flächen besuchten, die nah am Schlafplatz liegen. Am folgenden Morgen kamen sie dorthin zurück, wo sie abends abgeflogen waren, und ließen sich nebenan nieder. Tagsüber wechselten die Gänse weiterhin auf Nachbarflächen, wenn die Nahrung knapper wurde. Auf diese Weise entwickelte sich eine Nutzungs-"Welle" von Norden nach Süden durch das Gebiet. Waren die frischen Spreiten nach etwa zwei Wochen nachgewachsen, begann die Welle erneut im Norden.

Weißwangengans: Der Altvogel beobachtet aufmerksam.

Nutzungsmuster finden sich auch bei Weißwangengänsen. Allerdings fliegen diese ungern morgens so weit ins Binnenland wie die Blässgänse. Dafür wechseln Weißwangengänse häufig während des Tages die Flächen, kommen aber fast täglich auf die bevorzugten Flächen zurück. Durch ihre kurzen Schnäbel halten sie so im Nahbereich des Schlafplatzes das Gras kurz. Dies ist insbesondere im Frühjahr für die Gänse wichtig. Bei den warmen Temperaturen im April wächst das Gras schnell auf und mit den kurzen Schnäbeln können die Weißwangengänse es ansonsten nicht mehr handhaben. Dass die Weißwangengänse dieses andersartige Nutzungsmuster haben, hat Folgen für die Blässgänse: für sie ist das Gras zu kurz. Dort wo die Weißwangengans dominiert, müssen sie in entferntere Bereiche ausweichen.

Platzhocker, Nomaden und Traditionen

Sind die Gänse im Wintergebiet angekommen, ist die Reise meistens noch nicht vorbei. Nur sehr wenige Individuen haben feste Rastplätze, an denen sie den gesamten Winter bleiben. Hier unterscheiden sich aber die einzelnen Gänsearten und selbst die Teilpopulationen erheblich. Während ein großer Anteil der Weißwangengänse tatsächlich den Winter in einem „Gänse-Großraum" wie beispielsweise an der Unterelbe zubringt, sind die Blässgänse ständig unterwegs. An den meisten Rastplätzen bleiben sie kürzer als eine Woche. Allerdings haben die Blässgänse offenbar eine „innere Karte", denn markierte Vögel werden Jahr für Jahr immer in den gleichen Gebieten beobachtet, oftmals sogar in denselben Zeiträumen.

Gänse bzw. Gänsepaare entwickeln im Laufe ihres Lebens eine Tradition, welche Nahrungsplätze sie während Zug und Überwinterung besuchen, wann sie dort sind und wie lange sie sich dort aufhalten. Im Rahmen der Hierarchie in einer Gänsegruppe, (große Familien sind dominant über kleine Familien, Familien dominant über Paare ohne Jungen und diese wieder dominant über Einzelvögel und verwaiste Jungvögel), können Großfamilien ihre Gebietstradition ohne Einschränkungen einhalten und die besten Nahrungsflächen besetzen. Kinderlose Paare, Einzelvögel und verwaiste Jungvögel müssen jedoch regelmäßig Abstriche machen und sich neue Nahrungsplätze suchen. Deshalb sind kinderlose Paare, Einzel- und Jungvögel deutlich mobiler als Familien mit Jungen. Damit sie den Winter in einer mehr oder weniger guten Kondition überstehen können, sind sie häufig gezwungen, neue Nahrungsgebiete zu suchen. Sie sind damit die Pioniere unter den Gänsen, die neue Überwinterungsgebiete entdecken. War ihre Kolonisation eines Gebietes erfolgreich, kann sich eine neue Tradition entwickeln. Da die Pioniere dann in einer guten Kondition im Brutgebiet eintreffen, ist die Chance relativ groß, dass sie erfolgreich brüten und ihre neuen Rastplätze im Folgewinter als Familie besuchen und so die neue Überwinterungstradition an ihren Nachwuchs weitergeben.

Als Grasfresser benötigen Gänse viel Trinkwasser. Daher sind Flächen mit Grüppen oder Blänken hochattraktiv.

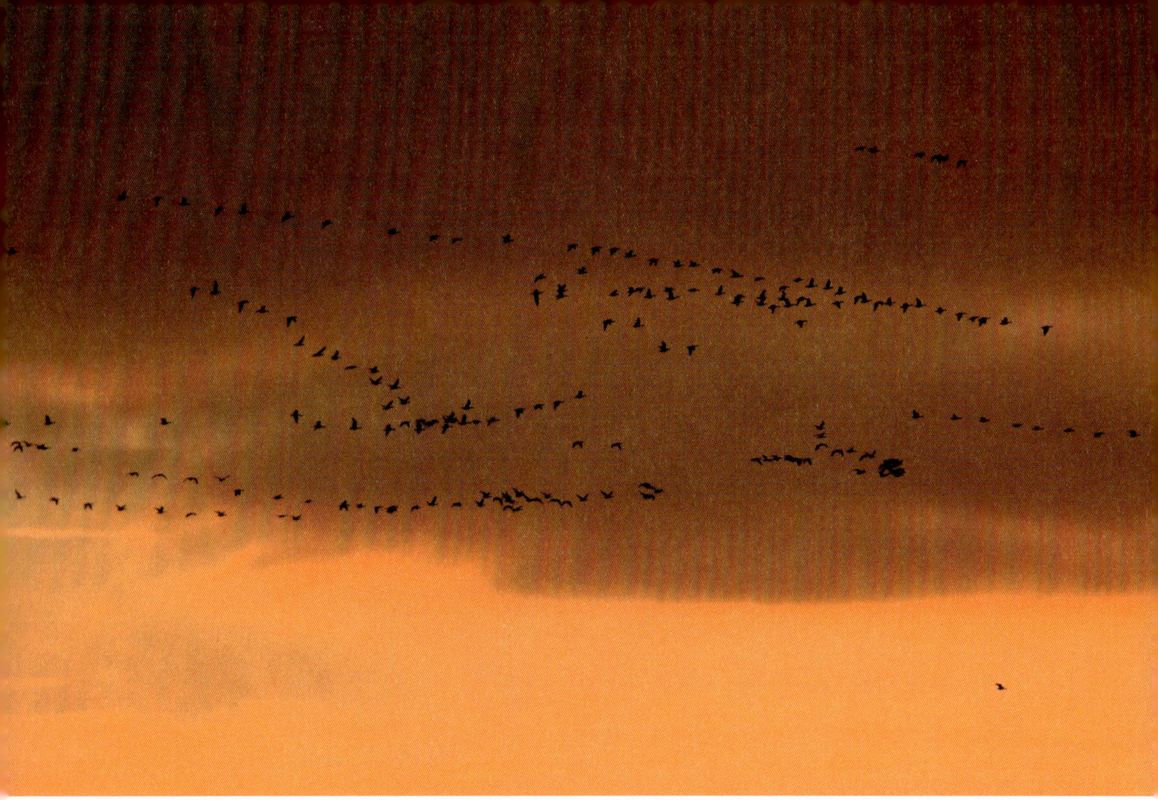

10 Gänse im Klimawandel

„Die Arktis ist ja wirklich das Epizentrum des Klimawandels. Kein anderer Teil unseres Planeten wird so schnell wärmer wie die Arktis und die Veränderungen sind schon heute dramatisch. Gleichzeitig ist die Arktis der Bereich unseres Planeten, den wir am schlechtesten verstehen."

Markus Rex „Eingefroren am Nordpol" 2020

Fein abgestimmte Zugrouten im Wandel

Die Abhängigkeit des Gänsezugs von Wetter- und Vegetationsbedingungen lässt erwarten, dass die Vögel auch vom Klimawandel stark beeinflusst und zu weitreichenden Anpassungen gezwungen sind. Die arktischen Gänse sollten bei einem wärmeren Frühling früher in die Brutgebiete abziehen und dort von der längeren Saison profitieren. Die Nistplätze werden früher schneefrei. Die Gänse hätten somit mehr Zeit, um ihre Jungen aufzuziehen. Aber die Brutökologie der arktischen Gänse ist nicht so simpel, sondern beruht vielmehr auf einem engmaschigen Netz fein abgestimmter klimatischer und sonstiger Zusammenhänge, die optimale Zug- und Brutbedingungen anzeigen. Insbesondere die Zeiten der Schneeschmelze und des beginnenden Vegetationswachstums sind zwischen aufeinanderfolgenden Rastgebieten gut aufeinander abgestimmt. Bisher konnten die Gänse „vorhersagen“, wann sie im nächsten Rastgebiet ankommen müssen, um dort Vegetation mit für sie höchstmöglichem Ernährungswert zu finden. Dies trifft jedoch nicht für Gebiete zu, die durch weite Ozeane oder große Distanzen getrennt sind, wie es für Gänse auf ihrem Weg nach Grönland oder Spitzbergen der Fall ist oder für Arten, die nur wenige weit auseinanderliegende Rastgebiete nutzen. Da sich die Arktis viel schneller erwärmt als beispielsweise Westeuropa, laufen die Gänse Gefahr, dass ihr präziser Zeitplan aus dem Gefüge gerät.

Auch die Annahme, dass die steigenden Temperaturen in der Arktis automatisch zu einer generell höheren Nahrungsverfügbarkeit führen würden, ist nicht richtig. Die Erwärmung dort macht sich insbesondere im Winter bemerkbar, sodass auf Spitzbergen Januartemperaturen oberhalb des Gefrierpunktes heute fast regelmäßig vorkommen. In der Folge taut der Schnee und bildet beim nächsten Frost einen dicken Eispanzer. Hart trifft dies zuerst die Rentiere. Sie können ihre Nahrung nicht mehr mit den Hufen vom Schnee befreien und hungern. Betroffen sind auch die Alpenschneehühner, die oft auf den Spuren der Rentiere noch Nahrung finden. Aber auch die empfindliche arktische Pflanzenwelt leidet: Es gibt mittlerweile große Flächen, auf denen die Vegetation durch den Eispanzer geschädigt oder abgestorben ist. Dies verwandelt die ohnehin dünn bewachsene arktische Tundra in eine lebensfeindliche Steinwüste.

Weißwangengänse in der Arktis brüten nur dann erfolgreich, wenn die Vegetationsentwicklung vorhersagbar ist.

Die Temperaturerwärmung in der Arktis erfolgt derzeit drei- bis sechsmal schneller als im globalen Maßstab. Bereits heute hat sich die Temperatur dort um 6 °C im Vergleich zur vorindustriellen Zeit erhöht. Dadurch beginnt der Frühling in vielen arktischen Gebieten zeitiger, jedoch oft unvorhersehbar und nicht in gleichem Umfang. Im Allgemeinen gilt: Je näher man dem Nordpol kommt, desto früher beginnt die Erwärmung. Dies wird auch „Arktische Beschleunigung“ (arctic acceleration) genannt. Als Regel gilt dies jedoch nicht für alle Teilgebiete in gleicher Weise: Es gibt lokale Klimaeffekte an großen Seen oder Gebirgszügen, die teils entgegengesetzte Änderungen bedingen. Dadurch werden die Beziehungen zwischen den Rastgebieten (und dem Brutgebiet) schwächer und die Gänse können nicht mehr so gut vorhersagen, wann sie zum nächsten Schritt ihres Frühjahrszuges aufbrechen müssen. Dies erschwert ihre Anpassung an den Klimawandel.

Grenzen der Anpassungsfähigkeit

Eine grundlegende Untersuchung an der Weißwangengans hat das deutlich gemacht: Individuen auf der Route ins arktische Russland können ihren Zug in Jahren mit früherer Schneeschmelze beschleunigen. Sie tun dies, indem sie Rastgebiete zwischen dem Baltikum und ihrem arktischen Brutgebiet nur noch kurz nutzen oder gänzlich auslassen. Dies bedeutet, dass sie während des Zugs weniger Reserven für die Brutzeit anlegen können. Ihre Ankunft im Brutgebiet ist dann zwar pünktlich in Beziehung zu den Wetterbedingungen, aber sie können nicht sofort mit der Brut beginnen. Sie müssen erst ein paar Tage fressen, um Reserven für das zehrende Brutgeschehen anzulegen. Dies führt dazu, dass sie insgesamt wohl früher mit der Brut beginnen als in normalen Jahren, aber doch verspätet für eine optimale Nahrungsverfügbarkeit („mismatch") für die Küken. Dies führt dazu, dass in den verfrühten Jahren sich einerseits mehr Gänse am Brutgeschehen beteiligen können, größere Gelege entstehen und die Eier in mehr Nestern erfolgreich schlüpfen. Weil aber die Nahrung für die Jungtiere relativ spät zur Verfügung steht, wachsen

Ein Eisbär hat den Übergang auf das Meereis verpasst. Um seinen Hunger zu stillen, sucht er jetzt Vogelgelege.

die Küken langsamer und erleiden bis in den Herbstzug hinein eine höhere Mortalität. Das verringerte Wachstum kann sich auch auf ihr späteres Schicksal auswirken.

Für Gänse, die auf ihrem Zug nach Grönland oder Spitzbergen Ozeane überqueren müssen, konnte bisher keine Anpassung an die verfrühte Erwärmung im Brutgebiet beobachtet werden. So fliegen die grönländischen Blässgänse zwar etwa drei Wochen früher aus ihrem Überwinterungsgebiet in Schottland ab, rasten jedoch länger auf Island, um dann doch zur „gewohnten“ Zeit auf Grönland anzukommen. Die deutlich nördlichere und abgeschiedene Lage Grönlands im Vergleich zu russischen Brutgebieten auf Kolgujev und Nowaja Semlja führt dazu, dass die Klimaerwärmung auf Grönland stärker ist und weniger mit den Bedingungen in den Rastgebieten korreliert. Deshalb fällt es den Gänsen schwer, im Verhältnis zur Vegetation „pünktlich“ im Brutgebiet anzukommen. Erstaunlicherweise scheint auf Grönland jedoch nicht das Klima ihren geringen Bruterfolg zu bedingen, sondern die erhöhte Konkurrenz um Brutplätze mit den Individuen der dort stark ansteigenden Population von Kanadagänsen, die in Nordamerika überwintern und einen kürzeren Weg übers Meer zurücklegen müssen.

Ringelgänse, Kurzschnabelgänse und Weißwangengänse, die über Norwegen auf die arktische Inselgruppe Spitzbergen ziehen, unterliegen ähnlichen Beschränkungen. Die Vegetationsperiode hat sich dort in den letzten 20 Jahren um zwei bis drei Wochen verfrüht. Durch den Golfstrom scheint die Korrelation der Wetterbedingungen zwischen Norwegen und Spitzbergen zwar nach wie vor gegeben, jedoch müssen die Tiere sich in Norwegen ausreichend Reserven anfressen, um die Ozeanüberquerung zu schaffen. Die auf Spitzbergen brütenden Kurzschnabel- und Weißwangengänse haben durch ein umfassendes Jagdverbot in den letzten Jahren stark zugenommen. Des Weiteren konnte gezeigt werden, dass die längere Brutperiode durch früheres Pflanzenwachstum auf Spitzbergen zu höherem Bruterfolg für Weißwangengänse geführt hat. Jedoch wurde dieser Zuwachs durch erhöhten Feinddruck von wachsenden Zahlen Eisfüchsen und Eisbären auf den Inseln und Dichteabhängigkeit der Überlebensraten der Gänse ausgeglichen. Dies führte zu einem weitgehend konstanten Niveau dieser Weißwangenganspopulation.

Die küstenbrütenden Weißwangengänse auf Spitzbergen erfahren derzeit enorme Bruteinbußen durch einen neuen Feind: den Eisbären. Immer häufiger verpassen die Eisbären durch die zeitige Eisschmelze den Übergang auf das zurückweichende Packeis und bleiben auf den Inseln zurück. Hier fehlt ihnen aber der Zugang zu ihrer regulären Beute, denn die Robben sind mit dem Packeis nach Norden verschwunden. In Ermangelung anderer Nahrung haben sich einige Eisbären daher auf Gänseeier spezialisiert, die sie in Gänsebrutkolonien an der Küste und auf kleinen Inseln eins nach dem anderen genüsslich ausschlecken. Dies hat verheerende Auswirkungen auf den Bruterfolg der Gänse und ist ein weiteres Beispiel der komplexen ökologischen Zusammenhänge, und wie diese vom Klimawandel beeinträchtigt werden. Einige Weißwangengänse versuchen, den Eisbären auszuweichen, indem sie in steilen Berghängen brüten. Doch die Bären klettern ihnen nach und leeren auch diese Nester.

Neue Zugwege oder gleich ganz hierbleiben?

Wie schon zu den russischen Blässgänsen angemerkt, müssen bzw. können Gänse nicht nur ihren Zugzeitplan an den Klimawandel anpassen, sondern auch ihre Routen und die Lage der Brut- und Überwinterungsgebiete. Diese Anpassung ist bei der Weißwangengans sehr ausgeprägt zu beobachten. Gab es bis vor wenigen Jahrzehnten eine Population mit Zug zwischen Schottland und Spitzbergen und eine weitere mit Zug von den Niederlanden und Norddeutschland in die russische Arktis, so gibt es nun überwinternde Weißwangengänse im gesamten Nord- und Ostseebereich und Brutvögel von Nowaja Semlja zunächst bis in die Schären vor St. Petersburg. Dadurch haben sich für viele Individuen die Zugwege deutlich verkürzt. Diese Änderungen sind innerhalb eines Zeitabschnitts von 20 bis 30 Jahren sehr schnell abgelaufen und machen nochmals deutlich, wie anpassungsfähig Gänse sind.

Das große Angebot von Ernteresten auf Maisfeldern hat das Zugverhalten der Graugänse stark verändert.

Ein weiteres, besonders gutes Beispiel für die Anpassung des winterlichen Zugverhaltens an die veränderten klimatischen Bedingungen stellt die Graugans dar. Ursprünglich zogen die norddeutschen Graugänse wie ihre Artgenossen aus Skandinavien im Winter nach Spanien und teilweise bis Nordafrika. Noch Mitte der 1990er-Jahre zeigte sich in Nordwestdeutschland ein deutliches Winterminimum in den Bestandszahlen: Die

Weißwangengänse konnten vom Klimawandel profitieren: ihr Verbreitungsgebiet hat sich stark vergrößert.

Vögel zogen im Herbst durch und kamen ab Ende Januar wieder zurück. Seit den 2000er-Jahren hat sich das Zugverhalten der Art grundlegend verändert. Eine ganze Reihe von schneefreien und milden Wintern hat die Vögel eines Besseren belehrt: Skandinavische Graugänse ziehen nur noch im Ausnahmefall bis in den Coto de Doñana an der Südküste der Iberischen Halbinsel; sie überwintern stattdessen in den Niederlanden, manchmal auch in Frankreich.

Die Graugänse vom norddeutschen Dümmer zogen in den 1980er-Jahren noch im Winter nach Spanien und Frankreich. Heute bleiben sie in dieser Jahreszeit in der weiteren Umgebung ihres Nistgebiets. Milde Temperaturen, reichhaltiges Grünland sowie der großflächige Maisanbau bieten ihnen hier beste Überlebensbedingungen während des gesamten Winterhalbjahres. Der gefahrvolle Zug und der damit verbundene hohe Energieverbrauch können entfallen und sie sind zudem zeitiger wieder am angestammten Brutplatz. Natürlicherweise zeigt die Graugans ein sogenanntes „Leapfrog"-Zugverhalten: Die Vögel mit dem nördlichsten Brutplatz überwintern am weitesten südlich; in der Mitte, auf der Spiegelachse, lebt eine Population, die gar nicht zieht. Diese lag historisch wahrscheinlich irgendwo in Belgien oder Frankreich. Mit der Klimaerwärmung hat sich die Möglichkeit, den Winter nahe dem Brutplatz zu verbringen, immer weiter nach Nordost verschoben. Heute beobachten wir schon zunehmende Überwinterungen der skandinavischen Graugänse in Südschweden, wo Mais- und Rübenreste einen reich gedeckten Tisch bieten.

11 Gänse sind soziale Wesen – Leben in Familien und Gruppen

Es war ein reiner Zufall, dass die vier Gänsejungen mich als eine etwas größere Gans kennenlernten. Es geschah auf einer großen, flachen Insel, fast außer Sicht von der Gänseschäre. Da lebten Tausende von Lachmöwen in einer sumpfigen Wiese, und ich dachte gar nicht an die Wildgänse, als ich vorsichtig zwischen den Nestern ging, um nicht aus Versehen auf die Eier zu treten. Dann standen sie plötzlich vor mir – die vier kleinen Geschwister. Sie gingen still herum und fraßen von dem grün, als käme keine Gefahr in der Welt für sie in Betracht. Erst wenn der Fremde ganz nahe kam, schienen sie unsicher zu werden. Sie hoben ihre kurzen Hälse und drängten sich dichter zusammen, um beieinander Schutz zu suchen. Da aber nichts Gefährliches geschah, setzten sie sich in einem Haufen zwischen die Kräuter und begannen ihre grüngelben Daunen zu putzen. Da kam mir der Gedanke, dass wir vielleicht bekannt werden könnten und ich setzte mich auch.

Bengt Berg „Die Liebesgeschichte einer Wildgans" 1930

Wie wir Menschen leben Gänse in vielfältigen sozialen Verbänden. Der wichtigste für die Gänse ist der Familienverband, bestehend aus zwei Eltern und den Jungvögeln der laufenden Saison. Entgegen früheren Annahmen sind aber auch weitere Verwandte und Bekannte von Bedeutung, wie z. B. die Jungen der vorangehenden Jahre sowie Geschwister und andere Individuen aus demselben Brutvorkommen. Gänsen wird derzeit sogar eine „soziale Intelligenz" bestätigt, d. h. sie können sich über lange Zeit an andere Individuen

Balzende Zwerggänse

und ihre sozialen Beziehungen erinnern und handeln dementsprechend. Die „dumme Gans" gibt es in diesem Sinne nicht.

Lebenslange Partnerschaften

Gänse gehören zu den wenigen Tierarten, die in einer dauerhaften Monogamie leben. Sie leben diese Einehe ins Extrem, nämlich indem Gans und Ganter eng zusammenbleiben, jeden Tag, jede Saison, oft ein Leben lang. Diese Partnerschaft ist besonders für arktisch brütende Gänse existenziell. Nur gemeinsam können sie auf dem Frühjahrszug genügend Reserven anlegen und im Brutgebiet ihr Nest und die Jungen verteidigen (Kap. 5). Erst einmal im Brutgebiet angekommen, müssen sie mit dem Brutgeschäft sofort beginnen. Für zeitraubendes Werben und Kennenlernen ist im kurzen arktischen Sommer keine Zeit.

Tatsächlich hat wie bei uns Menschen auch jede Gans eine Persönlichkeit mit Stärken, Schwächen und sonstigen Eigenschaften. Dies ist besonders für die Partnerwahl entscheidend: Beide Partner müssen während dieser Zeit optimal zusammenarbeiten. Gänse gehen daher in der Partnerwahl besonders umsichtig vor. Bei einer Gruppe Weißwangengänse von Spitzbergen wurde gezeigt, dass sich über die Hälfte der Jährlinge bereits in ihrem zweiten Sommer verpaart und als neues Paar gemeinsam den Herbstzug absolviert haben. Die verbleibenden Tiere nutzen die Wiesen des Überwinterungsgebiets als „Heiratsmarkt". Die meisten Gänse verpaaren sich in ihrem zweiten Lebensjahr. Das gibt ihnen viel Zeit, um sich aufeinander einzuspielen und dann mit 2 oder 3 Jahren zum ersten Mal zu brüten. Selbst dann missglückt die erste Brut oft, denn gemeinsames Brüten und die Aufzucht von Jungen will gelernt sein.

Triumphgeschrei bei einem Paar Weißwangengänse

Ausgeprägtes Balzverhalten von Gans und Ganter erlauben intensive Abwägungen einer Partnerschaft von beiden Seiten. Dazu gehören laute Kontaktrufe und Halsstrecken (Triumphgeschrei). Ganter bevorzugen oft besonders wachsame, größere und wohlgenährte Partnerinnen, da sie mit diesen wahrscheinlicher eine erfolgreiche Brut hervorbringen können. Detaillierte Studien zeigten aber auch, dass dies nicht der einzige bzw. wichtigste Faktor ist. 90 % aller Gänse und Ganter hatten einen Partner, der im gleichen Brutgebiet und im gleichen Jahr geboren worden und ihnen also schon mehr oder weniger „bekannt“ war. Unabhängig von gegenseitigen Sympathien sind dies auch Vögel, die beide ihr zukünftiges Brutgebiet und seine Gefahren bereits gut kennen. Sie haben somit einen Vorteil gegenüber Paaren, bei denen nur die Gans, die in der Regel über die Wahl des Brutgebiets bestimmt, mit diesem vertraut ist.

Bei den arktischen Gänsen beginnt schon mehrere Wochen vor dem Abzug in die Brutgebiete die Arbeitsteilung der Gänseeltern. Gans und Ganter müssen sich im Wintergebiet und auch auf mehreren Stationen während des Zugs durch vermehrte Nahrungsaufnahme Fett- und Proteinreserven für die langen Flugetappen ins Brutgebiet anfressen. Gänse sind sogenannte „capital breeder“. Das bedeutet, dass sie einen Teil der Ressourcen für die Ei-Entwicklung und die Brutzeit als Fettreserven bereits mit ins Brutgebiet bringen. Dafür ist bei Ankunft am Nistplatz nämlich keine Zeit mehr. Der Ganter ermöglicht der Gans auf den Wiesen während des Zugs zusätzliche Zeit zum Fressen, indem er Feinde und Nahrungskonkurrenten verscheucht. Am Brutplatz angekommen, beginnt die Gans sofort mit der Eiablage, jeden Tag ein Ei. Nachdem das Gelege vollständig ist, bebrütet sie es allein, Tag und Nacht. Im Polarsommer wird es nie dunkel. Fressfeinde wie der Eisfuchs oder die stets patrouillierenden Eismöwen nutzen rund um die Uhr jede Gelegenheit, um unbewachte Nester zu plündern. Also muss der Ganter die Gans und das Nest ständig bewachen. Dies tut er von einem kleinen „Nebennest“ aus. Beiden Gänseeltern fallen somit höchst bedeutsame Rollen zu und nur gut kooperierende Paare können eine Brut erfolgreich abschließen. Wie unsere Untersuchungen mit Nestkameras zeigten, verlässt das Gänsepaar sein Nest meist nur einmal pro Tag für wenige Minuten, um zu trinken und ein wenig zu fressen. Die Eier werden währenddessen gut unter den Nestdunen versteckt. Bei der Rückkehr zum Nest begrüßen die Eltern sich intensiv und oft finden auch (Schein-)Paarungen statt, die der Festigung der Paarbindung dienen.

Mit ihren Küken besteht eine tiefe, oft langjährige Beziehung.

Gut aufeinander eingespielte Paare haben auch einen höheren Bruterfolg, bringen mehr Junge mit ins Winterquartier und haben so einen höheren sozialen Status in den Trupps als andere Gänse. Die monogame, langjährige

Verpaarung der Gänse ist grundlegend zur Sicherung des Bruterfolgs. Jedoch zeigen sich Vorteile einer Partnerschaft auch zu anderen Zeiten des Jahres. Gänsepaare sichern sich bevorzugt die Rand- oder Spitzenpositionen in den weidenden Scharen. Dort fallen ihnen die energiereichen ersten Bissen der Gräser zu. Besonders Paare, die schon viele Jahre zusammen sind, verteidigen diese Positionen. Dies können sie umso wirksamer, je mehr Junge sie dabei unterstützen. Gänsepartner halten auch in den Weidegruppen selbst über größere Abstände mittels lauter Rufe miteinander Kontakt.

Wie eine Familie entsteht – Prägung

Gänse lernen durch Erfahrung und Gewöhnung. Das ist schon bei den Allerkleinsten zu beobachten, die aus ihrem Ei heraus mit den Eltern kommunizieren – „piep piep". Schon dort hören sie die Geräusche ihrer Umgebung, das Geschnatter ihrer Eltern, die Schreie der benachbarten Wanderfalken-Familie oder den Lärm der Traktoren des ansässigen Bauern, die „Prägung" beginnt. Direkt nach dem Schlupf sind Gänseküken besonders schutzbedürftig und heften sich an das erste Lebewesen, das sich ihnen zuwendet. In der Regel ist das die Gänsemutter. Ihr folgen die Kleinen ab jetzt Tag und Nacht, mit allen verfügbaren Mitteln, um sich ihres Schutzes zu versichern. Es ist sehr wahrscheinlich, dass Gänse sich an dieses besondere Band ihr gesamtes Leben erinnern und auch nach der Trennung von den Eltern diese noch wiedererkennen.

Diese Prägung kann sich jedoch auch auf artfremde Tiere oder sogar Gegenstände richten. Dies hat sich die Wissenschaft zunutze gemacht, und menschliche Zieheltern haben mit verschiedenen Zielen Gänsejunge aufgezogen. Ein

Auf gelbe Stiefel und Hupe geprägt folgen die Gänseküken auch verschiedenen Personen.

Ziel kann der Arterhaltung dienen, wenn Eier von ihren Legeeltern nicht aufgezogen werden konnten. Aber es kann auch zur Vermeidung von Angst vor dem Menschen geschehen, wenn später wissenschaftliche Untersuchungen mit den Gänsen geplant sind, z. B. die Untersuchung ihrer vielfältigen Verhaltensmuster. Dieses Aufziehen der Gössel kostet viel Zeit und Schlaf, nicht anders als bei menschlichen Babys. Doch stellen die emotionale Verbundenheit und das Zutrauen der geprägten Gänsekinder sicherlich eine großartige Entschädigung dar.

„Bis dass der Tod uns scheidet“

Gilt das für Gänse oder ist deren angebliche lebenslange Treue nur Klischee? Bei Weißwangengänsen wurde beobachtet, dass 65 % der verpaarten Gänse in ihrem gesamten Leben nur einen Partner hatten, 25 % zwei. Also doch lebenslange Treue? Ja, denn eine gute und langjährige Partnerschaft sichert maximalen Fortpflanzungserfolg. Langzeitstudien zeigen sogar, dass langjährige Gänsepaare mit wachsender Erfahrung ihren Bruterfolg deutlich steigern konnten. Die Partner kennen sich, sind sehr gut aufeinander eingespielt und haben einen gemeinsamen Erfahrungsschatz aufgebaut. Insgesamt ist die Scheidungsrate bei Gänsen dadurch außerordentlich gering. Allerdings zeigt sich auch, dass bei mehrmals erfolglos brütenden Paaren die Scheidungsrate steigt und damit die Möglichkeit eröffnet, einen neuen Partner zu suchen. Durch einen klimabedingten oder durch dichteabhängige Faktoren geringeren Bruterfolg könnte es also zu einer erhöhten Scheidungsrate bei Gänsen kommen; dies ist jedoch nur Spekulation.

Sicher ist wohl, dass der Großteil von Neuverpaarungen unfreiwillig, nämlich durch den Verlust des Partners, eintritt: sei es durch Jagd oder natürlich Feinde. So zeigt die geschützte Weißwangengans von Spitzbergen ein idealisiertes Bild: Der geringe Anteil an Weißwangengänsen mit mehreren Partnerschaften im Leben ist dadurch begründet, dass diese derzeit nicht oder nur sehr gering bejagt wird. Bei Gänsearten und -populationen mit hoher zusätzlicher Mortalität durch Jagd sehen diese Zahlen anders aus. Blässgänse und Saatgänse auf ihrem Weg in die russischen Brutgebiete werden im Frühjahr stark beschossen und viele verlieren ihren Partner schon in jungen Jahren. Oft finden die Tiere dann schon für die nächste Saison einen neuen Partner, bevorzugt wieder jemanden „Bekanntes“ im gleichen Alter.

Verlust beim Abflug

Es ist jedoch auch möglich, dass die Partner sich im wörtlichen Sinne verlieren, wenn sie durch Störungen in Panik in unterschiedliche Richtungen flüchten. Gänsepaare benutzen in der Regel eine Vielzahl von Verhaltensweisen, um solch einem Verlust vorzubeugen, indem sie z. B. ihre Intention loszufliegen durch Kopfschütteln und Halsbewegungen anzeigen. Verschiedene von uns besenderte Vögel haben außerdem bestätigt, dass sich Paare auf Schlafgewässern wieder vereinen, wenn sie tagsüber getrennt wurden. Sie fliegen gezielt denselben Schlafplatz an wie am Vortag, um dort ihren Partner, oft lautstark, zu suchen und (hoffentlich) zu finden. Die Distanzrufe, die sie verwenden, tragen individuelle Merkmale und können auch auf größere Entfernung erkannt werden. Während des Frühjahrszugs und im Sommer sind die Gänsepartner aufeinander angewiesen und bleiben deshalb ständig dicht beieinander. Im Winter jedoch ist interessanterweise zu beobachten, dass Partner nicht immer zusammen sind. Junge Gänsepaare sind meistens 100 % der Zeit dicht beieinander, jedoch nimmt dieser Wert mit zunehmender Dauer der Partnerschaft ab. Weißwangengänse mit fünf- oder mehrjähriger Partnerschaft wurden im Winter nur noch 55 % der Zeit zusammen beobachtet. Mögliche Erklärungen hierfür könnten sein, dass langjährige Paare für die Brut schon gut aufeinander eingestellt sind und erfolgreiche Wege gefunden haben, wieder zusammenzufinden. Da der Bruterfolg solcher Paare sehr hoch ist, kann vermutet werden, dass das Wahrnehmen einer solchen zeitweisen Distanz von Vorteil ist. Beide benötigen weniger Aufmerksamkeit, um dem Partner konstant zu folgen und können eventuell unterschiedlicher Vorliebe bei der Nahrungssuche nachkommen. Dagegen fehlt ihnen die Chance, sich in der Gruppe als Paar oder kopfstarke Familie durchzusetzen.

Die vielen neugierigen Gänseküken zu bewachen ist für die Altvögel eine anstrengende Aufgabe.

Auch wenn die lebenslange Monogamie als Strategie für arktische Gänse gut belegt scheint, wird schon viele Jahre an der Frage geforscht, ob Gänse auch ohne alle äußeren Beschränkungen monogam wären und warum. In einer teilweise zahmen Gruppe von Streifengänsen wurde in den 1980er-Jahren gezeigt, dass es durchaus andere Formen von Partnerschaft für Gänse gibt. In dieser Gruppe wich die Geschlechterverteilung von der natürlichen Rate 1:1 stark ab. Ein Überangebot an Weibchen führte dazu, dass sich neben monogamen Partnerschaften auch polygame Gruppen bildeten. In diesen gab es immer ein „gepaartes" Weibchen, dem das Männchen Betreuungshilfe bei der Brut angedeihen ließ, und ein oder mehrere „Zweitweibchen". Letztere mussten ihre Jungen allein aufziehen, was zu einer geringeren Anzahl überlebender Nachkommen führte. Jedoch war ihr Bruterfolg deutlich größer als der von komplett ungepaarten Weibchen, die zwar durch fremde Männchen begattet wurden, aber keinerlei Schutz erfuhren. Diese Studie konnte zeigen, dass Gänse sich auf vielfältige Weise an abweichende Gegebenheiten anpassen und immer genau abwägen können, auf welche Art und Weise sie ihren Reproduktionserfolg zu maximieren vermögen. Da in wilden Gänsepopulationen die Geschlechter fast immer im Verhältnis 1:1 vorhanden sind oder sogar die Männchen ein wenig überwiegen, ist jedoch vorerst nicht zu erwarten, dass sich solche „Gänseharems" in der Natur ausbilden werden.

Mit etwas Übung kann man im Freiland die Gänsepaare in den großen Scharen gut erkennen.

In seiner halbzahmen Graugansschar konnte Konrad Lorenz die komplexen Prozesse der Werbung um einen Partner bis hin zur „Eheschließung" genau dokumentieren. Die Partnerwahl ist demnach kein einfacher und gradliniger Prozess, wie es in den obigen Beschreibungen vielleicht scheinen mag. Wie bei uns Menschen vielleicht, konnte auch bei Graugänsen beobachtet werden, wie sie sich zu „verlieben" scheinen, „eifersüchtig sind" und Verhaltensweisen des Werbens mit großer Ausdauer verfolgen, selbst wenn die (oder seltener der) „Auserwählte" schon verpaart ist. Besonders nach dem Tod eines Partners „gingen" insbesondere Ganter mit verschiedenen Gänsen (oder auch Gantern), trennten sich wieder, warben um eine(n) andere(n), blieben einige Zeit allein usw. Bis sie eine erneute funktionierende Partnerschaft gefunden und aufgebaut hatten, konnten mehrere Jahre vergehen, einigen gelang es nie.

Klassische Familienbande

Die ersten vier bis sechs Wochen ihres Lebens wandern Gänseküken im Freileben mit ihren Eltern und Geschwistern durch die Tundra oder Feuchtgebiete. Dabei zeigen die Eltern ihren Jungen nicht nur die besten Nahrungspflanzen und Rastgebiete, sondern beschützen sie rund um die Uhr vor Nahrungskonkurrenten und Feinden. Die Verteidigung vor Eisfuchs, Schmarotzerraubmöwe, Eismöwe und anderen Feinden ist besonders wichtig, da diese zur selben Zeit ihre Jungen aufziehen müssen – am liebsten mit dem Fleisch von Gänseküken. Durch den Schutz der Eltern können die Gössel meist den ganzen Tag und auch während der Nacht unter der Mitternachtssonne ungestört fressen. Sie wachsen dabei unglaublich schnell und sind schon bald flügge und bereit, mit ihren Eltern den ersten Flug in die Überwinterungsgebiete anzutreten. Die Familie fliegt zu großen Sammelplätzen, wo sie sich einen extra dicken Vorrat an Protein und Fett anfressen, um sich dann mit anderen Familien gemeinsam auf den Weg zu machen.

Gänsefamilien erreichen die Überwinterungsgebiete in der Regel etwas später als Gänse ohne Junge, was ein Zeichen dafür ist, wie groß die Herausforderung dieses ersten Fluges für die jungen Gänse ist. Bei mehreren Gänsearten wurde beobachtet, dass Familien mit vielen Jungen auf winterlichen Futterplätzen dominant über kinderlose Paare und Einzelgänger sind und die besten Nahrungsflächen heftig und erfolgreich verteidigen. Dies erlaubt ein rasches „Wiederauftanken" aller Familienmitglieder nach dem Zug. Die Dominanz von Familien wird damit erklärt, dass sie zu mehreren die Konkurrenten wirkungsvoller vertreiben können. Gleichzeitig können sie einfacher die Umgebung sichern und Feinde schneller erkennen. Hier-

Gleich mit mehreren Familien überqueren Kurzschnabelgänse den Kungsfjorden auf Spitzbergen.

bei wird der Wert des Familienzusammenhalts sowohl für die Jungen als auch für die Elterntiere deutlich: Durch die gemeinsame Monopolisierung der besten Weidestellen können die Jungen sich bestens entwickeln und die Eltern damit beginnen, die notwendigen Energie- und Kraftreserven für die folgende Brutsaison aufzubauen. Es ist also im beiderseitigen Interesse, den ersten Winter gemeinsam zu verbringen.

Besonders für bejagte Arten kann diese Abhängigkeit aber problematisch werden. Durch absichtliche oder unabsichtliche Störung werden große Gänsegruppen in Panik aufgejagt, und die Jungen können den Anschluss an die Gänsefamilie leicht verlieren. Der abendliche Schlafplatz bietet zwar die Möglichkeit, sich erneut zu finden. Doch die Jungtiere verhalten sich dabei wahrscheinlich noch sehr unerfahren. Die Daten der besenderten Blässgansfamilien haben es gezeigt: Vor allem nach intensiven Störungen, wie einer Jagd oder besonders der Böllerei an Silvester, kommt es zu weiten Fluchtflügen der Gänse. Danach ist die Trennungsrate von Familien stark erhöht. Nicht jedes Familienmitglied findet die anderen wieder. Im Laufe des Winters treten somit immer mehr Junggänse ohne Familienanschluss auf. Normalerweise trennen sich die Blässgansfamilien erst im Frühjahr.

Ein Anteil von mindestens 25 % der Jungen fliegt sogar mit den Eltern gemeinsam zurück an den Nistplatz. In einem Projekt der letzten Jahre konnten wir besenderte Blässgansfamilien auf ihrem Frühjahreszug verfolgen. Die Daten zeigten, dass die Familienmitglieder über die gesamte Strecke dicht beisammenbleiben. Sie fliegen in typischer Keilformation,

Während die Gans frisst, hält der Ganter Wache.

aber erstaunlicherweise wird diese Formation über die gesamte Strecke von einem Elternteil angeführt. Die anstrengende Spitzenposition wird also im Familienverband nicht durchgewechselt, wie es in größeren ziehenden Gänsekeilen zu beobachten ist (Kap. 7). Das zeigt, dass die Elterngänse ihre inzwischen halbstarken Nachkömmlinge noch immer unterstützen, um ihre Überlebenschancen zu verbessern oder auch um schneller in die Brutgebiete zu kommen.

Am Brutplatz werden die Jungtiere vom Vorjahr dann zwar von den Eltern vertrieben und müssen Abstand zum neuen Nest der Eltern halten, aber es wurde auch schon beobachtet, dass sie den Eltern helfen, indem sie Nesträuber anzeigen und sogar abwehren. Falls die neue Brut der Eltern aus irgendeinem Grund misslingt, schließen die Altvögel sich gern für einen weiteren Herbst und Winter wieder mit den Jährlingen zusammen. Nach Senderdaten hat eine Junggans fern des elterlichen Nests gemausert, die Eltern dort aber zu Beginn des Herbstzugs aufgesucht und ist gemeinsam mit ihnen ins Überwinterungsgebiet gezogen. Es scheint also auch von Vorteil zu sein, mit der Familie zu ziehen. Bei nordamerikanischen Thule-Blässgänsen wurde anhand genetischer Untersuchungen gezeigt, dass sich erfolgreiche Eltern auf dem Zug auch mit vorjährigen Kindern, Enkeln und deren Partnern zusammentun, also in Großfamilie reisen.

Bei Weißwangen- und Ringelgänsen trennen sich Eltern und Jungtiere meist zum Ende des Winters. Oft tritt ab Februar vermehrt aggressives Verhalten der Eltern gegenüber ihren Jungen auf. Da diese nun in der Lage sind, sich unabhängig zurechtzufinden, werden sie einer nach dem anderen selbstständig und fliegen im Frühjahr mit anderen Nichtbrütern und Junggesellen in die sommerliche Arktis. Bei koloniebrütenden Gänsen, wie z. B. Weißwangengänsen, spielen erweiterte Familienbande auch eine Rolle in der Wahl des Brutplatzes. Gänseweibchen brüten bevorzugt in der Nähe ihrer Eltern oder Schwestern. Sie orientieren sich offenbar an ihnen, wann und wo sie ihre kurze tägliche Fresspause einlegen können. Wie genau sie diese Informationen bekommen, ist allerdings noch unklar. Wahrscheinlich halten sie die erfahrenen Gänse im Auge. Auch bei den Graugänsen von Konrad Lorenz konnten Gruppenstrukturen festgestellt werden, die durch Mutter-Tochter- oder Schwestern-Beziehungen geprägt waren. Diese Bindungen sind lockerer als in der Kernfamilie, aber Gänse sind in der Nähe solcher Sippenangehörigen sicherer vor Aggression Dritter, erfahren größere Toleranz und sogar Unterstützung bei Auseinandersetzungen mit anderen, familienfremden Gänsen. Ähnliches fanden die amerikanischen Kollegen und Kolleginnen auch bei der Thule-Blässgans: Die benachbart brütenden Weibchen sind näher miteinander verwandt als die von entfernteren Nestern. Belege für ähnliche Beziehungen zwischen männlichen Familienmitgliedern gibt es jedoch nicht. Der Grund ist einfach: Da das Männchen dem Weibchen immer

Tundrasaatgänse mit Jungen auf der Kanin-Halbinsel

in der Wahl des Brutortes folgt, geben die Ganter die Verbindung zu ihrer Familie auf. Dies ist ein wichtiger Mechanismus, der den genetischen Austausch innerhalb des großen Verbreitungsgebietes der Gänse sichert und regionale Inzuchteffekte verringert.

Abweichende Sozialstrukturen: es geht auch anders

Auch wenn die große Mehrheit der Wildgänse in heterosexuellen Partnerschaften lebt, so sind auch alternative soziale Strategien wie Partnerschaften zwischen zwei Männchen oder erweiterte Partnerschaften mit drei Tieren (Trios) möglich. Solche Bindungen sind zwar selten und, aus praktischen Gesichtspunkten, meistens bei Gänsen in menschlicher Obhut gefunden worden; aber dennoch wurden sie auch bei Wildgänsen häufiger beobachtet. Eine wichtige Erkenntnis ist, dass solche alternativen Partnerschaften keine festen Strategien einzelner Individuen sind. Die Mehrheit der Vögel, die in sogenannten homosexuellen Partnerschaften oder Trios beobachtet wurden, wurden früher oder später in ihrem Leben auch in einer „normalen" heterosexuellen Partnerschaft mit mehr oder weniger erfolgreichen Brutversuchen angetroffen. Die monogame Partnerschaft zwischen Gans und Ganter hatte den deutlich größten Bruterfolg in einer Gruppe Graugänse.

Homosexuelle Partnerschaften bei Gänsen wurden nur jeweils zwischen zwei Männchen, nie zwischen Weibchen beobachtet. Für Weibchen, die keinen männlichen Partner finden, stellt die oben erwähnte Sippenbeziehung zu Müttern und Schwestern die bessere Alternative dar. Partnerschaften zwischen zwei Gantern können, wie in normalen monogamen Gänsepartnerschaften, ein Leben lang halten. Aber öfter beschränken sie sich nur auf eine Phase, um vorübergehende Knappheit an möglichen weiblichen Partnern zu überbrücken, so z. B. bei sehr jungen Männchen oder bei älteren Gantern, die ihre Partnerin verloren haben. Dasselbe ist der Fall bei Trios, in denen ein unverpaartes Individuum sich einem Paar anschließt. Die Partnerschaft mit einem anderen Männchen oder Paar sichert soziale Unterstützung bei der Nahrungssuche und anderen alltäglichen Aktivitäten. Die Beziehung sichert oder steigert also den sozialen Status gegenüber anderen Gänsen und verschafft dadurch Vorteile. Allerdings trägt sie nicht zur Gesamtfitness bei, die den Reproduktionserfolg beinhaltet. Deshalb wird sie im Allgemeinen nur als Übergangsstrategie angesehen, in der die Individuen „das Beste" aus der derzeitigen Situation machen und offen für Veränderungen in der richtigen Richtung sind.

Um ihren Reproduktionserfolg zu erhöhen, gibt es bei vielen Vogelarten hohe Raten an außerpaarlichen Begattungen und Befruchtungen, die dazu führen, dass ein bestimmter Anteil an Nachkommen im Nest einen anderen biologischen Vater hat. Bei Gänsen wird solch ein „Fremdgehen" allerdings fast nie beobachtet. Sie nutzen eine andere Strategie, nämlich den sogenannten Brutparasitismus. Dies bedeutet, dass Weibchen ein Ei in ein fremdes Nest legen. Damit erhöhen besonders Gänse mit eigener Brut ihren Erfolg. Bei hoher Brutdichte und Nistplatzmangel scheint es zudem für Vögel ohne Brutplatz eine Strategie, überhaupt Fortpflanzungserfolg zu haben. Der Erfolg dieser Strategie zeigt sich im großen Anteil von 5 bis 25 % parasitierter Nester. Für die parasitierten Eltern bedeutet es wenig Mehraufwand, das

Gemeinsam bewachen die Graugänse ihre Jungen.

vergrößerte Gelege zu bebrüten und die zusätzlichen Küken zu betreuen, die relativ selbstständig Nahrung suchen. Hinzu kommt, dass die Dominanz einer Gänsefamilie sich mit jedem weiteren Küken vergrößert und somit die Nahrungsverfügbarkeit für die Eltern und ihre eigenen Küken verbessert wird. Brutparasitismus kann sowohl innerhalb der eigenen Art wie auch an Nestern artfremder Gänse erfolgen.

Oftmals sind Gänseeltern auch selbst aktiv bemüht, ihre Familie zu vergrößern: durch Adoption von fremden Gösseln. Dieses Phänomen ist bei den meisten Arten stark ausgeprägt. Bei Weißwangengänsen waren z. B. 17 % aller Jungtiere einer Kolonie adoptiert. Viele solcher adoptierten Gössel sind vereinsamte Küken, die erst wenige Wochen alt sind. Ungeschützt können sie nicht überleben. Sie versuchen in der Regel, bei anderen Familien Anschluss zu bekommen, was oft gelingt. Aber auch bei Treffen von mehreren Familien geschieht nicht selten ein Austausch oder eine „feindliche Übernahme" von Küken in die „falsche" Familie. Sowohl in den Brutgebieten als auch im ersten Winter profitieren Eltern und Junge von solchem Familienzuwachs durch erhöhte Dominanz in Weidegebieten. Bei freilebenden Graugänsen ist jedoch auch das Gegenteil beobachtet worden: Elternlose, rufende Küken wurden von Familien abgestoßen, bei denen sie Anschluss suchten, und waren somit dem Zugriff von Feinden ausgeliefert.

Gruppenzwang am Boden und in der Luft

Zu allen Zeiten des Jahres ist es für Gänse wichtig, in Sicherheit fressen zu können. Deshalb bevorzugen sie das Weiden auf offenen Wiesen und Feldern, wo sie immer einen guten Überblick haben. Eine Gans allein würde bei dauerhaftem Sichern nach Feinden gar nicht zum Fressen kommen. Dies ist der Hauptgrund für die großen Gänsegruppen auf den winterlichen Nahrungsflächen. Zweitausend Augen sehen einfach mehr als zwei und jeder Vogel hat mehr „freie" Zeit zum Fressen, wenn andere wachen. So schließen sich auch vorüberfliegende Gänse gern großen Trupps am Boden an, weil diese Sicherheit und ein gutes Nahrungsangebot versprechen. Solange ausreichendes Grün vorhanden ist, wachsen solche Gruppen, aber ein Teil der Gänse kann auch abfliegen und eine neue Weidefläche aufsuchen.

Selbst in den größten Scharen weidender Gänse gibt es eine klare Sozialstruktur. Dominante Paare nehmen bereits in der nahezu unendlich weit erscheinenden Arktis die besten Nahrungsplätze für ihre Jungen und sich selbst in Anspruch. Dieses Verhalten übernehmen auch die Küken sehr schnell, sodass sie bereits als etwas größere Gössel ihre ganz besonderen Quadratmeter Tundra mit feinen Gräsern oder Kräutern gemeinsam mit den Eltern gegen fremde Artgenossen verteidigen. Dies gilt auch im Winter. Hat eine Gänsefamilie viele Mitglieder, so kann sie die guten Nahrungsplätze

Auch wenn sich viele Gänse in den Ketten möglicherweise kennen, sind diese häufig nur Zufallsgemeinschaften.

effektiv besetzen. Viele Kinder bedeuten bei Gänsen einen hohen sozialen Status. Paare ohne Junge oder gar einzelne Gänse ohne Partner haben dagegen ungleich schlechtere Chancen. Sie werden von den dominanten Familien von den guten Stellen weggebissen und müssen sich anders orientieren. Eine Folge ist, dass es besonders die jungen, unverpaarten Gänse sind, die neue Nahrungsplätze entdecken. Einerseits drängt sie ihr niedriger sozialer Status dazu, alternative Plätze zu suchen, andererseits haben sie auch die energetischen Möglichkeiten, da sie sich nicht auf das kommende Brutgeschäft vorbereiten müssen.

Auch in der Luft sind Gänse selten allein. Ob auf dem Flug zu den winterlichen Schlafgewässern oder während des Zugs im Herbst und im Frühjahr: Gänse sind in großen Gruppen in typischer Keilformation am Himmel unterwegs. Sie nutzen den aerodynamischen Vorteil solcher Keile oder Ketten. Durch das Fliegen im Keil sparen die Vögel Energie. Jeder Vogel fliegt leicht versetzt zum Vordermann und nutzt dabei den Aufwind der Luftverwirbelungen an dessen Flügelspitze. Während alle nachfolgenden Vögel einen Nutzen von dieser Anordnung haben, entfällt auf den Vogel an der Spitze die ungeminderte Hauptlast. Aus diesem Grund wechseln die Vögel meist ständig die erste Position: der vordere lässt sich häufig bis ganz an das Ende des Verbandes zurückfallen. Je kleiner eine Gruppe ist, desto öfter muss jeder Vogel die erste Position übernehmen. Es erweist sich daher als vorteilhaft, in langen Formationen zu fliegen. Wie aus dem Gesagten hervorgeht, bestehen diese Ketten nicht aus einem hierarchischen System. Es gibt keinen festen Anführer, wie man nach Aristoteles einmal geglaubt hat. Immerhin übernehmen in wandernden Familien die Altvögel die Hauptlast an der Spitze, die Jungen werden geschont. Ob die Familien auch im großen Flugverband als Einheit agieren, ist noch offen.

Wie bei der Nahrungssuche ist das aktive Zentrum der Flugformationen jeweils die Familie oder das Paar. Mit den anderen eint sie im Herbst der Drang in die Wintergebiete oder zurück zum Brutplatz im Frühjahr. Die Wahl des Zieles und der Zwischenrastplätze aber trifft jeder für sich. Die adulten Gänse verfügen über einen großen Erfahrungsschatz und offenkundig auch über ein gutes Orientierungs- und Erinnerungsvermögen, sodass sie individuell sehr unterschiedlich wandern. Daher teilen sich die Ketten auch öfter am Himmel und fliegen in getrennte Richtungen, schließen sich anderen Keilen an oder landen in einem guten Gebiet, während der Rest des Verbandes weiterzieht. Andererseits schließen sich Einzelvögel, Junggesellen oder Paare auch gern anderen Gruppen an und wandern mit ihnen gemeinsam. Die Gruppe verspricht nicht nur Energieersparnis während des Fluges, sondern auch Schutz durch die größere Zahl und die Möglichkeit, von den Erfahrungen anderer zu profitieren. So können insbesondere junge Vögel ihnen bislang unbekannte Rastgebiete entdecken und neue Zugrouten kennenlernen.

Im Winter, im Sommer oder auf dem Zug suchen Gänse besonders am Abend die Gemeinschaft von Artgenossen oder anderen Gänsen. Auf geeigneten Gewässern wie Meeresbuchten, Seen oder Altarmen von Flüssen finden sich häufig Tausende von Gänsen für die Nacht ein. Diese Schlafgemeinschaften bieten den Vögeln viele Vorteile. Auf den Wasser- und Schlammflächen sowie Sandbänken sind sie ohnehin schon recht gut vor Fressfeinden wie dem Fuchs geschützt. Auch Menschen können ihnen hier nur unter großem Aufwand gefährlich werden. Die Wasserflächen bieten zudem einen guten Überblick: Wer wollte schon versuchen, sich einer tausendköpfigen Schar auf dem Wasser ungesehen zu nähern? Niemals schlafen alle. Immer sind einige Gänse wach. Die Gemeinschaft bietet in der Nacht Schutz für alle.

Verhalten und Physiologie des sozialen Lebens

Jeder Ganter und jede Gans verfügt über ein eigenes persönliches Maß an Dominanz und Aggressivität. Wie die entstehenden sozialen Streitigkeiten ausgelebt werden, ist abhängig von der Jahreszeit, der sozialen Umgebung und davon, ob das Tier zu den Brutvögeln gehört oder nicht. In winterlichen Gänsescharen z. B. haben dominante und aggressive Tiere einen klaren Vorteil. Sie können die besten Weideplätze verteidigen und so bei sich größere Reserven für das Frühjahr und die sommerliche Brutzeit anlegen. Es konnte gezeigt werden, dass aggressivere Graugänse in den ersten Jahren unter geringerer Mortalität leiden, sich früher paaren und größeren Bruterfolg haben. Aber auch diese höhere Aggressivität hat ihren Preis. So ist es möglich, dass häufige aggressive Auseinandersetzungen in der Brutzeit dazu führen, dass das Nest zerstört wird oder die Gans an der lebenswichtigen Nahrungsaufnahme gehindert wird und die Brut aufgeben muss.

Soziale Interaktionen können zu Stress führen, bei Menschen wie bei Gänsen. Stress kann das Verhalten, Stoffwechselprozesse und das Immunsystem beeinflussen, in positiver wie in negativer Form. Bei Graugänsen wurde anhand von Herzratenaufzeichnung gezeigt, dass Individuen unterschiedlich auf soziale Stresssituationen reagieren. Verpaarte Gänse waren deutlich weniger gestresst, besonders wenn der Partner nahe bei ihnen war. Auch die Anwesenheit von Freunden führte zu geringerem Stressniveau und erhöhte die Erfolgsaussichten in der Auseinandersetzung. Außerdem spielte die Dominanz des Gegners eine Rolle. Standen die Chancen gut, die Auseinandersetzung gegen ihn zu gewinnen, war das beobachtete Tier weniger gestresst, zeigte also einen geringeren Anstieg der Herzschlagrate. Besonders interessant ist die Tatsache, dass auch Partner oder Freunde, die bei einer sozialen Auseinandersetzung zuschauen, ihre Herzschlagrate erhöhten und unter Umständen eingriffen. Tiere, die nur zusahen, aber keine soziale Bindung zu den beteiligten Individuen hatten, reagierten nicht auf diese Weise. Das bedeutet, dass Gänse ihre Partner und Freunde sicher kennen, ihre Anwesenheit sie „beruhigt“ und sie die physiologischen Kosten ihres sozialen Lebens minimieren.

Darüber hinaus haben Gänse ein besonderes Erinnerungsvermögen, wenn es um soziale Aspekte ihres Lebens geht. Sie erkennen Verwandte und Bekannte noch über viele Jahre. Sie können sogar unterschiedliche Beziehungen verfolgen und daraus auf unbekannte Beziehungen schließen. So ist es z.B. wahrscheinlicher, dass Gans A Gans C von einem Nahrungsvorkommen zu vertreiben versucht, nachdem sie gesehen hat, dass Gans B Gans C ebenfalls erfolgreich vertrieben hat, wobei Gans B in früheren Auseinandersetzungen Gans A unterlegen war. Diese besonderen sozialen Fähigkeiten scheinen durch eine vergrößerte Hirnregion bedingt zu sein, das Pallium mit seinen Teilen, das für soziales Verhalten, Informationsintegration und Lernen zuständig ist. Gänse gehören also zu den sozial intelligenten Tieren und haben vielfältige kognitive Möglichkeiten, um ihr soziales Leben zu steuern.

Kanadagänse: Zwischen den Gänsefamilien kommt es öfters zu Streit.

12 Fuchs, du hast die Gans gestohlen – Prädation

Mitten in der Nacht veränderte die vom Land losgelöste Eisdecke auf dem Vombsee ihre Lage, sodass sie an einer Stelle den Strand berührte. Und da geschah es, dass Smirre, der Fuchs auf seiner nächtlichen Jagd, dies sah. Smirre hatte die Wildgänse zwar schon am Abend gesehen, jedoch nicht erwartet, einer von ihnen beikommen zu können. Jetzt lief er schnell aufs Eis hinaus; als er aber den Wildgänsen schon ganz nahe war, glitt er plötzlich aus, und seine Krallen kratzten auf dem Eis. Davon erwachten die Gänse, und sie schlugen mit den Flügeln, um sich in die Luft zu erheben. Aber Smirre war schneller. Er macht einen Satz, als schleuderte ihn jemand vorwärts, ergriff eine Gans am Flügel und stürzte wieder an Land.

Selma Lagerlöf „Die wunderbare Reise des kleinen Nils Holgersson mit den Wildgänsen" 1906

Großflächige Weidelandschaften ermöglichen überall auf der Welt riesigen Herden von Grasfressern das Überleben: ob in den arktischen Tundren oder im norddeutschen Küstenland, in gewisser Weise sind die Gänse die Zebras oder Bisons Europas. Und wie in der Serengeti oder den Prärien Nordamerikas versuchen überall fleischfressende Tierarten, davon zu profitieren.

Der Feinddruck in der Arktis schwankt stark. In Jahren, in denen es viele Lemminge gibt, stellen sich die Feinde auf das Erbeuten der Kleinsäuger ein und verschonen die Gänse. In solchen Jahren steigt der Bruterfolg der

Der Eisfuchs kann selbst Altvögel auf dem Nest erbeuten.

arktischen Bodenbrüter: Sie bringen mehr Junge mit ins Wintergebiet als in lemmingarmen Jahren. Wenn allerdings in den Jahren nach einer Massenvermehrung die Lemmingpopulation völlig zusammenbricht, kann es auch geschehen, dass die Füchse verhungern, ehe die Bodenbrüter zurückkehren. Dann entsteht eine vorübergehende Situation ohne Lemminge und ohne Füchse, wovon die Gänse am meisten profitieren können. Das sind seltene Jahre maximalen Bruterfolgs für Gänse und Limikolen in der Arktis. In jüngerer Zeit hat sich – vielleicht durch den Klimawandel bedingt – der Lemmingzyklus in allen Teilen der Arktis abgeschwächt.

Der Wanderfalke ist auch aggressiv gegenüber anderen Beutegreifern.

Eierdiebe und die willkommene Proteinquelle

In den arktischen Brutgebieten beginnt der Kampf zwischen Gänsen und Fressfeinden bereits mit dem ersten Ei. Zwar werden die Eier von der Gans gut versteckt, bis das Gelege komplett ist, aber die klugen Raubmöwen beobachten die Gänsepaare sehr genau und finden so auch die im Moos vergrabenen Eier. Wird das Gelege bebrütet, wächst der Interessentenkreis deutlich an. Der Eisfuchs patrouilliert in seinem Revier und besucht ihm bekannte Nester. Normalerweise kann ein erfahrenes Gänsepaar sich des Fuchses gut erwehren: mit ausgebreiteten Schwingen droht der Ganter dem Fuchs, die Gans unterstützt ihn. Eisfuchs und Blässgans sind etwa gleich schwer, der Fuchs meidet die direkte Auseinandersetzung. Er wartet auf seine Chance. Ist das Gänsepaar unaufmerksam oder in schlechter Verfassung, so kann der Fuchs die Gänse austricksen und Eier aus dem Nest stehlen. Wenn die Gänse für kurze Zeit das Nest zum Fressen verlassen, so werden die Eier gut versteckt. Doch werden die Gänse aufgescheucht, bleibt ihnen dafür keine Zeit und die Eier bleiben ungeschützt. Dann ist das Nest in großer Gefahr. Diese ist am größten, wenn das Männchen so geringe Reserven hat, dass es das Weibchen für kurze Zeit verlässt, um selbst zu fressen. Dann kann ein Eisfuchs sogar die brütende Gans erbeuten.

Zahllose Eier werden während der Brutzeit von Möwen oder Füchsen erbeutet.

Natürlich sind die Gänse weder wehrlos noch dumm. Die Gründung von großen Brutkolonien von Ringel- und Weißwangengans reduzieren für jedes Paar das Risiko. Auch suchen sie Schutz in der Nähe von aggressiven Greifvögeln wie dem Wanderfalken, der Schnee-Eule

Gemeinsam schlägt das Gänsepaar den Polarfuchs in die Flucht.

oder dem Raufußbussard. Diese schützen ihr eigenes Gelege effektiv gegen Bodenfeinde und die Gänse profitieren hiervon. Auch die Anlage von Nestern in Klippen und Steilhängen, versteckt in Gebüschen oder in unzugänglichen Mooren sind Möglichkeiten, sich die steten Verfolger einigermaßen vom Leibe zu halten. Eier stellen eine rare Proteinquelle in der Arktis dar. Selbst wenn es uns erst überrascht: Auch Rentiere sind an den Gelegen interessiert. Aus diesem Grund nutzen die Gänse zumeist die Überraschungsstrategie: Noch bevor die Rentiere das Nest gefunden haben, versetzen die Gänse mit einem gezielten Angriff die ganze Rentierherde in Panik.

Doch nicht nur der Eisfuchs, Raubmöwe oder Rentier bedrohen die Gänse und ihr Gelege. Selbst in der Arktis ist der Kreis der Interessenten groß: Vielfraß, Eismöwe, Skua, Schnee-Eule, Gerfalke, Stein- und Seeadler. Gerade in den großen Brutkolonien von Ringel- oder Weißwangengänsen bietet sich ihnen immer wieder eine Chance. Und in vielen arktischen Gebieten ist der Kreis der Räuber durch den Klimawandel noch angewachsen: In Skandinavien dringt der Rotfuchs immer weiter nach Norden vor und bringt die bedrohte Zwerggans zusätzlich in Bedrängnis. Auf Spitzbergen wird immer häufiger beobachtet, dass Eisbären ganze Kolonien abräumen. Dreißig Jahre nachdem die Weißwangengans den Golf von Finnland und die Ostseeinseln Gotland und Öland als Brutvogel besiedelt hat, bricht der Bestand dort in den 2010er-Jahren drastisch ein: Die dort immer zahlreicher gewordenen Seeadler spezialisierten sich auf die Jagd von brütenden Gänsen und Eiderenten auf dem Nest und erbeuten so einen großen Teil der Weibchen.

Auch unsere heimischen Graugänse müssen sich zahlreicher Eierdiebe erwehren: Hier sind es neben dem Rotfuchs und großen Möwen mittlerweile auch kopfstarke Rotten Wildschweine, die oft in Röhrichten leben und alle erreichbaren Nester plündern. Schwer zu schaffen machen den Gänsen auch Neubürger wie der Waschbär, Mink und Marderhund. Sagt man dem Rotfuchs noch nach, er sei wasserscheu, so gilt das für diese Arten ganz sicherlich nicht. Auch für Ratten ist kein Wasser zu tief.

Leichte Beute Gänseküken?

Sind die Küken erst einmal geschlüpft, wird es für die Elternvögel zu einem wahrhaft stressigen Job. Zunächst führen die Eltern die Kükenschar vom Nest zum nächsten Gewässer mit geeigneten Nahrungsflächen. Die Küken müssen sich bereits von Anfang an selbst ernähren, daher ist gutes Futter wichtig. Also laufen oder schwimmen die Küken hinter der Gans her, während der Ganter die Nachhut bildet. Dennoch sind die Küken jetzt sehr gefährdet. Bei Angriffen zwingen sie die Altvögel zu Abwehrreaktionen und die Jungen müssen sich verstecken. Geraten die Küken jetzt in Panik und laufen davon, sind sie verloren.

In dieser Phase des Junge-Führens zeigen sich deutliche Unterschiede zwischen den Arten: Während die Weißwangengänse sich mit vielen Familien zusammenschließen und so das Risiko minimieren, verteilen sich die Bläss- und Saatgänse weit in der Tundra und halten sich zwischen den Weidengebüschen versteckt. Hier sind sie vor den Feinden aus der Luft gut geschützt. Auch im Angriffsfall verhalten sie sich unterschiedlich: Trotz der guten Tarnung zwischen den Weiden überrascht, fliegen die Blässganseltern laut rufend auf, die Küken verstecken sich im Gebüsch. Ist die Gefahr gebannt, rufen die Eltern die Küken wieder zusammen. Ganz anders dagegen die Weißwangengänse: Ihre Familiengruppen ermöglichen eine andere

Hier hat eine Tundramöwe ein Gänseküken erbeutet.

Strategie. Erscheint ein Fuchs, so stellen sich die Altvögel im Kreis um die Küken wie Moschusochsen um ihre Kälber und bilden einen schlagkräftigen Abwehrkreis. Bei so vielen Altvögeln ist der Fuchs weitgehend chancenlos. Auf dem Wasser hingegen ist es für alle Gänse recht einfach, Verfolgern zu entkommen. Die Küken tauchen unter.

In dieser Hinsicht verhalten sich auch unsere Graugänse nicht viel anders. In guten Gebieten sammeln sich auch hier mehrere Familien und führen die Jungen zeitweilig gemeinsam. Gerade die Graugans kann sich auch erfolgreich gegen den Fuchs verteidigen, greift Möwen und Bussarde sogar frontal in der Luft an. Dennoch sind die Verluste in den Gänsefamilien recht hoch. Von fünf bis sechs geschlüpften Eiern bleiben am Ende der Saison bei den meisten Familien nur ein bis zwei Küken übrig und 80 % aller Paare haben gar keinen Bruterfolg, weil sie Eier oder Küken komplett verloren haben.

Während der Mauser (Kap. 8) unterliegen die Vögel einem erhöhten Prädationsrisiko, da sie in dieser Zeit flugunfähig sind. Erfolgreiche Brutvögel mausern, während sie ihre noch flugunfähigen Jungen führen. Nicht oder erfolglos brütende Vögel fliegen spezielle Mausergebiete an, wo sie sich in großen, teils sehr großen, Trupps sammeln. Im Mausergebiet liegen Nahrungsflächen und Wasserflächen nahe zusammen, sodass die mausernden Gänse bei Gefahren schnell das rettende Wasser erreichen können. An Land sind Füchse, auf dem Wasser Adler die größte Bedrohung.

Ein junger Seeadler hat eine Blässgans geschlagen.

Prädation und Populationsregulierung

Außerhalb der Brut- und Mauserzeit, wenn die Gänse wieder fliegen können, nimmt die Gefahr von Fressfeinden etwas ab. Dennoch können die Gänse sich niemals wirklich sicher fühlen. Auf dem Zugweg sind es vor allem die großen Greifvögel wie Stein- und Seeadler, die eine Bedrohung darstellen. Die mittlerweile wieder angewachsene Seeadlerpopulation führt auf dem Herbst- und Frühjahrszug durch das Baltikum gerade für Weißwangen- und Ringelgänse zu großen Verlusten und manch ein Sender musste von lokalen Vogelkundlern aus Seeadlerhorsten geborgen werden.

Kranke, schwache, unaufmerksame oder erschöpfte Vögel sind immer eine leichte Beute und manchmal ist es verwunderlich, was den Fressfeinden alles gelingt. Im Schutz von schilfbestandenen Gräben sind Füchse wahre Meister im Anschleichen. Aus der Deckung des Schilfs springen sie unvorsichtige Gänse an und ergreifen sie.

Fressfeind in der Tundra: Schmarotzerraubmöwe tut sich an toter Junggans gütlich.

Gänse und ihre Feinde sind über endlose Zeiten der stammesgeschichtlichen Vergangenheit aufeinander eingestellt. Beutegreifer rotten ihre Beute nicht aus. Eher spiegelt sich in der Population der Feinde das Angebot der Beute. Die Prädatoren sind von der Zahl der Beutetiere abhängig. Die Populationen – sowohl der Gänse wie der Beutegreifer – regulieren sich aber auch selbstständig: durch Konkurrenz um Brutmöglichkeiten und Nahrung. Die großen Populationsschwankungen der Vergangenheit und Gegenwart (Kap.3) sind nicht durch die natürlichen Feinde verursacht worden, sondern weitgehend durch die Einwirkung des Menschen. Dramatische Abnahmen von Gänsepopulationen folgten auf intensive Bejagung, durch massenweise Entnahme nicht-flügger Jungvögel im Brutgebiet, durch Eiersammeln und ähnliche Eingriffe.

13 Ferne und Nähe – wer die Gänse stört

In diesen tischebenen Weiden auf Schußweite an die Gänseschar heranzukommen, ist normalerweise unmöglich. Immer haben einige der Vögel sichernd ihre Köpfe erhoben. Oft sind es tausend, manchmal zweitausend, gelegentlich dreitausend Wildgänse, die da locker verteilt äsend beieinanderstehen. Im Morgennebel kommt es gelegentlich vor, daß sie in der Nähe einer Straße einfallen – vielleicht nur reichlich 100 Meter vom Weg entfernt. Dann kümmern sie sich überhaupt nicht um die hin- und hersausenden Fahrzeuge. Doch sobald ein Fuhrwerk stehenbleibt, ein Auto anhält, rucken jäh alle Köpfe hoch. Und wenn nun ein Mensch aus dem Gefährt klettert, erhebt sich mit donnerndem Flügelrauschen und ohrenbetäubendem Geschrei die ganze Gänseschar.

Fritz Seidel „Schwanensang und Möwenschrei" 1962

Nicht weit vom Seeufer stehen die Vögel im Grünland. Es sind etwa 90 Graugänse, die hier ihre Nahrung suchen. Eine Person nähert sich mit ihrem Handy in der Hand. Noch ist sie auf dem vorbeiführenden Fußweg. Sie macht von dort aus ein erstes Foto, kontrolliert das Bild. Sie muss näher heran, geht direkt auf die Vogelschar zu. Nach 10 Metern macht sie ein zweites Foto. Noch nicht genug. 20 Meter. Die ersten Gänse bekommen lange Hälse. Langsam rückt sie vor. Die Gänse lassen die ersten Alarmrufe hören, alle sind in aufmerkender Haltung, erste schütteln den Kopf. Jetzt ist die Fotografin noch etwa 50 Meter von den Gänsen entfernt. Mit einem kurzen Anlauf sind die ersten in der Luft. Großes Geschrei, alle fliegen ab. Sie verschwinden. Stille tritt ein. Die Besucherin kehrt zum Fußweg zurück. Ob ihr etwas peinlich ist? Sie hat die Gänse gestört und zum Abfliegen gebracht. Das kostet die Tiere Zeit und Energie. In welcher Weise die Frau die Gänse gestört hat und wie sich das auswirkt, das bleibt ihr verborgen. Störung – das Wort hat zwei Aspekte: Die Reize, die auf die Vögel einwirken, und die Reaktionen, die sie zeigen. Im Beispiel oben war die sich nähernde Touristin der Reiz, die Flucht der Gänse die Reaktion. Alles zusammen kann man Störung nennen. Wir werden versuchen, Unterschiede zwischen den Aspekten am Beispiel der Gänse verständlich zu machen.

Eine Vielfalt von Störungen

Solche Alltagserlebnisse, wie sie Hans-Heiner Bergmann hier schildert, zeigen, dass der Mensch seine Umwelt und die darin lebenden Tiere auf geringe Distanz sowie weiträumig, außerdem kurzfristig und langzeitig nachhaltig beeinflusst. Der menschliche Einfluss lässt sich in Kategorien wie Flächennutzung, Flächenverbrauch und direkte Störung ordnen. Menschen, zum Beispiel Landwirte, nutzen die Fläche: Sie bauen Getreide an oder mähen Gras, sie lassen Tiere weiden oder verteilen Gülle auf einem Feld. Diese

Vorgänge verändern die Wertigkeit einer Fläche für die Vögel, denn sie beeinflussen die Qualität der gebotenen Nahrung oder ob es dort ruhig oder eher störanfällig ist. Dagegen verringert Flächenverbrauch, wie z. B. der Siedlungsbau, die verfügbare Fläche und mindert so die Kapazität des Gänserastgebietes. Flächenverbrauch ist immer dauerhaft. Direkte Störungen wie die oben geschilderte Annäherung der Fotografin wirken dagegen aktuell auf die Physiologie und das Verhalten der Gänse. Ihre Wirkungen sind abhängig von der Intensität und der Dauer des Reizes. Er kann langfristig und stationär sein (z. B. Straßen, Stromtrassen, Windanlagen) oder aktuell ereignishaft auftreten (z. B. Überflug eines Hubschraubers).

Als Störreize werden erkennbar störend auf die Vögel einwirkende Einflüsse bezeichnet. Sie können Reaktionen auslösen, können aber auch Konsequenzen wie verminderten Bruterfolg und höhere Sterblichkeit nach sich ziehen. Die Auswirkungen von Störreizen (hier oft vereinfacht als Störungen bezeichnet) sind komplex, können kurzfristiger Art sein oder sich erst über einen längeren Zeitraum bemerkbar machen. Da momentane, physiologische oder dauerhafte Verhaltensänderungen häufig nur schwer zu erkennen sind und dem flüchtigen Beobachter verborgen bleiben, ist die unreflektierte Verwendung des Begriffes „Störung" in Gesetzen und Regelungen kritisch. Die Wirkung eines einzelnen Störereignisses lässt sich selten messen. Diese reicht vom physiologischen Niveau (Angst, erhöhte Herzschlagfrequenz), über Verhaltensänderungen (Aktivitätsverlagerung in die Nachtzeiten, vermehrtes

Aufmerken) bis zur Aufgabe von Rast- und Brutplätzen. Schließlich kann auch der Tod des Individuums eine Folge von Störungen sein. Auswirkungen dieser einzelnen Beeinträchtigungen bis hinauf zur Populationsebene sind nur schwer zu belegen. Ein Beispiel stammt aber aus Nordnorwegen: Hier erzielten rastende Kurzschnabelgänse, die häufig verscheucht und gestört wurden, im Sommer einen deutlich geringeren Bruterfolg als Vögel, die auf wenig gestörten Rastplätzen Zwischenstopps eingelegt hatten.

Der Tod durch Anflug an eine Stromleitung oder Jagd fällt nicht in die engere Definition von Störung, ebenso wenig wie der Tod einer Gans durch den Angriff eines Adlers. Doch haben alle diese tödlichen Ereignisse Nebenwirkungen bei anderen Individuen, die als Störungen klassifiziert werden können. Nach dem Schuss oder dem Angriff eines Seeadlers flüchtet die ganze Gänsegruppe und verbraucht Energie und Zeit, setzt sich außerdem Risiken aus. Oftmals sind also die auslösenden Reize gleich. Eine große Zahl tödlicher Ereignisse verändert die Familien- und Sozialstruktur und kann durchaus den Bestand einer Population gefährden. Insofern wird der Tod eines Vogels in diesem Zusammenhang als extremste Auswirkung eines Störereignisses hier dennoch behandelt.

Gewöhnung – Abbau der Reaktion

Neben der Flucht und der Meidung als Reaktionen gehört zur Störung auch eine Anpassung des Vogels, die Gewöhnung genannt wird. Unter Gewöhnung versteht man, dass ein Tier die Harmlosigkeit eines Reizes zu

Bei Störungen fliegen alle Gänse in wilder Panik auf.

Weißwangengänse auf ungenutzer Straße

erkennen lernt und das vermeidende Verhalten entsprechend verliert. Zwei Faktoren begünstigen diesen Prozess: Der Störreiz muss vorhersagbar und tatsächlich harmlos sein. Verläuft das Störereignis immer identisch und damit berechenbar, stellt sich die Gewöhnung schnell ein. Gänse können sich an zahlreiche Störreize gewöhnen. So lernen die Vögel z. B. auf einem Golfplatz schnell, dass die vorbeigehenden Sportler keine Gefahr darstellen. Verlässt aber einer den vorgesehenen Weg und nähert sich den Gänsen, fliegen alle in wilder Hast davon. Allerdings gibt es auch große Unterschiede in den Reaktionen der Arten und einzelner Individuen: Einige ziehen sich jedes Mal frühzeitig zurück, andere können ihre Reaktionen auf häufig wiederholte, gleichartige und ungefährliche Reize auch ganz einstellen. In einer Gruppe beeinflussen sich die Vögel gegenseitig.

Straßenverkehr: Die Abstandsreaktion

Der Abstand, den ein Tier zu einer Störreizquelle einhält, wird häufig zur Bewertung einer Störwirkung herangezogen. In diesem Zusammenhang werden meist Fluchtdistanzen ermittelt. Eine Fluchtdistanz ist der Abstand, bei dessen Unterschreitung ein Tier sich dem Störreiz durch Flucht entzieht. Mitte der 1990er-Jahre wurden im Rheiderland (NW Niedersachsen) die Abstände zur nächsten Straße untersucht, die die Vögel in der freien Flächenwahl einhielten. Wie sich zeigte, hielten sich Blässgänse entlang der Straßen mit hohem Verkehrsaufkommen deutlich seltener auf als an solchen mit weniger Verkehr. Je mehr Verkehr, desto größer war zudem der Abstand zur Straße. Eine besonders hohe Meidereaktion trat an Autobahnen auf. Je nach Verkehrsaufkommen, Vogelart und regionalen Bedingungen (Alternativen, andere Störungen) können diese Abstände im Einzelnen unterschiedlich ausfallen. In einem schottischen Gänseschutzgebiet halten die Weißwangengänse Abstände von weniger als 25 m zu den Wegen ein, rastende Kurzschnabelgänse hingegen blieben diesen mindestens 100 m fern. Bereits in den 1970er-Jahren fanden niederländische Wissenschaftler eine saisonale Annäherung von Ringelgänsen an Straßen und Wegen auf der Wattenmeerinsel Texel. Die Vögel hatten sich im Laufe der Zeit an den Straßenverkehr gewöhnt. Für eine Gewöhnung spielt auch die Funktion des Rastgebietes eine bedeutende Rolle: Ist es End- oder Zwischenrastplatz? Auch auf die Aufenthaltsdauer kommt es an. Wer lange vor Ort ist, kann sich besser gewöhnen. Im Vergleich der Arten zeigt sich ein zusätzlicher Effekt sehr eindrucksvoll: Die Störempfindlichkeit gegenüber dem Straßenverkehr ist abhängig von der Körpergröße der betreffenden Art. Während Pfeifenten und Ringelgänse in den niedersächsischen Durchzugsgebieten i.d.R. recht hohe Abstände zu Straßen einhalten, sind diese bei Graugänsen geringer und beim Höckerschwan oftmals am niedrigsten. Während Pfeifenten und die kleinen Gänsearten sich Störungen zumeist durch Abfliegen entziehen, weichen Schwäne häufig nur durch Laufen aus. Durch diese Meidereaktionen treten in einer durch Straßen und Wege stark zerschnittenen Landschaft Fragmentierungseffekte auf, das heißt Teilflächen können gar nicht mehr von den Wasservögeln genutzt werden. Je nach Vogelart kann ein Rastgebiet dadurch teilweise oder vollständig entwertet werden.

Straßenverkehr: Wie reagieren die Gänse?

Am Dollart wie auch am Niederrhein lässt sich beobachten, dass sich die Gänse im Laufe des Winters den Straßen und Wegen immer stärker annähern. Fluchttiere wie Gänse sollten versuchen, den Abstand zwischen sich und potenziellen Gefahrenquellen möglichst groß zu halten. Wieso nähern sich die Vögel den Straßen dann an? Durch die häufige Beweidung der Wiesen erschöpft sich die Nahrungsmenge auf Dauer, und zwar zuerst dort, wo die Gänse sich am liebsten aufhalten: fernab der Straßen. In Straßennähe hingegen findet sich noch reichlich Grünes. Daher müssen sich die Vögel der Straße annähern – aus Not. Und genau dies geschieht: Sehr schön ließ sich am Dollart nachweisen, wie die Gänse mit der Annäherung auch ihr Verhalten ändern. Ein zunehmender Anteil der Vögel sichert, der Anteil der fressenden Vögel sinkt. Bei dem ersten Anzeichen von Gefahr fliegt die ganze Schar auf und kehrt erst später zurück. Sowohl für Weißwangen- als auch für Blässgänse zeigte sich so ein negativer Einfluss des Straßenverkehrs.

Beispiel Luftverkehr: Störung von oben

Am stärksten stören die sich nähernden Hubschrauber, am wenigsten die himmelhoch fliegenden Verkehrsflugzeuge, die fast nur einen Kondensstreifen hinterlassen. Insgesamt aber stellen Flugzeuge, Helikopter, Klein-

Flugzeuge führen immer wieder zu weiträumigen Störungen in den Rastgebieten.

fluggeräte wie Drachenflieger, Paraglider, Heißluftballons und ähnliche fliegende Apparate besonders für Gänse starke Störreize dar. Dies ist vor allem verursacht durch die biologisch bedingte, starke Reaktionsbereitschaft der Vögel gegenüber allem, was sich aus der Luft nähert. Es könnte sich ja um einen fliegenden Fressfeind handeln, beispielsweise einen Seeadler oder Steinadler. Besonders bei Störungen durch motorisierte Kleinflugzeuge kommt als Ursache noch verstärkender Lärm hinzu.

Allein der Überflug kleinerer Flugzeuge, vor allen Dingen aber von Helikoptern, veranlasst die Gänse scharenweise zu panikartiger Flucht. Die Belege hierfür sind vielzählig: Schon in den 1990er-Jahren fanden Bielefelder Verhaltensbiologen, dass 45 % aller Wasservögel, bei wiederholten Überflügen sogar 55 %, ein starkes Fluchtverhalten zeigten. Im Nationalpark Schleswig-Holsteinisches Wattenmeer verursachte der Flugverkehr in den 1990er-Jahren mehr als ein Viertel aller durch Menschen verursachten Störungen von Ringelgänsen. Helikopter und Flugzeuge waren dabei am häufigsten vertreten. Am Dollart zeigten sich zur gleichen Zeit noch gravierendere Störungen: In 46 % der Fälle wurde das Auffliegen durch den Flugbetrieb verursacht. Oftmals setzen sich die Gänse nach minutenlangem Kreisen wieder auf die alte Weide, aber häufig verlassen sie auch das Areal weiträumig. Fast ein Drittel aller Reize, die die Gänse aus dem Gebiet vertrieben, ging vom Flugverkehr aus. Besenderte Weißwangengänse an der Unterelbe fliegen umso häufiger auf, je geringer die Flughöhe der Flugzeuge ist. Durch den Ausbau der Offshore-Windenergie und die damit verbundenen Versorgungsflüge mit Helikoptern hat dieser Anteil sogar noch deutlich zugenommen. Intensive Störungen durch Flugverkehr verursachen auch nachweisbare Vertreibungseffekte. So verließen bei mehr als zwei Störungen pro Stunde die Hälfte aller rastenden Schneegänse ein Untersuchungsgebiet in Kanada.

In den Brutgebieten von Kurzschnabel- und Weißwangengans auf Grönland führten Helikopterflüge zu messbaren Änderungen im Zeitbudget der Vögel. Sie fraßen weniger und zeigten weniger Komfortverhalten. Dieser Effekt war bei der bejagten Kurzschnabelgans erheblich stärker ausgeprägt als bei der streng geschützten Weißwangengans. Auch bei den Expeditionen nach Kolgujev lässt sich die dramatische Wirkung von Helikoptern bei jedem Flug erleben: Während der Brutzeit und im Herbst fliegen die Gänse aufgeschreckt davon, während sie in der Mauserzeit zum nächsten See rennen und sich hier in großem Trupp in der Mitte der Wasserfläche versammeln. Fliegt ein Helikopter direkt über den See, versuchen die Gänse, sich durch wilde Tauchmanöver in Sicherheit zu bringen. Das Ganze geschieht auch bei Flughöhen von mehr als 200 m. Ebenfalls während der Brutzeit konnte ein starker Effekt des militärischen Flugbetriebes im Naturschutzgebiet Geltinger Birk an der Ostsee beobachtet werden, wo infolge massiver Störungen Grauganfamilien das Gebiet verließen.

Sind die Gänse aber mit den Örtlichkeiten vertraut und erscheinen die Flugzeuge regelmäßig, so ist Gewöhnung möglich. Dies zeigt sich am Großen Meer in Ostfriesland. Die lokal brütenden Graugänse arrangierten sich recht gut mit den ständigen Überflügen von Helikoptern. Auch die Gänse am Steinhuder Meer zeigen nur geringe Reaktionen auf überfliegende Militärflugzeuge, reagieren massiv auf die seltenen Helikopter und Ultraleichtflieger. Die lokalen Brutvögel haben es einfacher, denn sie sind lange Zeit vor Ort, haben den

Neben direkter Kollision wirken Windanlagen besonders stark durch Vertreibungseffekte.

Brutplatz aktiv ausgewählt. Aber grundsätzlich können auch winterliche Gastvögel sich an den Flugverkehr gewöhnen: So weiden Kurzschnabel- und Blässgänse in der Einflugschneise des Brüsseler Flughafens. Sie werden hier nicht verscheucht oder verfolgt. Hier fühlen sich die Vögel sicher.

Rotierende Vogelscheuchen? Störwirkung von Windkraftanlagen

Ende der 1980er-Jahre wurde in den Küstenregionen Norddeutschlands durch Förderprogramme die großflächige Windenergienutzung etabliert. Bis heute hat die Windkraftnutzung erheblich zugenommen. Nicht nur die Anzahl der Anlagen hat sich kontinuierlich erhöht, sondern es wurden auch immer höhere Anlagen mit größeren Rotordurchmessern entwickelt. Einstmals nur 35 m hohe Anlagen sind heute kaum noch im Einsatz. Die aktuellen Versionen (2020) erreichen eine Flügelspitzenhöhe von mehr als 230 m. Schon aus dieser Sicht sind die Wirkungen der Windkraftanlagen auf Gänse und andere Tiere keineswegs gleichartig geblieben.

Bereits sehr früh sahen Vogelkundler den Konflikt zwischen Naturschutz- und ökonomischen Interessen der Windenergie. Ein Hauptproblem erwartete man vorrangig in direkten Kollisionen. Trotz methodischer Schwächen zeigten Untersuchungen in den 1990er-Jahren, dass Kollisionen von Gänsen mit Windkraftanlagen offenbar eher die Ausnahme waren. Nicht zuletzt, weil solche Anflüge sehr stark von der Wahl des Standortes abhingen. Gerade deshalb war es eine glückliche Fügung, dass zunächst Standorte mit Windkraftanlagen bebaut wurden, die oftmals außerhalb der intensiv besuchten Gänse-Rastgebiete lagen und daher weniger Risiken von Kollisionen bargen. Dennoch kommen Kollisionen auch von Gänsen mit diesen Anlagen vor. Insbesondere bei Schlechtwetter mit Nebel, Sturm oder Starkregen laufen die Vögel Gefahr, die schnellen Flügel der Rotoren nicht zu erkennen oder falsch einzuschätzen.

Allerdings muss ein Vogel gar nicht direkt vom Rotor getroffen werden. Die drehenden Rotoren bewirken starke Luftverwirbelungen, wodurch kleinräumig heftige Luftdruckunterschiede erzeugt werden. Hierdurch können Lungen und Luftsäcke der betroffenen Vögel beschädigt werden. Das zarte Gewebe dieser Organe kann starke Druckveränderungen häufig nicht standhalten und reißt stellenweise ein. Solche durch Druckveränderungen entstandenen Verletzungen nennt man Barotrauma. Als Folge füllen sich während des Weiterfluges die verletzten Luftsäcke und Lungen zunehmend mit Blut. Die betroffenen Vögel leiden zunehmend an Sauerstoffarmut, müssen landen oder stürzen ab. Dies geschieht zumeist Kilometer weit vom Unfallort entfernt und wird daher selten mit den Windkraftanlagen in Verbindung gebracht.

Mit der technischen Entwicklung seit den 2010er-Jahren wurden die Untersuchungen zum Kollisionsrisiko wieder aufgenommen. Einerseits werden seither mehr und mehr auch problematische Standorte bebaut, andererseits ragen die Anlagen heute bis in die Höhen des Langstreckenzuges hinauf und treffen damit Vögel in einer sehr ungünstigen Phase ihres Jahreszyklus. Leider gibt es hierzu bislang nur sehr wenige systematische Untersuchungen; das meiste Wissen beruht auf Zufallsfunden. Kollisionen an Windanlagen und von Windkraftanlagen ausgelöste Barotraumata sind bei vielen Vogelarten an der Tagesordnung. Für Greifvögel wie Mäusebussard oder Rotmilan stellen die Verluste an Windanlagen sogar eine Bestandsgefährdung dar. Wat- und Wasservögel scheinen weitaus seltener zu Schlagopfern zu werden, wohl auch, weil sie den Rotoren besser ausweichen können. Im Hinblick auf die Todesopfer von Windanlagen besteht eine große Dunkelziffer.

Sicher ist sicher: Vertreibungseffekte in den Nahrungsgebieten

Ende der 1990er-Jahre dokumentieren verschiedene Untersuchungen andere, weitaus gravierendere Beeinträchtigungen der Vogelwelt durch Windkraftanlagen. Die Verfügbarkeit der Nahrungsflächen in den Rastgebieten der Gänse wird durch Windanlagen stark eingeschränkt. Dies ließ sich für uns in den 1990er-Jahren sehr gut an einem Windpark in Ostfriesland erfassen, der 1995 errichtet wurde. In einer Vorher-Nachher-Studie konnten wir die Wirkung der Windanlagen klar erkennen: Bei diesen 90 m hohen Anlagen hielten sich die Gänse in einem Abstand unter 300 m nur bei Windstille auf: wenn die Rotoren stillstanden. Bei Abständen von 300–450 m war die Nutzungsintensität bei laufenden Rotoren im Vergleich zu vorher um die Hälfte reduziert. Jenseits dieser Zone war keine Wirkung mehr feststellbar. Insgesamt wurde für die Gänse eine Nahrungsfläche von rund 350 ha ganz oder teilweise entwertet. Aufgrund des witterungsabhängigen unterschiedlich hohen Nahrungsangebotes in den Gänserastgebieten variieren die durch einen Windpark nicht mehr genutzten Bereiche.

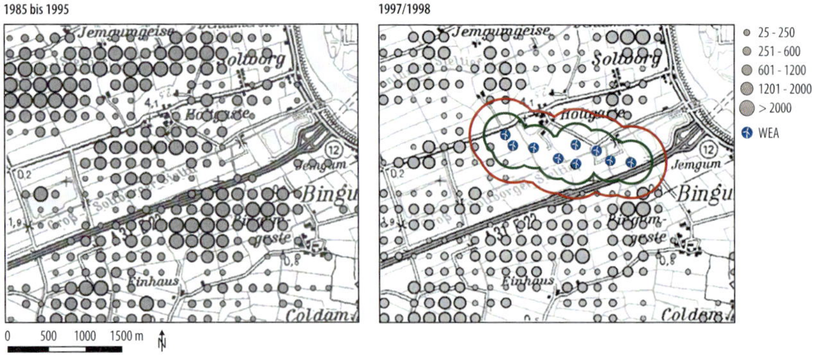

Eine Vorher-Nachher-Studie in Ostfriesland zeigt den Meideeffekt um die Windanlagen (nach Kruckenberg & Jaene 1999).

Gänse meiden im Umfeld einer Windanlage den Bereich, der vom Schatten der Rotoren überstrichen wird.

Ganz ähnliche Ergebnisse ließen sich auch in Dänemark und an der Leybucht finden. Von großen Windanlagen geht dabei eine höhere Meidewirkung aus als von kleineren, die sich durch niedrigere Bauhöhen und kleinere Rotoren auszeichnen. Dabei meiden kleine Gänsearten einen größeren Bereich um die Anlagen als größere Arten – ähnlich wie bei den Straßen (s. S. 121) In der Summe der vielen Windanlagen im Nordseeraum und entlang des Zugweges kommt allerdings eine riesige Fläche zusammen, die den Gänsen heute als Nahrungsfläche nicht mehr zur Verfügung steht.

Diese Meideeffekte rühren möglicherweise von der Rotationsbewegung her. Diese ereignet sich in einer Höhe, die auch von Luftprädatoren wie Wanderfalke und Seeadler häufig genutzt werden. Was sich dort oben bewegt, wird von den gefährdeten Vögeln als bedrohlich wahrgenommen. Aus dieser vorgegebenen Feindreaktion könnte auch die unterschiedlich hohe Empfindlichkeit der Arten resultieren. Oftmals kann man beobachten, dass die Gänse exakt den Bereich meiden, der vom Schatten der Flügel überstrichen wird. In diesem Sinn gibt es aufgrund der aktuellen technischen Entwicklung zu immer größeren Anlagen einen positiven Nebeneffekt: Offenbar nimmt der Meideabstand zu den hohen Anlagen nicht proportional zur Höhe zu. An dem früher untersuchten Windpark im Rheiderland wurde nach dem Repowering Mitte der 2010er-Jahre erneut die Verteilung der Gänse analysiert. Danach halten die Vögel einen nur leicht erhöhten Abstand ein, aber durch die Reduzierung der Zahl der Anlagen konnte hier eine Verbesserung der Gesamtsituation erreicht werden: für die Gänse mehr Raum zum Weiden.

Gewöhnung an Windanlagen?

Kühle oder kalte Witterung kann zu Nahrungsmangel bei den Gänsen führen. Möglicherweise wagen sich die Gänse unter diesen Bedingungen näher an die Anlagen heran. Insbesondere bei kalten Temperaturen steigt der Nahrungsbedarf und gleichzeitig schränken die Vögel ihren Energieverbrauch ein. So bewegen sie sich weniger, fressen im Liegen, schränken Flugbewegungen ein und suchen, falls möglich, flächennahe Schlafgewässer für Ruhephasen und Übernachtung auf. Eine große Zahl rastender Vögel ver-

braucht die verfügbare Nahrung im Gebiet, ohne dass bei kalten Temperaturen Gras nachwachsen kann. Es entsteht daher ein starker Druck, auch Flächen aufzusuchen, die bisher wegen der Nähe der Anlagen ungenutzt blieben. Hier sind es aber vorwiegend die Bedingungen in einem intensiv durch Gänse genutzten Gebiet, bei schlechter Nahrungsversorgung oder einem hohen Maß an Störungen vor Ort, die die Tiere in den Nahbereich der Windanlagen drängen, denn nur hier ist gegen Ende des Winters noch Nahrung zu finden. Während einer zehnjährigen Studie am Dollart konnten wir aber keine Gewöhnung der Gänse an Windanlagen finden.

Behinderung des Vogelzugs – Onshore- und Offshore-Problematik

Die Beeinträchtigung der Flugwege zwischen Schlaf- und Nahrungsgebieten wie auch der Zugrouten auf der jährlichen Wanderung sind bisher kaum untersucht worden. Daher analysierten wir die Austauschbewegungen markierter Blässgänse in Nordwest-Ostfriesland. Zwischen den einzelnen intensiv genutzten Nahrungsflächen liegen große Teilbereiche, die von den Gänsen nur überflogen werden und damit eine wichtige Funktion haben. Dies konnte durch eine intensive Studie mit markierten Blässgänsen belegt werden. Spätestens hier zeigen die Ergebnisse allerdings auch, dass es keine Flugwege zu den Nahrungsgebieten im Sinne von klar abgrenzbaren Korridoren gibt. Ausgehend von zahllosen Schlafplätzen und mit dem Ziel unterschiedlicher Weideflächen sowie je nach den herrschenden Windbedingungen machen sich die Gänse morgens auf den Weg. Keinesfalls geschieht dies immer geradlinig. Neue Windanlagen in den Einfluggebieten könnten die Flugwege maßgeblich beeinflussen. Neue Untersuchungen mit besenderten Gänsen in Ostfriesland zeigen, dass die Vögel offenbar die Windparks großräumig umfliegen. Für Vögel, die auf dem Flug von den Nahrungsflächen zum Schlafplatz einen Windpark hätten queren müssen, verlängerte sich der Flugweg um Beträge zwischen 13 % (Weißwangengans) und 23 % (Graugans). Das bringt einen erheblichen energetischen Mehraufwand für die Vögel mit sich.

Die Entwicklung zunehmend höherer Windanlagen beeinflusst nicht nur den Morgen- und Abendflug, sondern auch die Zugwege zwischen den Rastgebieten auf dem Herbst- oder Frühjahrszug. So ziehen die Gänse häufig die letzte Strecke zum Ziel in sehr niedriger Höhe über Land. Besonders bei Gegenwind senken sie manchmal ihre Zughöhe auf weniger als 80 m. Die Behinderung des Vogelzugs dürfte sich besonders bei der Querung der Nord- und Ostsee dramatisch auswirken, wenn die derzeit geplanten großflächigen Offshore-Windparks Realität werden. Die ziehenden Gänse und Schwäne fliegen dabei zu einem großen Anteil in Höhen (10–450 m), die im Gefahrenbereich der Rotoren liegen würden. Im Allgemeinen kann derzeit über die Auswirkungen der Offshore-Nutzung auf das Zuggeschehen der Gänse wenig ausgesagt werden. Untersuchungen an Weißwangengänsen wie auch anderen Großvogelarten zeigen jedoch, dass die Tiere teilweise nur wenige Meter über dem Wasser ziehen und nachts sogar auf dem offenen Meer schlafen. Dies ist vermehrt im Frühjahr der Fall, wenn Gänse aufgrund großer Fettreserven für Zug und Brut ein stark erhöhtes Körpergewicht haben, das den Flug erschwert. Daher wird vermutet, dass insbesondere für wandernde Kurzschnabel-, Ringel- und Weißwangengänse über der Nordsee, alle Gänsearten über der Ostsee sowie das Zuggeschehen zwischen dem europäischen Festland und Großbritannien mögliche negative Auswirkungen bestehen könnten.

Die Gänse meiden den Bereich unter den Stromtrassen.

Einfluss von Stromleitungen

Im Gegensatz zu den sich bewegenden Rotorblättern einer Windanlage ist der Anflug eines Vogels an einen Stromleitungsdraht eher mit dem Anflug an unbewegte Hindernisse wie Glasscheiben und Baumäste zu vergleichen. Objekte wie Strommasten wird man nicht primär als Störreize auffassen. Aber sie können auch ohne Bewegung Störwirkungen entfalten, die den Raumbedarf eines Vogels einschränken. Ganz andersartig ist der Tod eines Vogels durch Stromschlag zu bewerten.

Dass Vögel Leitungsdrähte anfliegen und sich dabei verletzen oder getötet werden, ist schon seit dem 19. Jahrhundert ein bekanntes Phänomen. Der Stromtod fordert mehr Todesopfer unter den Großvögeln als z.B. der Straßenverkehr. Überwiegend sind von den Stromschlägen Greifvögel betroffen, die sich auf den Masten niederlassen und mit ihren Flügeln oder Füßen die Strom führenden Leitungen berühren und so Kurzschlüsse verursachen. Gänse kommen dafür selten infrage. Direktes Anfliegen an die Leitungen stellt dagegen für viele Vögel eine schwerwiegende Auswirkung einer Trasse dar. Das Kollisionsrisiko schwankt dabei in Abhängigkeit von vielen Faktoren, insbesondere dem Standort und der Bauweise. Für Kollisionen von Gänsen und anderen Wasservögeln wurden vor allem Einzelbeispiele eingehend beschrieben. In den Jahren 1969–1977 wurden an einer 220-KV-Leitung bei Windischleuba (Sachsen) 2.139 verunglückte Wasservögel gefunden, überwiegend Enten. Häufige Todesfälle sind auch für Gänse am Unteren Niederrhein belegt. Hier kollidierten in nur einem Monat 31 Blässgänse tödlich überwiegend an einer Hochspannungstrasse im Rheinvorland. Dabei stellt das dünne Leiterseil an der Spitze der Masten die größte Gefahrquelle dar.

Bei Störungen und während des Einflugs stellen Stromtrassen eine tödliche Gefahr für die Gänse dar.

Tote Einzelvögel oder kleine Gruppen haben sich in fast allen großen Gänserastgebieten gefunden. Zu massenhaftem Anflug an Hochspannungsleitungen kann es bei intensiven Störungen kommen, wie z.B. in Winnipeg (USA), wo durch einen Ultraleichtflieger Tausende Schneegänse aufgejagt wurden und viele in einer benachbarten Stromleitung zu Tode kamen. Ähnliche Vorkommnisse sind auch an einer Stromtrasse in der Nähe von Leer belegt, wo Helikopterüberflüge für diese Kollisionen verantwortlich waren. Einen Überblick über die Tragweite des Problems zu erlangen, ist nicht leicht, denn häufig werden verendete Vögel unter solchen Leitungen durch den Fuchs verschleppt, bevor Vogelkundler sie finden. Auch wenn die Gänse beim Queren einer Trasse nicht automatisch mit den Leitungen kollidieren, so zeigten bei Untersuchungen am Niederrhein 62 % eine deutliche Flugreaktion auf eine Leitung. Immerhin 12 % der Vögel stoppten dabei sichtbar ab und ließen eine Schreckreaktion erkennen. Wenn aufgeschreckte Gänse beim Auffliegen zwischen die Stromleitungen geraten, lassen sie sich teils aus Panik einfach nach unten fallen. In vielen Fällen wird heute versucht, mit Markierungen an Hochspannung führenden Stromleitungen und insbesondere an dem oberen Leiterseil die Fälle von tödlichen Anflügen zu reduzieren.

Ähnlich wie Windanlagen bedingen auch Hochspannungstrassen ein Meideverhalten von weidenden Gänsen, wie eine Studie am Unteren Niederrhein bewies. Unterhalb sowie rechts und links der Stromleitungen erzeugen diese Trassen gänsefreie Korridore bis in Entfernungen von 40 m. Erst in einem Abstand von 120–180 m erreicht die Nutzungsdichte wieder die unbeeinflussten Ausgangswerte. Dies konnte auch für rastende Kurzschnabelgänse in Dänemark bestätigt werden. Die weitestgehende Annäherung war dabei von der Nutzungsdichte durch die Gänse abhängig, von der aktuellen Truppgröße jedoch weitgehend unbeeinflusst. Tiere nähern sich den Leitungen dann stärker an, wenn die andere Nahrungsflächen zuvor schon intensiv genutzt wurden. Wie bei den Windanlagen sind an Hochspannungstrassen Gewöhnungseffekte trotz langer Bestandszeit bislang nicht nachgewiesen.

Tourismus und Freizeitgestaltung als Störung

Die meisten der von Wasservögeln in Europa genutzten Gebiete entfalten gleichzeitig eine hohe Anziehungskraft auf Erholungssuchende, Angler und Wassersportler. Durch das veränderte Mobilitäts- und Freizeitverhalten seit den 1960er-Jahren sind sie immer häufiger Ziel von Kurzurlauben und Wochenendausflügen geworden.

Bei dem Aufeinandertreffen der erholungssuchenden Menschen mit

Auch unbeabsichtigt können Gänse vertrieben werden.

den brütenden, ruhenden oder Nahrung suchenden Vögeln können vielfältige Probleme auftreten. Vor diesem Hintergrund haben sich zahlreiche Forschungsarbeiten mit diesem Themenfeld beschäftigt. Freizeitnutzung kann erheblichen Einfluss auf die Raumnutzung von Wasservögeln haben. Die Vögel werden verscheucht oder verdrängt, verändern ihr Verhalten oder ihre Aktivitätszeiten.

Ungestörte Schlafgewässer sind ein wesentlicher Bestandteil jedes Gänserastgebietes. Daher sollten Wassersport und Angelbetrieb an solchen Gewässern zumindest während der Rastsaison ruhen, da diese Aktivitäten einen erheblichen negativen Einfluss auf Wasservögel haben. Die Aufgabe eines Schlafplatzes kann den Verlust eines ganzen Wasservogelrastgebietes nach sich ziehen. Dies gilt sowohl für Aktivitäten, die die Vögel direkt beunruhigen, wie etwa Segeln, Kiten, Surfen oder Paddeln, wie auch für solche, die durch die pure Anwesenheit von Personen wirken (z. B. Angeln). Dies gilt besonders aber für Mausergewässer, da die Gänse sich hier kaum durch Flucht der Störung entziehen können.

Vor allem ungelenkter Tourismus führt zu einer starken Beeinträchtigung der Rastgebiete, während die Einflüsse eines gelenkten naturverträglichen Tourismus deutlich geringer sind (Kap. 19). Hierbei sind es oftmals Spaziergänger, häufig auch mit Hund, die die Wege verlassen, durch die Gänsegebiete wandern und so die Vögel aufscheuchen. Dies können aber ebenso Radfahrer oder Autofahrer sein, die sich nicht an die „goldenen Regeln" für Naturbeobachter halten. Ihr Verhalten ist dabei nicht unbedingt böse gemeint. Die Entfremdung größerer Teile unserer Bevölkerung von Natur und wildlebenden Tieren ist so weit fortgeschritten, dass sich viele Menschen im Fall einer Begegnung nicht richtig zu verhalten wissen.

Gleichzeitig können die für die Rastgebiete zuständigen Behörden eine Menge Maßnahmen ergreifen, um diese unbeabsichtigten Konflikte im Vorfeld zu verhindern, z. B. durch Info-Zentren, Naturbeobachtungseinrichtungen und Wegeführung. Verhalten sich die Touristen für die Vögel berechenbar, dann findet Gewöhnung statt. Dies kann man gut am Niederrhein oder an der Leybucht sehen, wo die Gänse sehr nahe an den Spazierwegen weiden. Wichtig ist neben der Berechenbarkeit, dass sich der Freizeitbetrieb auf bestimmte Bereiche begrenzt, um den Tieren Rückzugsräume zu lassen. Mit Informations- und Erlebnisangeboten kann man interessierte Besucher gut lenken und so Störungen minimieren. Aber in echten Touristenhochburgen wie an der Nord- und Ostseeküste kommen nicht alle Touristen der Naturbeobachtung wegen. Um die Beeinträchtigung der Rastgebiete dennoch zu vermeiden, bedarf es auch passiver (baulicher) Maßnahmen der Besucherlenkung und einsatzbereiter Ranger.

Insgesamt erscheinen die Probleme der Störung von Wasservögeln durch den Tourismus lösbar. Tourismus kann sogar eine Chance für den Artenschutz bieten, denn lokale Dienstleister und Landwirte können hiervon profitieren. Daher sollten für die bedeutenden Vogelschutzgebiete auch touristische Besucherkonzepte als Bausteine für ein einvernehmliches Miteinander erstellt werden.

Einen besonderen Fall stellt der wachsende Tourismus in den Brutgebieten der Gänse dar. Waren die Fjälls und Tundren früher einsame Gegenden, so hat sich das im Zuge der Kreuzfahrten- und Aktivurlaubswellen heute in vielen Bereichen massiv geändert. Gerade während der Brutzeit allerdings sind die Gänse hochgradig sensibel. Auf Kolgujev, der Insel in der Barentssee, konnten wir bemerken, dass auch schon Nester in Bereichen mit geringer menschlicher Präsenz wie z.B. von Rentierzüchtern, einen deutlich geringeren Schlupferfolg aufwiesen. Entsprechend haben wir uns bemüht, bei unseren Untersuchungen möglichst selten die Brutareale der Gänse zu queren. Aber entlang von Wanderwegen in den skandinavischen Fjälls, Paddelrouten in der Seenlandschaft oder auch an Kreuzfahrtzielen treten Störungen an Wasservogelnestern häufig auf.

Landwirtschaft – Gänse unerwünscht

Vielerorts werden Gänse auf den Wiesen oder Äckern nur widerwillig geduldet, oder werden vertrieben und verjagt. Die Menschen haben sich zahlreiche Mittel einfallen lassen, um die Gänse auf andere Flächen zu treiben und so mutmaßliche Weideschäden zu verhindern. Oftmals werden die Vögel zu Fuß, mit dem Geländewagen oder Traktor vertrieben. Die Gänse fliegen auf und lassen sich auf einer anderen, vielfach einer benachbarten Fläche nieder oder kehren sogar nach kurzer Zeit zurück. Von Vogelscheuchen, Flatterbändern, ausgesägten Fuchssilhouetten oder Knallautomaten erhoffen sich viele Bauern eine dauerhafte Wirkung. Doch gerade in Gegenden mit wenig ungestörten Alternativen und insgesamt nur geringem Nahrungsangebot lernen die Gänse recht schnell die Harmlosigkeit dieser Scheuchen einzuschätzen. Auch wenn sie diesen vielleicht nicht vertrauen, ist die Not so groß, dass sie dennoch zum gleichen Nahrungsplatz zurückkehren. Aber sie sichern häufiger und verlieren so wichtige Äsungszeit. Des Weiteren konnte gezeigt werden, dass Gänse durch das zusätzliche Fliegen mehr Energie benötigen und daher auch mehr Nahrung zu sich nehmen müssen: also eigentlich mehr „Schaden“ verursachen (müssen), auf weniger verfügbarem Raum. Denn das Vergrämen der Gänse von den Flächen hat eine generelle Folge: Sie gehen auf Abstand und die nutzbare Fläche für die Vögel nimmt ab. Solche Störungen können ihre Verteilung auf lokaler Ebene erheblich beeinflussen.

Dagegen nehmen sich Störungen durch die Bewirtschaftung (Befahren der Fläche, Zäune reparieren etc.) oder deren Folge (Ausbringen von Gülle, Umackern etc.) als recht gering aus. Andererseits kann gerade das großflächige Ausbringen von Gülle im Vorfrühling für die Gänse durchaus zu einem Problem werden: Wenn in Nordwestdeutschland plötzlich 80 % aller möglichen Nahrungsflächen innerhalb von nur einer Woche mit Gülle bespritzt werden, haben die Gänse oftmals große Schwierigkeiten, noch ausreichend saubere Nahrung in den angestammten Rastgebieten zu finden.

Stacheldrähte sind nicht nur an Schlafplätzen gefährliche Todesfallen.

Ein besonderes Problem stellen Zaunanlagen in den Nahrungsgebieten und an den Schlafplätzen dar. Zwar stören sich die Vögel nicht ernsthaft an den Zäunen, doch können diese zu tödlichen Fallen für sie werden. Leicht verletzen sich Gänse an Zäunen oder Drähten, wo sie diese nicht erwarten. Ein recht typischer Fall dafür ist der Einflug zum Schlafplatz. Am Dollart kamen viele Jahre lang regelmäßig Gänse aller Arten, aber auch Watvögel, an Stacheldrahtzäunen vor oder hinter dem Seedeich zu Tode. Bei starkem Gegenwind flogen die Gänse im Windschatten des Deiches bodennah Richtung Schlafplatz und konnten dem am Deichfuß kaum sichtbaren Draht nicht mehr ausweichen. An einem Morgen fanden wir dort 14 tote Bläss-, Saat- und Graugänse. Einige von ihnen waren in fürchterlicher Weise im Stacheldraht verwickelt und erhängt. Doch auch die modernen Elektrodrähte mit Kunststoffmantel stellen gefährliche Fallen für Vögel dar: Fliegen diese in normalem Flugtempo von bis zu 70 km/h gegen einen solchen Zaun, werden häufig Flügel abgetrennt und die Vögel verwickeln sich hoffnungslos im Plastikdraht. Ohne Rettung sterben sie so an Stress oder Durst.

14 Jagd – Auswirkungen einer Tradition

„Fast möchte ich die Behauptung aufstellen, es werde nach keiner in Deutschland vorkommenden Wildgattung, wie sie auch immer heißen mag, so viel Pulver und Blei erfolglos verschossen, wie nach den Wildgänsen! Selbst die ruhigsten und besonnensten Schützen widerstehen nur selten einer so reizvollen Versuchung und schießen nach diesen Vögeln auf eine Entfernung, über die sie oft selbst lächeln müssen, sobald der Schuß aus dem Rohre ist."

Carl Emil Diezel „Erfahrungen aus dem Gebiete der Niederjagd" 1872

Jagd ist die Hege sowie das Verfolgen, Fangen und Töten von wilden Tieren durch den Menschen. Durch die Tötung einzelner Individuen beeinflusst die Jagd die Sterblichkeit und somit die Populationsdynamik der Art. Die Jagd bewirkt darüber hinaus aber auch Störungen von Wildtieren in unserer Kulturlandschaft, die sich auf die betroffenen Arten, aber auch auf andere nicht bejagte Tiere auswirken können. Gerade die weit wandernden Vogelarten, die auf ihrer Jahreswanderung an vielen Stellen bereits negative Erfahrungen mit der Jagd gemacht haben, reagieren auf jede Form der Bejagung oder auf jagdähnliche Reize (Knallautomaten, Fehlzündungen, Überschallknall, Feuerwerk usw.) ausgesprochen empfindlich. Die Auswirkungen der Jagd und die Reaktionen der Vögel sind vielfältig.

Erhöhte Sterblichkeit

Im Rahmen der Jagdausübung werden im Westen Eurasiens jährlich schätzungsweise 1–1,5 Mio. Gänse geschossen. Bei einem Gesamtbestand

Auf dem Zug werden die Gänse fast überall von Jägern verfolgt.

westeurasischer Gänse von schätzungsweise 5,8–6,7 Mio. Gänse bedeutet dies, dass ca. 20 % des Bestandes jährlich entnommen wird. Ein so hohes Niveau kann leicht bestandsbedrohend werden, wie die gemeinsame Geschichte von Mensch und Natur mehrfach bewiesen hat. Der Zusammenbruch nahezu aller Gänsepopulationen im 19. und in der ersten Hälfte des 20. Jahrhunderts war nicht nur Folge der Landschaftsveränderung, sondern auch intensiver menschlicher Verfolgung. Erst eine Kombination von internationalen Schutzmaßnahmen sowie jagdlichen Verboten und Einschränkungen konnte den Populationen von Weißwangen-, Bläss-, Ringel- und Saatgans wieder zu einem sicheren Bestandsniveau verhelfen. Dies hat rund 30–40 Jahre gedauert.

Mit Kunststofflockvögeln werden die Wildgänse in Schussweite angelockt.

Aber nicht nur die Tötung durch die Jagd hat Einfluss auf die Sterblichkeitsrate. Durch die massiven Störungen bei der Bejagung werden Familienverbände häufig getrennt. Weil weniger erfahren, werden Jungvögel nicht nur häufiger erlegt oder angeschossen, sondern auch oft von den Elterntieren getrennt. Verwaiste Junge oder getrennte Paare suchen oftmals viele Tage lang verzweifelt nach ihren Familienangehörigen und zeigen deutlich reduzierte Überlebensraten.

Veränderte Raumnutzung

Weitaus stärker wirkt die Jagd jedoch auf die regionale Raumnutzung und das Verhalten der Vögel. Jagdliche Beunruhigung hat einen maßgeblichen Einfluss auf die räumliche Verteilung und das Verhalten von Gänsen und anderen Wasservögeln. Ein Teil der Vögel wird durch Jagd direkt oder indirekt aus ihren Rastgebieten verdrängt und sie verlassen das Areal. Die Fluchtdistanzen der Gänse nehmen deutlich zu. Sie fliehen früher und häufiger. Die Nahbereiche von Straßen oder Siedlungen werden weniger genutzt. Die Gänse suchen stattdessen Räume auf, in denen sie einen weiten Rundumblick haben, nutzen überwiegend störungsarme Flächen. Die Truppgröße nimmt zu, denn viele Augenpaare sehen mehr. Als Folge der jagdlichen Beunruhigung können die Vögel die Kapazität der winterlichen Rastgebiete nur eingeschränkt nutzen, wodurch sie im Extremfall sogar verfrüht abziehen müssen. Andererseits wird die Grasnarbe in den abgelegenen Bereichen bis über die Regenerationsfähigkeit abgefressen. Hier steigt die Wahrscheinlichkeit von Weideschäden.

Schon in den 1980er-Jahren mieden die jagdbaren Graugänse, aber auch die geschützte Weißwangengans während der Jagdzeit das intensiv bejagte Vorland des Dollart (damals schon Naturschutzgebiet). Nachdem die Jagdzeit innerhalb der niedersächsischen Vogelschutzgebiete um einen Monat verkürzt worden war und Grauganssjagd im Dezember und Januar nur noch außerhalb der Vogelschutzgebiete erlaubt war, wurde von 2016–2019 im Binnenland am Dollart die Reaktion der Gänse auf die unterschiedlichen Jagdregelungen untersucht. Es zeigte sich, dass sich Weißwangen- und Graugans in dieser Zeit tatsächlich innerhalb der unbejagten Vogelschutzgebiete an der Unterelbe und in Ostfriesland konzentrierten. Für die Blässgans war das Ergebnis nicht signifikant, wahrscheinlich weil diese durch die hohen Zahlen rastender geschützter Weißwangengänse aus den sicheren Gebieten abgedrängt werden. Eine Vielzahl anderer untersuchter Parameter war zudem durch die Jagd bei Weißwangen- und Graugans beeinflusst: die Häufigkeit des Auffliegens, die geflogene Gesamtstrecke sowie die Flugdauer am Tag und in der Nacht.

Ein ausgebildeter Jagdhund ist Pflicht bei der Wasservogeljagd.

Für eine Untersuchung des Jagdeinflusses auf Kurzschnabelgänse wurden in Dänemark die Hälfte aller Rastgebiete für die Jagd gesperrt und die Konsequenzen untersucht. In den ungestörten Bereichen konnten die Vögel signifikant schneller Fettreserven aufbauen. Im Folgewinter hatten die Gänse aus diesen ungestörten Gebieten zudem einen höheren Bruterfolg aufzuweisen als die Vergleichsgruppe. Hier konnten erstmals die negativen Auswirkungen der Jagd auf Populationsebene gezeigt werden: Das geringere Abfluggewicht wirkt sich direkt auf das Brutgeschehen in der Arktis aus.

Veränderungen im Verhalten

Doch nicht nur die räumliche Verteilung, sondern auch das sonstige Verhalten der Vögel wird durch den Einfluss der Jagd verändert. Durch die direkte Bejagung werden alle Gänse erheblich scheuer. Dabei nehmen die Fluchtdistanzen der Tiere zu, der Platzbedarf in den Rastgebieten steigert sich erheblich und der Energiebedarf vergrößert sich durch vermehrtes Umherfliegen, erhöhte Aufmerksamkeit und das lang andauernde Kreisen über den Nahrungsflächen beim morgendlichen Anflug. Vor allem durch diese

Wirkung verkleinert sich die nutzbare Nahrungsfläche der Vögel gravierend: Nach einer Untersuchung am Unteren Niederrhein steigt der Weidedruck auf den verbleibenden Flächen um 22 % durch die größeren Reaktionsdistanzen und um weitere 14 % durch den erhöhten Energieverbrauch. Dagegen nimmt der Gesamt-Weidedruck durch entnommene, d. h. geschossene Gänse nur geringfügig ab.

Zudem ergibt sich aus der erhöhten Sensibilität der Vögel ein stark zunehmender Verinselungseffekt für die Nahrungsflächen. Straßen und Wege zerschneiden überall die Weideflächen. Durch die erzwungenen größeren Abstände zu diesen Verkehrslinien verlieren zahlreiche Parzellen in Randlage und damit ein großer Flächenanteil für die Gänse ihre Nutzbarkeit. Dies stellt eine gravierende Form der Störung dar. Die jagdliche Nachstellung wirkt auf diejenigen Arten besonders stark, die fast überall verfolgt werden. Nicht bejagte Arten können dennoch erheblich gestört werden, entweder weil sie durch die allgemeine Beunruhigung ebenfalls betroffen sind oder aufgrund von Verwechslung oder illegaler Verfolgung zu Jagdopfern werden. Dort, wo tatsächlich geschützte Arten keine Jagderfahrung sammeln, kann die Jagd die interspezifische Konkurrenz herbivorer Arten zu Gunsten nicht bejagter Arten verschieben. Durch diesen Effekt hat die Jagd auch direkte Auswirkungen auf die Größe notwendiger Schutzgebiete bzw. die Zahl der in einem Rastgebiet unterkommenden Gänse. Faktisch benötigen bejagte Arten größere Schutzgebiete und Nahrungsflächen als nicht bejagte Vögel.

Diese Nilgans wurde durch einen Schuss verletzt.

Darüber hinaus sensibilisiert Jagd die Gänse in hohem Maße für alle anderen Störreize. Bejagte Gänse sind unruhiger, sichern intensiver und neigen selbst dann zum massenweisen Abflug, wenn ein Bussard oder ein Graureiher über sie hinweg fliegt. Jagd bewirkt insgesamt eine deutliche Reduktion der verfügbaren Nahrungsflächen, selbst wenn nur andere Arten tatsächlich bejagt werden dürfen. Weiterhin werden jagdbedingte Verhaltensänderungen beobachtet, wie z. B. das Verlagern der Nahrungsaufnahme in die Nacht.

Schrot und Bleivergiftung

Bei der Gänsejagd werden vornehmlich Schrotflinten eingesetzt. Als Munition werden bisher Bleischrot-Patronen mit ca. 200 Schrotkugeln benutzt, die den Flintenlauf als Garbe verlassen. Vor dem Flintenlauf verlieren die Schrote schnell Geschwindigkeit und streben auseinander. Obwohl die Schrote bis zu 300 m weit fliegen können, ist der Schrotschuss nur auf Entfernungen von bis zu 30 m für Gänse tödlich. Bei größeren Entfernungen hat das einzelne Schrotkorn durchaus noch genügend Energie, um das Opfer zu verletzen, aber wegen der geringen Zahl Schrotkörner führt dies nur selten zum Tod. Weil Gänse gewöhnlich in Gruppen fliegen und Menschen Höhen schlecht einschätzen können, werden viele Gänse von den Bleischroten nur verletzt. Ein Teil geht wohl später irgendwo im Schilf zugrunde. Doch viele überleben. Insbesondere der Anteil „angebleiter" Gänse muss als sehr hoch bezeichnet werden. Bei Röntgenaufnahmen gefangener Saatgänse im Oderbruch trug im Frühjahr fast ein Drittel aller vorjährigen Vögel Bleischrote im Körper. Bei Kurzschnabelgänsen konnte ein Faktor 1:4 festgestellt werden. Bei den europaweit geschützten Weißwangengänsen wurden bei bis zu 19 % der Individuen Bleischrote im Körper festgestellt. Die Überlebensraten angeschossener Vögel sind erheblich eingeschränkt und die Überlebenden zeichnen sich auch durch einen deutlich verringerten Fortpflanzungserfolg aus.

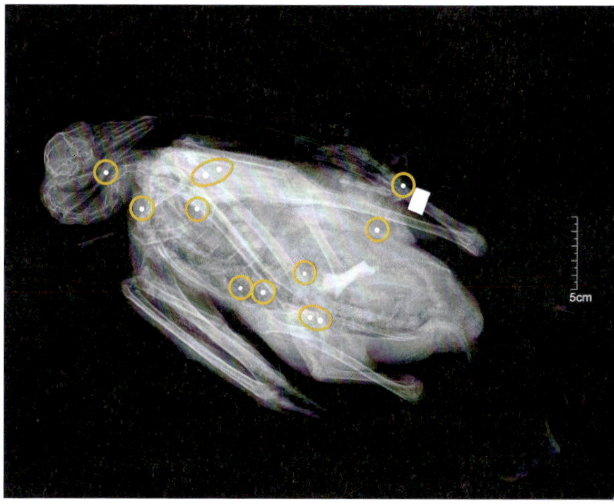

Auf dem Röntgenbild lassen sich die Bleischrote gut erkennen.

Hinzu kommt, dass Boden und Gewässer durch die Bleischrote belastet werden. Schwäne und Gründelenten nehmen das Blei bei der Nahrungssuche auf, ebenso Greifvögel, die die Kadaver der verendeten Gänse finden und fressen. Bei Seeadlern ist Bleivergiftung eine der häufigsten Todesursachen. Nach der Einführung bleifreien Treibstoffs für Pkws ist die Jagd heute der größte Blei-Emittent in Deutschland. Entsprechend wurde schon lange bleifreie Munition gefordert. Die Verwendung bleihaltiger Munition ist seit 2020 in der Nähe von Gewässern verboten und soll in den nächsten Jahren EU-weit in Feuchtgebieten verboten werden.

Verwechslungen und Fehlabschüsse

Die Wasservogeljagd gefährdet auch geschützte, seltene Arten. Ohnehin lässt die Kenntnis über seltene Arten (Waldsaatgans, Zwerggans, Rothalsgans) oder von Ausnahmegästen bei vielen Jägern häufiger zu wünschen übrig, sodass diese Vögel einem hohen Verwechslungsrisiko unterliegen. Dies zeigen einige Beispiele aus jüngster Zeit: So wurde 2019 in den Niederlanden eine Zwerggans geschossen, ebenso im Herbst 2020 in Dänemark zwei Zwerggänse. In allen Fällen wurden diese Vögel aufgrund ihrer Ringe an die Beringungszentralen gemeldet – sämtlich als „Blässgänse". Die Dunkelziffer ist groß. Häufig ist es bei der Jagd im Morgengrauen oder am Abend auch gar nicht möglich, die Arten wirklich sicher zu identifizieren. Umso wichtiger ist es, wenn der Verwechslungsgefahr bereits bei den Jagdzeitenregelungen Rechnung getragen wird. Die übermäßige Jagd kann bis hin zur drohenden Ausrottung einer Art (etwa im Fall der Zwerggans oder der Waldsaatgans) führen, insbesondere wenn sich die Populationen schon auf einem sehr niedrigen Niveau befinden.

Bläss- (links) und Zwerggans (rechts): Insbesondere im Flug lassen sich beide Arten kaum voneinander unterscheiden.

15 Schutz für Gänse

Monitoring-Programme in vielen europäischen Ländern zeigen durchweg einen ständigen Rückgang der Vielfalt und Verbreitung vieler europäischer Vogelarten. Die Zahl der Vogelarten, die als bedroht in die jeweiligen nationalen Roten Listen aufgenommen werden, wächst ständig. Hierfür sind viele Faktoren verantwortlich, die auch noch von Art zu Art variieren, aber letztendlich führen alle Faktoren auf ein Problem zurück: die zunehmend intensive Nutzung unserer Umwelt, durch eine intensivere Landwirtschaft, stärkere Umweltverschmutzung und zunehmende Freizeitaktivitäten. Wenn wir unser Ziel erreichen wollen, Europas Vogelwelt in ihrer gegenwärtigen Vielfalt, Häufigkeit und Verbreitung zu erhalten, sind viele Änderungen bei der Nutzung und beim Management unserer Flächen nötig. Nachhaltige statt intensiver Nutzung muss eines der Schlüsselkonzepte sein – eine Nutzung, die basiert auf handfesten ökologischen Prinzipien und die grundlegenden Eigenschaften der Ökosysteme nicht ändert.

Christoph Imboden & Mike Moser, 1989

Tiere und darunter auch viele Wasservögel bilden seit Menschengedenken eine wichtige Nahrungsgrundlage für die Bevölkerung. Dies lässt sich schon aus steinzeitlichen Knochenfunden ableiten. Feuchtgebiete waren Lebensraum schon für unsere frühen Vorfahren. Hier gab es sichere Inseln zum

Wohnen, trinkbares Wasser, Fische, große Säugetiere kamen zum Trinken und hier lebten auch Vögel. Überall dort, wo der Mensch auf Gänse stieß, wurden diese intensiv verfolgt. Von den getöteten Gänsen wurde nicht nur das Fleisch verwertet, sondern nahezu alles: Sehnen dienten als Nähgarn, die Daunen als Füllung von Kissen und Decken, die Handschwingen wurden später als Schreibfedern genutzt. Mit Zunahme der menschlichen Bevölkerung entwickelte die umfassende Verfolgung auf Dauer negative Auswirkungen auf die Bestände einzelner Gänsearten. Das Bewusstsein über die möglichen schädlichen Einflüsse dieses menschlichen Treibens führte im Laufe der Jahrhunderte zu unterschiedlichen Schutzbemühungen.

Einschränkungen und Regeln für die Gänsejagd

Bei den keltischen und germanischen Stämmen und nach römischem Recht durfte jede Person überall wilde Tiere erlegen. Im römischen Recht galt bereits die einzige Einschränkung des Jagens auf Grund und Boden, der dem Jäger nicht gehörte. Hier konnte der Eigentümer zwar nicht das Jagen, sondern das Betreten des Grundstücks untersagen, wodurch ein Jäger die sich dort aufhaltenden Tiere nicht erreichen konnte.

Stolz zeigt ein russischer Jäger die erlegte Blässgans.

Spätestens ab Ende des 9. Jahrhunderts wurde die Jagd in den meisten west- und mitteleuropäischen Staaten jedoch gesetzlichen Regeln unterworfen, um die bejagten Arten (oftmals vor dem normalen Volk) zu schützen. Der Landesherr wurde der alleinige Inhaber des Jagdrechts und durfte überall jagen. Der sonstige Adel, die hohen Beamten sowie die hohe Geistlichkeit durften in ihrem Verwaltungsbezirk oder auf ihrem Eigentum jagen, mit der Zustimmung des Landesherrn. Dem entgegen mussten Bürger Land besitzen oder pachten, um dort mit Zustimmung des Landesherrn jagen zu können. Wilderei wurde schwer bestraft, fand aber durchgängig statt. Die Tierwelt wurde in Hohe Jagd und Niederjagd (mancherorts auch noch Mittlere Jagd) unterteilt, wobei die zur Hohen Jagd zählenden Tiere (u. a. Hirsche, Wildrinder, Wildschweine und Wildschwäne) nur vom Landesherrn, dem Hochadel sowie der hohen Geistlichkeit bejagt werden durften. Gänse gehörten zur Niederen Jagd, und somit durfte der gesamte jagende Teil der Bevölkerung ihnen nachstellen. Sie wurden mittels Beizjagd, Pfeil und Bogen, Armbrust (seit dem 12. Jahrhundert) und Feuerwaffen (seit Ende des 16. Jahrhunderts) zur Strecke gebracht. Aufgrund der verbesserten Jagdwaffentechnik gewann seit dem frühen 18. Jahrhundert die Jagd mit Feuerwaffen die Oberhand. Hinzu kam, dass der nicht jagende Teil der Bevölkerung Eier von Wildvögeln sammelte und sich, wenn möglich, mit Knüppeln, Hals- und Fußschlingen illegal auch junger und ausgewachsener Tiere bemächtigte.

Ab dem späten Mittelalter wurden, wahrscheinlich aufgrund schrumpfender Bestände, regional Listen jagdbarer Arten zusammengestellt, Jagdzeiten für die jeweiligen Arten festgesetzt und mancherorts für einzelne Arten sogar eine Maximalstrecke pro Jäger und Tag festgelegt. So waren im 17. Jahrhundert im Gebiet der heutigen Niederlande wilde Gänse nur in den Provinzen Holland (jetzt Noord- und Zuid-Holland) und Utrecht jagdbar.

Außer durch Jagd und Wilderei wurden Enten und Gänse seit dem Mittelalter in größerer Zahl legal von Berufsvogelfängern mit Netzen, Hals- und Fußschlingen sowie in Entenkojen gefangen und auf den städtischen Märkten als wichtige Proteinquelle an die Bevölkerung verkauft. Der Einfluss dieser Vogelfänger auf die Wasservogelbestände war nicht gering. Im späten 19. und frühen 20. Jahrhundert wurden z. B. in den niederländischen Entenkojen jährlich über 200.000, auf Sylt bis zu 25.000 und auf Föhr 60.000–70.000 Enten gefangen. Aufgrund des Rückgangs der Wasservogelbestände wurden diese kommerziell betriebenen Fangeinrichtungen aber zur Jahrhundertwende vom 19. zum 20. Jahrhundert zunehmend unrentabel und nach und nach geschlossen. Niederländische Gänsefänger (Kap. 6) fingen mit unterschiedlichen Methoden Jahr für Jahr viele Tausend Wildgänse, bis dieser winterliche Nebenerwerb von Fischern und Kleinbauern in der ersten Hälfte des 20. Jahrhunderts nach und nach verboten wurde.

Seit den 1960er-Jahren wurde ein weites Netz an Schutzgebieten für Wasservögel begründet.

Vornehmlich in Großbritannien und Nordamerika wurden im 19. Jahrhundert auch die sog. „Punt guns“, eine Art von Riesen-Schrotflinten eingesetzt, womit man pro Schuss mit 2.400 Schrotkugeln aus ca. 900 Gramm Blei Strecken von bis zu 100 Wasservögeln pro Schuss erreichen konnte. Die britischen „Puntgunners“ besuchten auch das europäische Festland, mit Vorliebe Wasservogel-Hotspots wie das niederländische Rheindelta und das Wattenmeer, bis diese Jagdmethode aus Artenschutzgründen außerhalb von Großbritannien Anfang des 20. Jahrhunderts verboten wurde.

Heute wird die Jagd auf Gänse und Wasservögel fast ausnahmslos als Freizeitjagd betrieben. Nur in entlegenen sibirischen Regionen leben noch Menschen, die zum Überleben essenziell auf die Jagd angewiesen sind. In ihren Auswirkungen auf den Bestand und die Populationsgrößen der Arten ist die Enten- und Gänsejagd allerdings nach wie vor von großer Bedeutung.

Starke Rückgänge wecken Interesse: Volkszählung im Gänseland

Mit der beginnenden Industrialisierung und steigendem Wohlstand wuchs in Europa das Interesse an der Natur. Seit der ersten Hälfte des 19. Jahrhunderts verstärkte sich auch die Einsicht für den Schutz der Natur und führte zu einer zunehmend kritischen Betrachtung und späteren Einschränkung der bisherigen Nutzung der Wasservogelbestände. Schließlich gipfelten die Bemühungen in einer Reihe von internationalen Schutzverträgen und Konventionen.

In den meisten Staaten werden die rastenden Gänsebestände mindestens monatlich erfasst.

1922 gründete eine internationale Gruppe von Wissenschaftlern, Naturschützern und Jägern den „International Council for Bird Preservation (ICBP)", als erste internationale Naturschutz-Dachorganisation (ab 1993 umbenannt in BirdLife International). Aufgrund der deutlich rückläufigen Wasservogelzahlen beschloss das ICBP 1937, eine möglichst umfassende Inventarisierung der Wasservogelarten durchzuführen, um Daten über die Bestandsgröße und die Bestandsentwicklung zu sammeln.

Im Jahr 1948 wurde unter Mitarbeit des ICBP die „International Union for the Protection of Nature (IUPN)", als internationale Nicht-Regierungsorganisation und Dachverband zahlreicher internationaler Naturschutzorganisationen gegründet. Ziel war es, die fachlichen Grundlagen zu erarbeiten, um den internationalen Naturschutz zu fördern. Als Expertenorganisation für Wasservogelzählungen lieferte der ICBP Wasservogel-Bestandsdaten an die IUPN. 1954 wurde aus der IUPN die „International Union for Conservation of Nature and Natural Resources (IUCN)".

Das ICBP gründete eine professionelle Organisation zur Koordination der seit über 15 Jahren durchgeführten internationalen Wasservogelzählung. Wenig später bekam die Koordinationseinheit den Namen „International Waterfowl & Wetlands Research Bureau (IWRB)". Seit Anfang der 1970er-Jahre entwickelte das IWRB den Brauch, während ihrer jährlichen Mitgliederversammlungen Symposien zu Wasservogel- und Feuchtgebietsthemen zu organisieren.

Im Jahr 1981 führte das IWRB im ungarischen Debrecen im Rahmen der dortigen Mitgliedertagung erstmalig eine internationale Gänsetagung durch. Es dauerte einige Jahre, bis 1989 im nordrhein-westfälischen Kleve mit dem „IWRB-Symposium on Western Palearctic Geese" eine zweite Gänsetagung organisiert werden konnte. Auf der Tagung wurde eine „IWRB Goose Research Group" gegründet. Ihre Aufgabe war, die Ergebnisse der internationalen Gänsezählungen zu interpretieren und die Kontakte innerhalb der internationalen Gänseforschergemeinschaft zu verbessern. Hierzu wurde u. a. das „IWRB Goose Research Bulletin" aus der Taufe gehoben, das ein- bis zweimal im Jahr erscheinen sollte. Zwischen 1991 und 1996 wurden in der Wildbiologischen Station Kalø (Dänemark) acht Ausgaben des Bulletins produziert. Das „Goose Bulletin" erscheint seit 2009 mit zumindest einer Ausgabe jährlich ausschließlich digital (geese.org, blessgans.de).

Natura2000 heißt das europaweite Netz aus wichtigen Schutzgebieten.

Im Jahr 1995 schlossen sich das IWRB, das „Asian Wetland Bureau" (AWB) und die „Wetlands for the Americas" (WA) zu einer weltweit tätigen Organisation „Wetlands International" (WI) zusammen und die „IWRB Goose Research Group" wurde zum „Goose Specialist Group of Wetlands International" (GSG). Im gleichen Jahr beschloss die internationale Gänseforschergruppe, mindestens alle zwei Jahre eine Gänsetagung zu organisieren. Die erste GSG-Tagung fand im November 1995 an der Unteren Oder in Polen statt, und bis 2020 wurden insgesamt 19 GSG-Tagungen durchgeführt, die die weltweite Kooperation der Gänseforscher wesentlich verbessert haben. Die verstärkten Kontakte zwischen den Gänseforschern verschiedener Länder führten im Laufe der Jahre zu einer besseren Kooperation bei einer Reihe internationaler Gänseforschungsprojekte. Die zwei wichtigsten langjährigen Projekte sind das internationale Gänsemonitoring und die Erforschung des Gänsezugs mithilfe von Beringung und Telemetrie. Hinzu kommen die Forschungsprogramme in den Brutgebieten, die häufig mit internationalen Teams durchgeführt werden.

Deutschland beteiligt sich mittlerweile seit über 50 Jahren an den internationalen Wasservogel- und Gänsezählungen. Jedes Jahr zählen Tausende von Freiwilligen – jeder in seinem Zählgebiet, in den einzelnen Bundesländern – monatlich die überwinternden und brütenden Gänse. Das Gänsemonitoring wird in Deutschland vom Dachverband Deutscher Avifaunisten (DDA) und international von Wetlands International koordiniert und analysiert.

Internationaler Naturschutz

Auf einer 1962 vom IUCN, ICBP und IWRB gemeinsam organisierten Tagung wurde beschlossen, eine Strategie und einen Maßnahmenkatalog für den langfristigen Schutz von Wasservögeln und Feuchtgebieten zu entwickeln. Während der folgenden IWRB-Tagungen in 1963 (St. Andrews, Scotland, UK), 1966 (Noordwijk, NL), und 1968 (Leningrad, UdSSR) reifte die geplante Strategie zu einem internationalen Schutzabkommen, das 1968 fast unterschriftsreif vorlag. Aufgrund der Unterdrückung des sogenannten „Prager Frühlings“ 1968 durch die damalige UDSSR boykottierten viele IWRB-Mitgliedstaaten die Tagung in Leningrad, wodurch die Ratifizierung der geplanten Konvention auf die nächste IWRB-Tagung 1971 verschoben wurde. Diese Tagung fand in Ramsar (Iran) statt, weshalb das „Übereinkommen über Feuchtgebiete, insbesondere als Lebensraum für Wasser- und Watvögel von internationaler Bedeutung“ in Kurzform häufig „Ramsar-Konvention“ genannt wird. Das Abkommen verpflichtet die Mitgliedstaaten, aufgrund der Ergebnisse der Wasservogel-/Gänsezählungen die besten Wasservogelgebiete als Schutzgebiete auszuweisen und Maßnahmen zu ergreifen, um die Artenvielfalt in den ausgewiesenen Gebieten zu erhalten und zu verbessern. Nachdem mehr als 20 Staaten dem Abkommen beigetreten waren, trat die Ramsar-Konvention 1975 offiziell in Kraft und ist damit einer der ältesten internationalen Naturschutzverträge.

Die Ramsar-Konvention blieb jedoch nicht allein. Angeregt durch den Erfolg des Abkommens verabschiedete die Europäische Wirtschaftsgemeinschaft (jetzt Europäische Union) die „Richtlinie 79/409/EWG des Rates vom 2. April 1979 über die Erhaltung der wildlebenden Vogelarten“, kurz „EU-Vogelschutzrichtlinie“ genannt. Ziel der Vogelschutzrichtlinie ist die Erhaltung der in der EU wildlebenden, heimischen Vogelarten und die einheitliche Regelung ihres Schutzes, der Schutz ihrer Lebensräume, Brutstätten und Eier. Die Richtlinie reguliert die Jagd und verpflichtet die EU-Mitgliedstaaten zur Festsetzung der für die zu schützenden Vogelarten geeignetsten Gebiete als Schutzgebiete für das Europäische Naturschutzgebietsnetzwerk „Natura 2000“.

Ebenfalls 1979 wurde in Bonn das „Übereinkommen zur Erhaltung wandernder wildlebender Tierarten (CMS)“, die sogenannte „Bonner Konvention“, unterzeichnet. Das Übereinkommen verpflichtet die Mitgliedstaaten, wandernde wildlebende Tierarten zu schützen und Maßnahmen zu ihrer Erhaltung zu treffen. Zur Erhaltung einzelner Tiergruppen sollen regionale Abkommen abgeschlossen werden, die den Gesamtlebensraum der jeweiligen Tierarten sicherstellen.

1996 wurde als Ableger der Bonner Konvention das „Abkommen zur Erhaltung der afrikanisch-eurasischen wandernden Wasservögel (AEWA)“ ins Leben gerufen. Die AEWA-Mitgliedstaaten sollen Maßnahmen zum Schutz wandernder Wasservögel und ihrer Lebensräume ergreifen. Neben traditionellen Maßnahmen zum Arten- und Lebensraumschutz sollen die Mitgliedstaaten Monitoring und Forschung betreiben sowie Bildung und Öffentlichkeitsarbeit für die Ziele des Abkommens fördern.

Gänse zählen – wozu?

Der Schutz und die Erhaltung von Tierbeständen ist nur möglich, wenn Daten zur Bestandsgröße und zu langjährigen Bestandstrends sowie zu der zeitlichen und räumlichen Verbreitung der Arten vorliegen. Diese Daten werden seit den 1940er-Jahren im Rahmen der internationalen Wasservogel- und Gänsezählungen gesammelt, die damit eine der Grundlagen des Artenschutzes bilden. Die sechsjährige Berichterstattungspraxis der wichtigsten internationalen Naturschutz-Konventionen hat Politik und Verwaltung in einer Reihe von Mitgliedstaaten dazu verführt, nur noch alle 3–6 Jahre eine Auswertung der Vogelmonitoring-Daten zu finanzieren und die Flächen-

Waldsaatgänse sind stark im Bestand bedroht. Ein internationaler Aktionsplan soll jetzt Jagdverschonung gewährleisten.

deckung der Zählungen zu reduzieren. Dieses Vorgehen führt dazu, dass die auf der geringeren Datenmenge beruhenden Aussagen deutlich weniger aussagekräftig sind und der Schutz der erfassten Bestände geringer wird bzw. notwendige Maßnahmen schlechter begründet werden können.

Unter dem Dach von AEWA wurde 2015 eine sog. „European Goose Management Platform (EGMP)" gegründet. Ziel ist es, eine wissenschaftliche Basis für ein gezieltes und international koordiniertes Vorgehen zu einer nachhaltigen Nutzung der Gänsepopulationen in Europa zu schaffen. Dabei sollen alle Populationen in einen „guten Erhaltungszustand" gebracht bzw. in einem solchen gehalten werden. Solange die Bestände gefährdet oder gar bedroht sind, darf also keine Bejagung stattfinden. Noch ist diese Plattform nicht voll implementiert. Inhalte, Monitoring und Prozesse sind noch in Erarbeitung und ob wirklich alle Gänsearten „genutzt", also gejagt werden sollen, ist international umstritten. In jedem Fall ist die Zielsetzung der EGMP ehrgeizig und verlangt eine deutlich breitere Datenbasis als derzeit vorhanden. Das traditionelle internationale Vogelmonitoring sammelt seit ca. 80 Jahren jährlich Daten über die räumliche und zeitliche Verbreitung und die Bestandsgröße einzelner Wasservogelarten. Für ein wissenschaftlich fundiertes Gänsemanagement müssten diese Daten jedoch jährlich flächendeckend und vollständig erhoben sowie jährlich und zeitnah zusammengetragen und analysiert werden. Darüber hinaus braucht es auch stetig lebensraumweite Daten zur Reproduktion sowie zur natürlichen und jagdlichen Mortalität: Daten, die bisher weitgehend fehlen. Spätestens seit der Corona-Krise ist unklar, ob die Mitgliedstaaten diese anspruchsvollen Voraussetzungen schaffen und finanzieren werden.

Die verschiedenen internationalen Abkommen dienen nicht nur dem Schutz und der Erhaltung der wandernden Tierarten, sondern schützen auch ihre Lebensräume und legen einen Rahmen für eine nachhaltige Nutzung der

An Schneetagen müssen die Gänse ihre Nahrung mit dem Schnabel freilegen.

geschützten Bestände fest. Die jagdliche Nutzung der Wasservogelbestände soll im Rahmen eines „wise use" (Ramsar-Konvention) oder „sustainable use" (CMS, AEWA) stattfinden. „Wise use" bzw. „sustainable use" natürlicher Ressourcen bedeutet, dass diese in einer ausgewogenen, nachhaltigen Weise genutzt werden können (nicht müssen!). Dies gilt aber nur dann, wenn sie erneuerbar sind und auch nur insoweit, als bei dieser Nutzung die biotischen (=belebten) und abiotischen (=unbelebten) Faktoren des Ökosystems sowie die Interaktionen zwischen diesen nicht gestört werden. Damit gesichert werden kann, dass die Bejagung einer Population ausgewogen und nachhaltig ist, braucht man von allen Arten Daten zur Bestandsgröße, zur jährlichen Reproduktion und Mortalität, zu den Jagdstrecken und zu Trends. Das Bestandsmonitoring ist das A und O einer nachhaltigen Bejagung einzelner Wasservogelbestände. Bis heute haben allerdings die Mitgliedsstaaten der Konventionen insbesondere auf diesem Feld ihre Hausaufgaben nur sehr zögerlich und unvollständig gemacht.

Ausweisung von Schutzgebieten

Weißwangengänse im Naturschutzgebiet am Dollart

Im Rahmen der Ramsar-Konvention, und später auch der EU-Vogelschutzrichtlinie, sollen die Mitgliedstaaten die „geeignetsten Gebiete" zu Schutzgebieten für die zu schützenden (Wasser-)Vogelarten festlegen. Um festzustellen, welche Gebiete „die geeignetsten" sind, wurden Kriterien aufgestellt. So gelten u.a. Gebiete, wo sich regelmäßig 20.000 Wasser- und Watvögel aufhalten bzw. wenn sich dort regelmäßig 1% der Individuen einer Population, einer Art oder Unterart von Wasser- oder Watvögeln aufhalten, als international bedeutsam und daher als geeignet. Basierend auf den Ergebnissen des langjährigen Vogelmonitorings wurde im Auftrag von ICBP und IWRB eine Liste von für Vögel bedeutsamen Gebieten erstellt, die sogenannten „Important Bird Areas (IBAs)". Diese Liste wird nicht nur von den meisten Ländern als Grundlage für die Ausweisung von international bedeutenden Vogelschutzgebieten genutzt, sondern auch vom Europäischen Gerichtshof als Maßstab für die Ausweisung einer ausreichenden Zahl von Schutzgebieten im Rahmen der EU-Vogelschutzrichtlinie. Damit sind die regelmäßigen Wasservogel-/Gänsezählungen die Grundlage für das Schutzgebietssystem unter dem Dach der Ramsar-Konvention und der EU-Vogelschutzrichtlinie.

16 Sorge um eine kleine Gans: Erhaltung der Zwerggans

Als der Zweite Weltkrieg begann und mein Bestand von Wasservögeln aufgelöst wurde, übernahm Will Tinsley ein Zwergganspärchen in seine Kollektion. Jetzt bekam ich einen Brief, in dem Will von einem besonderen Ereignis berichtete; er teilte mit, dass eines Tages im Jahr 1943 eine wilde Zwerggans bei seinem Zwerggansspärchen im Obstgarten landete und dort mehrere Tage blieb. [..] Von da an stellte ich mir die Frage, wieviele Menschen es wohl im gesamten Land geben möchte, die eine Zwerggans von einer normalen Blässgans unterscheiden können. Die Zwerggans ist, soviel ist sicher, ein wenig kleiner, aber nicht viel; der Schnabel ist deutlich kleiner, und viel mehr rosa gefärbt, aber das einzige sichere Merkmal zur Unterscheidung beider Arten ist der goldgelbe Augenring der Zwerggans. [..] Angenommen, Zwerggänse würden regelmäßig die Britischen Insel besuchen, wer würde sie erkennen?

Sir Peter Scott „The Eye of the Wind" 1961

Die Zwerggänse West- und Nordeuropas gehören zur bedrohtesten Gänseart der Welt. Sie zählen nur noch wenige Hundert. Aus der Sicht der Biologen sind sie mitten in einem Flaschenhals und haben Mühe, sich aus dem Populationstief zu erholen. Ohne wirksamen Schutz und Hilfsmaßnahmen werden sie voraussichtlich aussterben. Daher liegt auf den Niederlanden und

Gelbe Augenringe, hohe Blässe, runder Kopf und kurzer Schnabel – Zwerggänse sind mit etwas Übung gut zu erkennen.

Deutschland, auf Schweden und Norwegen eine große Verantwortung, für die Erhaltung dieser Art in ihren Gebieten Sorge zu tragen.

Die Geschichte der Zwerggans: Vogel aus der Eiszeit

Mit dem Beginn des Pleistozäns vor 2,5 Mio. Jahren kühlte sich das Klima auf der Erde ab und das quartäre Eiszeitalter begann. Erst vor rund 12.000 Jahren kam es zu einem Ende und das Holozän konnte beginnen. Die erdgeschichtliche Periode des Pleistozäns ist gekennzeichnet durch einen häufigen Wechsel von Kälte- (Glazialen) und Wärmeperioden (Interglazialen). Die hierdurch ausgelösten Verschiebungen von Klimazonen führten zu mehrfacher langandauernder Isolation von Tier- und Pflanzenpopulationen, letztendlich auch zu der heutigen Vielfalt von Gänsearten und -unterarten. Die Zwerggans ist eine genetisch einheitliche und ausschließlich in der Paläarktis verbreitete Spezies. Nach verschiedenen Autoren hat sie sich entweder bereits vor etwa 2,5 Mio. Jahren, vor 0,5 Mio. Jahren oder erst vor 175.000 Jahren von der Blässgans abgespalten. Beide Gänsearten sind einander morphologisch und genetisch immer noch außerordentlich ähnlich und im Freiland zuweilen schwer auseinanderzuhalten. Dies alles spricht für eine jüngere Abspaltung, also vor 175.000 bis 500.000 Jahren. Aufgrund der großen Ähnlichkeit mit der Blässgans wurde die Zwerggans bis Mitte des 20. Jahrhunderts auf den meisten Winterrastplätzen übersehen. Daher liegen über ihre früheren Wanderrouten, über Rast- und Wintergebiete kaum Daten vor (Kap. 3).

Landende Zwerggänse auf dem Zug

Der Bestand der Zwerggans gehört gegenwärtig zu den kleinsten Gänsepopulationen der Welt. In den letzten 150 Jahren ging der Weltbestand um drei Viertel zurück. Um das Jahr 2010 dürfte es weltweit nur noch 50.000–75.000 Zwerggänse gegeben haben. Dieser dramatische Rückgang verlief nicht überall gleich. Derzeit sind vier getrennte Wanderrouten der Art bekannt – mit jeweils zugehörigen Brut- und Überwinterungspopulationen im Westen und Osten Eurasiens. Im Westen brüten in Skandinavien zwei kleine Populationen, die ursprünglich als fennoskandische Population zusammengehörten. Sie haben heute unterschiedliche Überwinterungsgebiete: Die schwedische Brutpopulation zieht über Südschweden, Dänemark und Norddeutschland zur Überwinterung in die Niederlande, bleibt aber auch teils in Norddeutschland. Sie umfasst nicht mehr als etwa 120 Vögel. In Nordnorwegen brüten Zwerggänse, die über Finnland und Ungarn nach Griechenland an den Kerkini-See fliegen (ungefähr 110 Vögel). Die größte Gruppe der westlichen Paläarktis brütet im Norden Russlands, vom Fuß des Urals bis in den Süden der Taimyr-Halbinsel, und zieht über Westsibirien und Kasachstan in die Regionen westlich und südlich des Kaspischen Meeres sowie am Unterlauf von Euphrat und Tigris im Irak (30.000–40.000 Vögel). Den vierten Zugweg – in der östlichen Paläarktis – nehmen die Vögel in Anspruch, die in Ostsibirien brüten und zur Überwinterung nach Südost-China ziehen (20.000–30.000 Vögel).

Über die fennoskandische Population der Zwerggans Anfang des 20. Jahrhunderts berichtete Merikallio noch 1915: „*Die Anzahl der Zugvögel muss mindestens nach Zehntausenden gezählt werden*“. Für die 1920er- und 1930er-Jahre wurde die Population auf immerhin noch mindestens 10.000 Vögel geschätzt, für die 1980er-Jahre dann aber auf weniger als 500 Tiere. Anfang der 1990er-Jahre gab es in Fennoskandien (Norwegen und Schweden) nur noch 30–60 Brutpaare bzw. 100–200 Vögel. Die gegenwärtige Population wird auf etwa 220–240 Vögel geschätzt. Diese Zahlen bedeuten, dass die fennoskandische Population zwischen 1900 und 1990 auf weniger als 1% ihrer früheren Bestandsgröße geschrumpft ist. Seit den 1990er-Jahren hat sich dieser Restbestand auf niedrigem Niveau gehalten.

Die westeurasische Population mit Brutgebieten am Ural, auch „Western Main Population“ genannt, zeigte ebenfalls einen dramatischen Rückgang. Wurde der Bestand zum Anfang des 20. Jahrhunderts noch auf bis zu 180.000 Vögel geschätzt, so waren es nach Angaben der russischen Gewährsleute in den 1970er-Jahren noch ca. 100.000 und in den 1990er-Jahren nur noch 30.000–50.000 Vögel. Die Größe der gegenwärtigen Population wird auf 30.000–40.000 Individuen geschätzt. Damit war der Bestandsrückgang der westeurasischen Population der Zwerggans zwischen 1900 und 1990 zwar weit weniger dramatisch als der der fennoskandischen Population, aber der Rückgang des Bestandes auf 20–25 % ihrer früheren Bestandsgröße ist ebenfalls Besorgnis erregend. In jüngerer Zeit scheint sich die Population stabilisiert bzw. sogar leicht erholt zu haben.

Auch der Bestand der osteurasischen Zwerggans-Population ist von starkem Rückgang betroffen. Von geschätzten 100.000–200.000 Vögeln Anfang des 20. Jahrhunderts waren in den 1990er-Jahren noch ca. 65.000 Vögel übrig und in den 2010er-Jahren wurden nur noch 16.000–22.000 Vögel gezählt. Damit ging der Bestand der osteurasischen Population zwischen 1900 und 1990 auf 30–60 % zurück, und dieser Rückgang setzt sich bis heute fort. Der Bestand erreicht gegenwärtig nur noch 10–20 % der ehemaligen Bestandsgröße, bei weiterhin negativer Tendenz. Er geht weiterhin jährlich um etwa 5 % zurück. Damit gehört die Zwerggans zu den am stärksten vom Aussterben bedrohten Vogelarten der Welt. Sie steht deshalb international unter strengem Schutz. All dies aber scheint der Population nicht direkt zu helfen.

Ursachen des Rückgangs: Jagd und tödliche Neugier

Seit Mitte des 19. Jahrhunderts wurden die Brutgebiete der arktischen Gänse zunehmend vom Menschen besiedelt. Dadurch nahm die Störungshäufigkeit sowie der Jagddruck zu und große Teile der traditionellen Brutareale der meisten Gänsearten, insbesondere in der westlichen Paläarktis, wurden für brütende Gänse ungeeignet. Für Zwerggänse verloren darüber hinaus auch viele der traditionellen Zwischenrast- und Überwinterungsgebiete durch zunehmende menschliche Aktivität ihre Eignung. Des Weiteren ist die Zwerggans, im Gegensatz zu den anderen Gänsearten, bei der Wahl ihrer Nahrungshabitate (extensives kräuterreiches Grasland) recht konservativ und wechselt nur selten zu Ackerflächen oder auf intensiv bewirtschaftetes

Badende junge Zwerggans

Grünland. Diese Entwicklung führte zweifellos zu Bestandsrückgängen bei dieser kleinen Gänseart, die in den südlichen, am ehesten zugänglichen Tundrazonen brütet. Gezielte Untersuchungen zeigten, dass dort, wo noch Zwerggänse brüten, der jährliche Fortpflanzungserfolg zwar in dem für arktische Gänse üblichen Rahmen liegt, aber dass die jährliche Sterberate, insbesondere der Jungvögel, mit 70–80 % viel zu hoch ist. Viel zu hoch, als dass die Population damit überleben könnte. Obwohl die Art offiziell nahezu überall ganzjährig geschützt ist, scheint die Jagd hierbei eine wichtige Rolle zu spielen, denn 50 % der Jungvögel und 10 % der Altvögel, die in Norwegen markiert wurden, sowie 16 % der in Russland beringten Vögel wurden als geschossen gemeldet.

Eine bedeutende Zahl von Zwerggänsen wird jährlich aufgrund der Verwechslung mit der Blässgans – der am stärksten bejagten Gänseart Eurasiens, mit der sie häufig gemeinsam auftritt – erlegt. So zeigte sich bei stichprobenartigen Kontrollen der Jagdstrecken im Norden Russlands, dass Zwerggänse örtlich bis zu 25 % der „Blässgansstrecke" ausmachen können. Dieser Anteil ist wesentlich höher als mit der bloßen Ähnlichkeit zwischen Zwerg- und Blässgans zu erklären wäre. Möglicherweise spielt hierbei die schon im Jahre 1904 von dem russischen Autor S. Alphéraky beschriebene „tödliche Neugier" der Zwerggänse eine Rolle, die die Vögel dazu bringt, jedem fremdartigen Geräusch nachzugehen. Diese fatale Eigenschaft wurde damals – als es noch viele Tausende von Zwerggänsen auf allen Zugwegen gab – von den russischen Jägern benutzt, um die Vögel zu erlegen.

Wie kann man die Zwerggans retten?

Seit vielen Jahren untersuchen insbesondere russische, schwedische, norwegische und finnische Forscher die Ökologie der Zwerggans und die Gründe für ihren Bestandsrückgang. Darüber hinaus wurden Aufklärungskampagnen für die Jägerschaft entlang der Zugrouten durchgeführt. Das Ziel dieses Vorhabens ist, durch eine verbesserte Ausbildung der Jäger den Jagddruck auf die Zwerggans und damit die jährliche Sterberate zu verringern. Leider zeigt diese mit hohem Engagement durchgeführte Maßnahme bisher kaum positive Auswirkungen. Offensichtlich lässt sich dies nur durch ein Verbot der Blässgansjagd im gesamten Eurasien lösen. Da dies in absehbarer Zeit kaum möglich sein wird, bietet sich als zweitbeste Lösung an, Teile der Zwergganspopulation in Gebiete umzulenken, wo die Blässgans nicht oder weniger bejagt wird. Dies ist nur im äußersten Westen des historischen Verbreitungsgebiets, also nur von Fennoskandien aus möglich.

In den letzten Jahrzehnten wurden daher in Schweden und Finnland Projekte gestartet, um die Art mithilfe in menschlicher Obhut aufgezogener Vögel vor dem Aussterben zu retten. Seit den Graugansstudien von Konrad Lorenz ist bekannt, dass junge Gänse das erste bewegliche und lautgebende Objekt, das sie nach dem Schlüpfen wahrnehmen, als Elternteil ansehen. Dieses lassen sie nicht mehr aus den Augen und übernehmen viele Verhaltensweisen der „Eltern", so auch das Zugverhalten und die Zugwege. Diese Erkenntnisse über das prägungsartige Lernen der jungen Gänse haben sich die schwedischen und finnischen Zwerggans-Projekte zunutze gemacht.

Weißwangengänse führen Zwerggänse

Unter der Leitung des Forschers Lambart von Essen wurde seit 1979 ein Zwerggansprojekt gemeinsam vom schwedischen Jagdverband und dem WWF-Schweden durchgeführt. Dabei wurden Zwergganseier in einem Stockholmer Park von halbzahmen Weißwangengänsen ausgebrütet, von denen bekannt war, dass sie zum Überwintern in die Niederlande ziehen. Kurz bevor die Zwerggansjungen flügge wurden, transportierte man die gesamten Weißwangen-Zwerggans-Familien nach Schwedisch-Lappland und ließ sie dort frei. Hier auf dem Fjäll lebten auch noch die letzten wilden Paare und so entließ man die Familien in deren Nähe, um so den Bestand zu stützen. Sobald alle Familienmitglieder im Spätsommer flugfähig waren, zogen sie gemeinsam in das Überwinterungsgebiet der Pflegeeltern in die Niederlande. Auf diese Weise lernten die jungen Zwerggänse eine neue Zugroute vom Brutgebiet in das Überwinterungsgebiet und zurück kennen. Bis Ende der 1990er-Jahre wurden auf diese Weise rund 300 junge und 45 einjährige Zwerggänse in die Natur entlassen, von denen rund 25 % in den Folgejahren im Brutgebiet beobachtet wurden. Als erster Erfolg wurde 1987 ein Brutpaar gefunden, bei dem das Weibchen aus dem Projekt stammte. In der zweiten Hälfte der 1990er-Jahre wurde die gesamte aus dem Projekt hervorgegangene Population auf rund 50 Vögel geschätzt, worunter allerdings nur 4 bis 6 Brutpaare waren. Im Jahr 2003 schätzten die Projektverantwortlichen den Bestand auf rund 100 Individuen mit etwa 8 Brutpaaren.

Lambart von Essen bei der Freilassung in Nordschweden, ca. 1980

Mit seinem Projekt bewies Lambart von Essen, dass junge Gänse nicht nur den Zugweg von den Eltern lernen, sondern auch, dass sie nach dem Überwintern in das Gebiet zurückkehren, von wo sie mit den Eltern gestartet sind.

In einem Pilotprojekt wurden aufgezogene Zwerggänse mit dem Ultraleicht-Flugzeug durch Christian Moullec von Öster-Malma in Schweden an den Niederrhein geleitet.

Problematisch an dieser Aufzuchtmethode war eine unerwünschte Nebenwirkung: Einige der geschlüpften Zwerggansganter waren auf Weißwangengänse geprägt, wodurch sie sich bei der späteren Partnersuche eher auf die häufigeren Weißwangen- als auf die seltenen Zwerggänse konzentrierten. Es wurden dann auch mehrere Mischpaare zwischen Weißwangen- und Zwerggans beobachtet, deren Entstehen möglicherweise auf dieses Projekt zurückzuführen ist. Nachdem der Projektleiter im Juli 2000 unerwartet verstarb, wurde das schwedische Projekt abgebrochen. In den folgenden Jahren wurden die Hybriden gezielt geschossen. Eine aktuelle Studie zeigt, dass heute keine solchen Zwerggansmischlinge mehr entstehen. Ohnehin wurden diese Hybriden niemals in der Nähe der Brutgebiete beobachtet.

Doch stand das schwedische Stützungsprojekt nicht nur wegen der Hybriden in der Kritik. Eine finnische Studie schien zu belegen, dass die ausgewilderten Zwerggänse auch artfremde Gene enthielten. Um dies sicher auszuschließen, importierte die schwedische Jägerschaft Mitte der 2000er-Jahre 25 Zwerggänse, die in den russischen Brutgebieten eingefangen worden waren. Mit diesen Tieren wurde nun ein neues Zuchtprogramm aufgebaut, aus dem aktuell jährlich etwa 80 Vögel in die Freiheit entlassen werden können. Dennoch brach die Kritik nicht ab. Insbesondere die norwegischen Nachbarn fürchteten um die genetische Integrität ihrer Teilpopulation. Eine umfangreiche neue Genetikstudie zeigte dann 2020, dass sich die norwegischen und russischen Vögel nicht unterscheiden, die schwedischen Wildvögel hingegen schon. Dies könnte vielerlei Gründe haben: Es sind hier mehr Gene der ursprünglichen Brutvögel vorhanden oder die Zuchtgruppe der 1990er-Jahre enthielt heute verschollene Gene, die noch in den Zoos und Haltungen überdauert haben. Blässgansgene hingegen konnten in keiner der drei Populationen nachgewiesen werden.

Führung durch ein Ultraleicht-Flugzeug

In den USA bewies William Lishman, dass man junge Kanadagänse so trainieren kann, dass sie menschlichen „Gänseeltern" auch hinter einem Ultraleicht-Flugzeug folgen und so wie bei den echten Gänseeltern ihren ersten Herbstzug erlernen können. Ende der 1990er-Jahre wurde diese Methode als Pilotversuch gemeinsam mit dem Franzosen Christian Moullec und einer Gruppe junger Zwerggänse ausprobiert. Vom schwedischen Öster-Malma wurde die kleine Schar an den Niederrhein bei Wesel geleitet. Die Aktion erwies sich als Erfolg. Ein großer Teil der Zwerggänse kehrte im folgenden Jahr nach Öster-Malma zurück und wurde dort wieder eingefangen. Durch die Prägung auf verkleidete Menschen war die Gefahr von Hybridpaaren gebannt. Deshalb wurde im Jahre 2001 die „Aktion Zwerggans e. V." gegründet. Ziel war es, in den kommenden Jahren mithilfe von Ultraleicht-Flugzeugen jährlich Zwerggansgruppen mit bis zu 100 Vögeln von Schweden an den Niederrhein zu leiten und so in Fennoskandien schnellstens eine überlebensfähige Population aufzubauen. Gut 20 Jahre hängt diese Idee nun in der Schwebe. International gab es zahllose Diskussionen um die Bestandsstützung in Schweden. Die größten Hemmnisse sind heute wohl ausgeräumt, aber ob jemals wirklich erneut Zwerggänse einem Ultraleicht-Flugzeug nach Süden folgen werden, ist noch unsicher.

Niklas und Nina – ein besendertes Zwergganspaar

Gegenwärtig sind die schwedische und die norwegische Teilpopulation der fennoskandischen Region nahezu gleich groß und aufgrund der geringen Entfernung der Hauptbrutgebiete beider Subpopulationen – von ca. 500km – wahrscheinlich schon längst miteinander in Kontakt. Aus beiden Teilpopulationen gibt es Gutes zu berichten. Der Bestand in Schweden hat sich gut erholt, nachdem 2012 ein Seeadlerpaar fast die Hälfte der Population geschlagen hatte. Zwar zieht noch immer der größte Teil der Vögel nach Oude Land van Strijen in den Niederlanden, aber seit 2018 gibt es auch ein Überwinterungsgebiet in Deutschland. Der norwegische Brutbestand nimmt ebenfalls langsam zu, nachdem in einem aufwendigen EU-Projekt die Situation in den Wintergebieten in Ungarn und Griechenland deutlich verbessert wurde.

Unabhängig von den Entwicklungen in Skandinavien, wo aktuell nur ca. 0,3 % der Weltpopulation brütet, ist der weltweite Trend weiterhin rückläufig. Während die westeurasische Population sich anscheinend mehr oder weniger stabilisiert hat, leidet die osteurasische auch weiterhin unter einem katastrophalen Rückgang. Wenn diese Entwicklung nicht aufgehalten werden kann, wird es bald nur noch in der westlichen Paläarktis Zwerggänse geben. Aber auch dort sind die Bestände noch lange nicht gesichert.

Trotz einiger eindeutiger Artmerkmale sehen Zwerggänse sehr individuell aus.

Häufig sieht man sie erst, wenn sie fliehen: Weißwangengänse in den Salzwiesen des Wattenmeeres.

17 Watt und Salzwiesen

„Und jetzt kommen Sie mit in dieses Wunderland [..] und erleben hautnah das Wirken des Kosmos, in Ebbe und Flut, in Sturm, Sonne, Regen, Nebel oder Nacht – in den drohenden Wassern und im tausendfältigen Leben dieses wunderträchtigen Reiches."

Christian Eisbein „Geliebtes Wattenmeer" 1993

Zwischen Meer und Land – das Wattenmeer

Die Küste der Deutschen Bucht hat eine lange und ereignisreiche Geschichte. Ursprünglich lag ein großer Teil der Nordsee trocken. Die Gletscher der Eiszeit drückten schwer auf Skandinavien, und im Gegenzug wurde Norddeutschland mitsamt der Deutschen Bucht angehoben. Seit dem Ende der Eiszeit ist die gegenteilige Bewegung im Gange: Der skandinavische Teil unserer Kontinentalplatte hob sich wieder, entsprechend sank die Platte im Westen und die Nordsee entstand und vergrößerte sich. Über einen langen Zeitraum senkte sich das Land der Doggerbank, der Kanal zwischen England und Frankreich entstand. Und so bildete sich auch das Wattenmeer. Sturmfluten und die Gezeiten formten einen vielgestaltigen Lebensraum zwischen Wasser und Land. Gut dokumentiert sind die mittelalterlichen Sturmfluten, die teilweise ganze Landflächen wegrissen und zahlreiche Dörfer zerstörten. Während die Halligen Schleswig-Holsteins aus Resten der historischen Marschen bestehen, wurden die West- und Ostfriesischen Inseln vorwiegend durch Sandablagerungen gebildet.

Die kulturell bedingte Kehrtwende entstand durch die Erfindung des Deichbaus. Am niedersächsischen Festland, wie auch in den Niederlanden und in geringerem Maß in Schleswig-Holstein, wurde das verlorene Land seit dem späten Mittelalter dem Meer wieder abgerungen. So wurde der überwiegende Teil der Buchten des Dollarts, der Leybucht und des Jadebusens dem Meer wieder entrissen. Diese Areale nennen sich heute Polder, Groden oder Köge und lassen vor Ort erkennen, wie weit das Meer ursprünglich reichte. In Niedersachsen und Westfriesland ist von dem ehemals riesigen tidebeeinflussten Übergangsbereich vor dem Deich nur noch ein schmaler Streifen geblieben. In Schleswig-Holstein hingegen sind die Folgen der großen „Mannstränken" noch besser zu erkennen. Aus großer Höhe betrachtet bietet sich ein Flickenteppich aus Halligen, Inseln, Sandbänken und ein weit verzweigtes Netz aus Abflussrinnen (Prielen) und Strömen dar. Diesen Übergangsbereich zwischen offener See und festem Land nennt man Wattenmeer. Das Wattenmeer ist ein einzigartiger Lebensraum. Der Wechsel der Gezeiten – Ebbe und Flut – formt seit Urzeiten die Küsten der Nordsee. Die zwischen den Nordseeinseln und dem Festland gelegenen offenen Schlick- und Sandflächen nennt man „Watt". Dieser Bereich wird zweimal täglich überflutet. Sand, Tonsedimente und Schwebstoffe werden von den Flüssen ins Meer transportiert und durch die Gezeiten ständig verlagert. Sandbänke und Wattflächen entstehen, dazwischen Priele. Das Wattenmeer reicht auch in den Mündungsbereich von Ems, Weser, Elbe und Eider. Ein Lebensraum der kontinuierlichen Veränderung.

Hat die Flut ihren Höchststand erreicht, dann steht das Wasser für einen Moment still. Die Schwebstoffe im Wasser kommen zur Ruhe und setzen sich ab. Dies passiert besonders stark im Uferbereich, wo Pflanzen oder andere

Ebbe und Flut prägen auch die Nahrungsflächen der Weißwangengänse im Wattenmeer.

Strukturen das Wasser bremsen. Der erste Besiedler dieser Flächen ist der Queller *Salicornia* spec. Die absinkenden Sedimente lassen die Schlickflächen anwachsen, die Pflanzen halten sie mit den Wurzeln fest und über die Zeit entstehen hochgelegene Bereiche, die zunächst seltener, später nur noch bei Sturmfluten überschwemmt werden. Auf diesen Flächen – am wattseitigen Teil der Inseln oder vor der Festlandsküste – entwickelt sich eine typische und einzigartige Vegetation: die Salzwiese. Die Menschen an der Küste versuchen seit langem, den natürlichen Landzuwachs der Salzwiesen zu nutzen und zu beschleunigen. Mit Reisig verfüllte Pfahlreihen („Lahnungen") vor dem Uferbereich halten Schlick fest und fördern so die Auflandung. Gräben durch die Salzwiesen („Grüppen") entwässern das Vorland und machen es für die Weidetierhaltung nutzbar. Vor den schleswig-holsteinischen Deichen und auf den nordfriesischen Halligen gibt es über 10.000 Hektar Salzwiesen. In Niedersachsen sind es etwa 8.400 ha vor den Küstendeichen und an der Südseite der Inseln. Die offenen Watten vor den Salzwiesen verfügen über ein besonders reichhaltiges Nahrungsangebot.

Drehscheibe des Vogelzugs

Das Wattenmeer ist eine wichtige Drehscheibe des Vogelzugs. Die Vögel der Tundren Sibiriens, Nordrusslands, Skandinaviens, ja sogar Spitzbergens, Islands und Grönlands nutzen die nahrungsreichen Schlickflächen und die artenreichen, vielgestaltigen Salzwiesen als Tankstellen auf ihrem Zug weiter in den Süden, teils – wie die Küstenseeschwalben – bis an das andere Ende der Welt. Sie nutzen sie ebenfalls auf ihrem Heimzug in die nordischen Brutgebiete.

Das Wattenmeer und die Flussmündungen sind für viele Gänse wichtige Winterrastgebiete.

Einfliegende Ringelgänse an der Leybucht

Rund 10.000 Arten leben im Wattenmeer, vom einzelligen Organismus bis zum Kleinwal. Die Zahl der durchziehenden Vögel allein beträgt mehrere Millionen Individuen. Aus diesem Grund wurde das Wattenmeer von der UNESCO zum Weltnaturerbe erklärt. Bereits in den 1980er-Jahren wurden Nationalparke gegründet und die Gebiete seither in vielerlei Hinsicht geschützt. Noch ist nicht alles perfekt, aber wie viel erreicht wurde, lässt sich anhand der Schilderungen des Wattkenners und Bildhauers Christian Eisbein (1917–2009) in seinem Buch „Geliebtes Wattenmeer" über die 1970er-Jahre nachlesen: Die Nutzung der Salzwiesen konnte eingestellt oder in einen naturnahen Zustand entwickelt werden, die Wasservogeljagd ist heute sehr stark eingeschränkt und die Seehundjagd gänzlich untersagt. An vielen Stellen ließen sich weitere Eindeichungen und Industrieansiedlungen zum Schutz des Wattenmeeres verhindern.

Gänse im Wattenmeer

Dieser Lebensraum zwischen Wasser und Land ist wie gemacht für die Gänse. Die riesigen Wattflächen bieten sichere Schlafplätze für Tausende von Vögeln. Bei niedrigem Wasserstand können die Gänse auf den Schlick- und Sandbänken ruhen, bei Hochwasser schwimmen sie in dichten Gruppen vor der Küstenlinie. Von hier aus erreichen sie morgens leicht ihre Nahrungsflächen.

Ringelgänse – die einzigen Gänse, die nicht auf Süßwasser angewiesen sind, sondern das aufgenommene Salz des Meerwassers über Salzdrüsen am Kopf ausscheiden können – fressen sogar im Tidebereich Meeresalgen und Seegras. Ringelgänse sind die eigentlichen Gänse des Wattenmeeres. Sie bevorzugen vielfach die Gezeitenzonen und meiden Bereiche mit einem Salzgehalt von weniger 1,5 %. In den Flussmündungen sind sie daher kaum zu finden, hier dominiert die konkurrenzstärkere Weißwangengans und oftmals zudem die Graugans.

In den 1930er-Jahren wurde das Gewöhnliche Seegras *Zostera marina* durch eine Pilzinfektion fast vollständig ausgelöscht. Dies hatte weitreichende Auswirkungen auf die Ringelgänse, die zu dieser Zeit stark von der Art abhingen. Allerdings kommt im Wattenmeer noch eine weitere Seegrasart vor: das Zwerg-Seegras *Zostera noltii* oder *nana*. Dieses hat seinen Verbreitungsschwerpunkt vor der Küste von Dänemark und Schleswig-Holstein. Die Frühjahrskonzentration der Ringelgänse auf diesen Teil des Wattenmeeres erklärt sich nicht zuletzt durch diese Pflanze. Entsprechend nahmen die Rastzahlen der Ringelgänse auch besonders auf den Halligen und am Festland Schleswig-Holsteins mit der Bestandserholung des Seegrases in den 1980er-Jahren auch überproportional zu. Erst Ende der 1990er-Jahre wurden die ersten Ringelgänse auch auf Grünlandflächen direkt hinter dem Deich beobachtet.

Die Vorliebe für das Seegras ist für die Ringelgänse häufig eine Besonderheit: nicht der Wechsel von Tag und Nacht, sondern der von Ebbe und Flut bestimmen im Wattenmeer ihre Aktivität. Herrscht Hochwasser, suchen sie in den Salzwiesen Nahrung oder ruhen auf dem Wasser. Wenn die Ebbe naht, fliegen alle zur Nahrungssuche ins Watt hinaus. Wo es keine Salzwiesen gibt, wie auf der holländischen Insel Texel, halten sich die Vögel tagsüber im Grünland auf und wechseln zur Nacht ins Watt.

Mit dem Wachstum der ersten frischen Spreiten wechseln die Gänse in die Salzwiesen.

Das Salzwiesen-Paradies

Für die Weißwangen- wie auch die Ringelgänse sind die Salzwiesen wichtige Lebensräume im Jahresverlauf. Während die Weißwangengänse den Winter auf den binnendeichs gelegenen Grünlandflächen Niedersachsens und der Niederlande verbringen, zieht es die Ringelgänse bis in die Watten des Bassin d'Arcachon an die französische Atlantikküste. Vor ihrem Weg in die Arktis machen die Ringelgänse hier Halt, um in den Salzwiesen ihre Reserven aufzutanken. Kommt das Frühjahr und erwärmt den nassen Boden der Salzwiesen, dann sprießt die Salzwiesenvegetation, vornehmlich das Andelgras und der Meerstrandwegerich, und bietet den Gänsen einen reich gedeckten Tisch besonders wertvoller proteinhaltiger Nahrung. Auch die Weißwangengänse wechseln zu diesem Zeitpunkt vom Binnenland in die Salzwiesen. Bereits in den 1980er-Jahren wurde dieser typische Habitatwechsel in die Salzwiesen ab Mitte März am Beispiel der niederländischen Wattenmeerinseln Texel und Schiermonnikoog dokumentiert. Rudi Drent, der Groninger Gänseforscher, überschrieb die zugehörige Publikation mit dem griffigen Titel „How to have your cake and eat it", übersetzt etwa „Wie man seinen Kuchen bekommt und ihn verzehrt".

Letztlich ist es der proteinreiche und salztolerante Andelrasen, der es den Gänsen ermöglicht, bis zum Abflugtermin Ende Mai ausreichend Fettreserven aufzubauen. Ebenfalls sehr begehrt ist der Strandwegerich. Hier fressen die Ringelgänse die proteinreichen frischen Triebe regelmäßig ab. Messungen der Groninger Kollegen und Kolleginnen zeigten,

Die Salzwiesen sind für Weißwangen- und Ringelgänse die wichtigsten Gebiete im Frühjahr.

dass die Gänse nach durchschnittlich 4,7 Tagen zur Pflanze zurückkehrten. Bis zur Rückkehr waren 2,8 g/m² Biomasse nachgewachsen. Was ist der Grund? In einem Experiment wurde Strandwegerich beschnitten, um den Prozess zu simulieren. Das Experiment zeigte: die höchste Regeneration zeigt der Wegerich, wenn 40 % Biomasse abgeschnitten werden. Die Gänse fraßen etwa 35 % des Zuwachses. Hierdurch sorgen die Vögel für die höchstmögliche Biomasseproduktion des Wegerichs. Im Binnenland dagegen wächst durch die Entwässerung der Flächen und die warmen Temperaturen das Gras in diesem Zeitraum stark und „altert" schon, das heißt, der Gehalt an Protein nimmt ab, der an Faserstoffen zu. Ähnlich wie beim Strandwegerich und Andel im Außendeich bleibt das Gras für die Gänse nur noch dort nutzbar, wo sie es täglich abfressen und damit jugendlich halten können. Die Salzwiesen wachsen dagegen durch den starken Einfluss des Meeres verspätet und langsamer. In den niedrig gelegenen Bereichen der Salzwiese haben zudem hochwüchsige Pflanzenarten keine dauerhafte Überlebenschance.

Am Dollart sind die beweideten Salzwiesen sehr attraktiv.

In den höheren Bereichen der Salzwiese beobachteten niederländische Kollegen und Kolleginnen ein spannendes Wechselspiel zwischen Feldhasen und Gänsen. Reicht die Beweidung der Salzwiese durch die Gänse dauerhaft aus, um in den kommenden Wintern noch attraktive Weideplätze zu garantieren? Tatsächlich sind die Gänse im Winter durch die täglich wiederkehrende Beweidung in der Lage, diese Bereiche in einer Phase energiereicher Sprossen- und Blattbildung, das heißt in stetem Wachstum zu halten. Doch endet dies mit dem Abzug der Vögel im Mai. Tatsächlich sind es nun Hasen, die ein starkes Aufwachsen des Andelgrases verhindern. Die Hasen haben allerdings ein Problem: Hochwasser. Sie benötigen den freien Zugang zu den Dünen (oder

Weißwangengänse weiden die Vegetation mit kurzen Schnäbeln ab.

Ringelgänse sind typische Salzwiesenbewohner. Selten findet man sie auf Feldern direkt hinter dem Deich.

dem Deich), um sich bei hohen Fluten retten zu können. Undurchlässige Zäune gefährden also das Zusammenspiel der verschiedenen Pflanzenfresser in der Salzwiese.

Neben den Hasen gibt es noch weitere wichtige Pflanzenfresser in der Salzwiese, die eine ähnliche Rolle spielen: So reduzieren auch die brütenden Graugänse während des Sommerhalbjahres den Aufwuchs. Sehr ähnlich wirken auch Weidetiere in den Salzwiesen, wie dies bis in die 1980er-Jahre sehr intensiv der Fall war. Für die Gänse waren die von Schafen oftmals auf Golfrasenniveau abgefressenen Salzwiesen durchaus attraktiv. Nach Gründung der Nationalparke wurde aber diese intensive Form der Salzwiesenbewirtschaftung zurückgefahren. In einigen Teilen der stark vom Menschen überformten hochgelegenen Festlandssalzwiesen wuchs hohe Vegetation schnell auf, teilweise machte sich Ackerquecke, ein hartes unattraktives Gras, großräumig breit.

Die heute deutlich naturnäheren Salzwiesen bieten im Winter ein Mosaik aus lebenden oder abgestorbenen hohen Stauden, Strandflieder, staunassen Flächen und Inseln mit Andelrasen und anderen Salzwiesenpflanzen. Die Gänse suchen hier nach wie vor Nahrung, sind aber oftmals in der Vegetation kaum zu sehen. Aber in Verbindung mit der Zunahme von Gänsen hinter dem Deich führt dieser naturnahe Zustand der Salzwiesen immer wieder vor Ort zu heftigen Diskussionen über das Management im Nationalpark. Bis heute werden einige Teile der Salzwiesen Niedersachsens sogar gezielt für den Vogelschutz beweidet. In Schleswig-Holstein sind viele der Salzwiesen bei Gründung des Nationalparks von der Beweidung ausgenommen worden, was ihre Kapazität für die Gänse verringert, andererseits wurden vor allen Dingen die Halligen beim Nationalpark ausgespart, sodass größere Teile der schleswig-holsteinischen Salzwiesen weiterhin bewirtschaftet werden.

18 Gänse und Landwirtschaft – ein unlösbarer Konflikt?

Es ist eine Situation, in der es schwierig ist, den Sinn für Proportionen zu behalten. Naturschützer neigen dazu, zu vergessen, dass die Hauptfunktion des Landes darin bestehen muss, Nahrung zu produzieren und die Errungenschaften in dieser Hinsicht zu ignorieren. Vielleicht ist nicht jeder Landwirt so beunruhigt, wie er es sein sollte, dass der Steinadler und der Wanderfalke als Ergebnis seiner Bemühungen in diesem Land vom Aussterben bedroht sind, während viele Vögel, Säugetiere, Reptilien, Amphibien, Fische und Insekten schwere Verluste erlitten haben. [...] Ich hoffe zu zeigen, dass Wildvögel und intensive Landwirtschaft keineswegs unvereinbar sind.

Jeffery Harrison "A Wealth of Wildfowl" 1967

Der Horizont wird dunkel von Gänsen. Eine riesige Schar Weißwangengänse – sicher ein paar Tausend – ist lärmend aus der Salzwiese aufgeflogen und steuert Richtung Binnenland. Sie landet auf einer ausgedehnten Grünfläche zwischen zwei Gehöften. Nach der Landung stehen die Vögel noch wachsam, mit erhobenem Kopf, und mustern ihre Umgebung. Schon bald senken jedoch die ersten ihre Köpfe und beginnen zu fressen. Immer mehr tun es ihnen nach. Man glaubt, das Grasrupfen auch aus der Ferne zu hören. Wie lange werden

Weil Weißwangengänse in großen Trupps auftreten, lösen sie immer wieder Konflikte mit Landwirten aus.

sie bleiben? Wieviel werden sie vom grünen Aufwuchs fressen, wieviel übrig lassen für Schafe und Rinder? Das ist eine große Sorge der Landwirte.

Vielfraße mit Düngewirkung

Gänse ernähren sich vorwiegend von Gras. Ökologisch gesehen sind sie Blattfresser. Ohne spezialisierte Verdauung kann solche Ernährung nicht sonderlich viel Energie liefern. Weder die Blätter noch die Stängel der Graspflanzen enthalten viele Proteine, Zucker oder sonstige lösliche Kohlenhydrate, die leicht verdaulich sind. Noch dazu ist alles Plasma mit harten Zellwänden aus Zellulose umschlossen und oft noch „verholzt". Das bedeutet, die Zellwände sind mit dem Holzstoff Lignin imprägniert, um der Pflanze mehr Halt zu gewähren. Rinder und Schafe haben ein besonderes Verdauungssystem entwickelt, das für den effektiven Abbau von harter Blätternahrung angelegt ist. Als Wiederkäuer verfügen sie über viel Verdauungsraum und -zeit sowie große Mengen symbiotischer Bakterien, die beim gemächlichen Aufschließen der raufaserhaltigen Nahrung helfen. Gänse haben solche Bakterien nur in geringer Menge in ihrem vergleichsweise kurzen Darm und den Blinddärmen. Die Anpassung ihres Verdauungssystems ist nämlich durch eine zusätzliche Anforderung an ihren Körper limitiert: das Fliegen. Wollen sie flugfähig bleiben, darf ihr Körpergewicht durch die Nahrungsaufnahme und die Verdauung nicht zu stark steigen. Lange Därme für ausgedehnte Verdauungszeiten und zusätzliche Mengen an Bakterien in den Därmen würden die Vögel zu schwer machen.

Tundrasaatgänse finden sich meist nur im Frühjahr auf Grünland und verlassen Westeuropa sehr zeitig.

In der Stammesgeschichte der Gänse hat sich daher eine Darmpassage entwickelt, während der nur die stofflichen Teile der Pflanzen abgebaut werden, die von Schnabel und Magen direkt zugänglich gemacht werden. Und das muss schnell gehen. Von der organischen Substanz der Nahrung werden nur maximal 37 % verdaut. Die darin vorhandenen Proteine werden wiederum nur zu 69 bis 85 % entnommen. Der relativ trockene Kot der Gänse ist daher noch weitgehend grün, und häufig sind sogar richtige Blattstücke darin zu finden. Gänsekot enthält noch sehr viele Nährstoffe und, auf den Weideflächen hinterlassen, entwickelt er eine hervorragende Düngewirkung, die einen großen Teil der entnommenen Biomasse kompensiert. Weil Gänse so eilig und unvollkommen verdauen, benötigen sie allerdings auch viel Nahrung. Sie fressen nahezu während der gesamten verfügbaren Zeit des Tages und an den kurzen Wintertagen nicht selten auch in mondhellen Nächten. Sie behalten die Nahrung nur 40 Minuten bis 1,5 Stunden in sich und geben alle paar Minuten eine Kotstange auf die Weidefläche ab. Bei den meisten Gänsen geschieht das alle vier bis sechs Minuten, je nach Lebensraum, in dem sie sich aktuell aufhalten.

Das neue Nahrungsangebot – Intensivierung der Landwirtschaft

In West- und Mitteleuropa überwintern Gänse heute in intensiv vom Menschen beanspruchten Gebieten. In den vergangenen Jahrhunderten wurden ihre ursprünglichen Lebensräume wie Moore, natürlich mäandrierende Flussläufe mit ihren Niederungen und die Salzwiesen des Wattenmeeres weitgehend verändert oder gänzlich zerstört. Dies begann schon im Mittelalter, intensivierte sich im Rahmen der Moorkultivierungen ab dem 19. Jahrhundert, aber erst nach dem 2. Weltkrieg griff dieser Prozess durch die Mechanisierung und Industrialisierung der Landwirtschaft richtig um sich. Die Gänse mussten sich an die veränderten Bedingungen anpassen und neue Nahrungsquellen finden und erschließen. Eine willkommene Möglichkeit ergab sich für sie durch die in den sechziger Jahren einsetzende Intensivierung der landwirtschaftlichen Produktion: Der verstärkte Einsatz von Kunstdünger veränderte alles. Die Nahrung wurde proteinreicher und damit attraktiver. In der Folge wechselten viele pflanzenfressende Wasservögel von ihren Ursprungshabitaten auf landwirtschaftlich genutzte Flächen.

Historisch gesehen verlief der Wechsel der Vögel ins Agrarland ziemlich synchron mit dem landwirtschaftlichen Strukturwandel: Zunächst wurde ab den 1960er-Jahren vor allem der Ackerbau intensiviert. Die Gänse entdeckten Wintergetreide und Zuckerrübenreste, dann vermehrt auch Raps als Nahrungsquelle. Erst später erfasste die Intensivierungswelle auch das Grünland. Großflächige Flurbereinigungen, Flurneuordnungen, Entwässerungsmaßnahmen, regelmäßige Mahd und die nachfolgend stark steigende Düngung werteten das Grünland für die Gänse auf. In der Evolution waren sie als Zugvögel darauf selektiert, unter den für sie möglichen Nahrungsquellen jeweils die profitabelste zu wählen. Aus diesem Grund halten sich die meisten Gänsearten spätestens seit Ende der 1980er-Jahre während des Winters und Frühjahrs wieder auf Grünlandflächen auf. Hier wächst energiereiche Nahrung in hoher Dichte, weit mehr als im Getreidefeld.

Durch Gülle und künstliche Mineraldüngung sowie aus der Luft werden den landwirtschaftlich genutzten Weideflächen seither immer mehr Nitrat, Phosphat und andere das Wachstum der Pflanzen fördernde Mittel zugeführt. Dies bringt auch eine stark verbesserte Nahrungsqualität für die Gänse mit sich: Sie erhalten viel mehr Protein. Die Bevorzugung von proteinreicher Nahrung wurde schon in den natürlichen Salzwiesen nachgewiesen: Gänseforscher der Universität Groningen düngten kleine Probeflächen auf der Insel Schiermonnikoog. Die Gänse bevorzugten anschließend diese proteinreichen Flächen deutlich.

Neben der Nahrungsqualität verbesserte sich durch die landwirtschaftliche Intensivierung auch die zeitliche Nahrungsverfügbarkeit für Gänse. Die entwässerten Niederungen lassen bereits früh im Jahr ein starkes Pflanzenwachstum zu. Durch ihren gesteigerten Protein- und Energiegehalt werden die Gräser des Wirtschaftsgrünlands besonders attraktiv als Nahrungsquelle für die Vögel, die sich insbesondere im Frühjahr Fettreserven für den Heimzug und die Brutzeit anfressen müssen. Wer auf diesen Flächen weidet, deckt selbst an den kurzen Wintertagen rasch seinen Energiebedarf und erreicht im Frühjahr schneller das notwendige Startgewicht für die Reise. Vom Zeit-

Fallen Gänse auf Getreidefeldern ein, kann es zu hohen Schadensersatzforderungen kommen.

punkt der Abreise und dem Körpergewicht zu dieser Zeit hängen das Überleben auf dem langen Zug und der Erfolg der Brut ab (Kap. 5). Deshalb stehen die Vögel unter enormem Druck, ihre Energiebilanz zu optimieren und solche nahrungsreichen Flächen zu nutzen. Also alles gut für die Gänse?

Auf Seiten der Ökologen hat sich in jüngerer Zeit eine kritische Frage dazu erhoben: Ist das Industriegrünland vielleicht gar nicht geeignet, die Vögel mit allen nötigen Nahrungsstoffen zu versorgen, um später die Fortpflanzungsphase erfolgreich zu überstehen? Die Gänse wissen die Antwort nicht. Es gibt aber Indizien dafür, dass ihnen ein Übermaß nicht guttut. Gänse mit einem sehr hohen Abfluggewicht kommen verspätet im Brutgebiet an und haben später auch weniger Küken. Sie haben ihr Optimum in Richtung auf ein unverträgliches Maximum überschritten. Die fortwährende Intensivierung der landwirtschaftlichen Produktion könnte für die Gänse also auch eine biologische Falle sein. Ein „Junkfood"-Problem im Gänseland.

Die Intensivierung hatte jedoch auch andere, erheblich negativere Folgen für die Vogelwelt. So wurde in vielen Regionen großflächig in das Wasserregime eingegriffen (Trockenlegungen, Meliorationen), und die für Gänse wichtigen Nassflächen verschwanden. Ein gutes Beispiel ist das Leda-Jümme Gebiet in Ostfriesland. Diese Niederung war noch in den 1940er-Jahren im Winter weiträumig überschwemmt und nach den Schilderungen des englischen Offiziers und späteren internationalen Koordinators für Wasservogelzählungen George Atkinson-Willes ein Eldorado für viele Wasservogelarten. Anfang der 1950er-Jahre wurde dann ein Sperrwerk gebaut, um das Hochwasser abzuhalten. Die Wasservogelscharen verschwanden. Erst nachdem Ende der 1990er-Jahre wieder naturnahe Wasserflächen geschaffen wurden, kehrten auch die Vögel zurück. Doch wie es scheint, erreichen die Zahlen bei Weitem nicht die früheren Bestände.

Die verbesserte Qualität der Nahrung hat die Erholung der von landwirtschaftlichen Änderungen und Verfolgung schwer betroffenen Gänsepopulationen begünstigt, obwohl die natürlichen Lebensräume durch die weitgehende Zerstörung der Moore und große Eindeichungen der Salzwiesen sehr viel kleiner geworden sind. Die energiereichen landwirtschaftlichen Flächen ermöglichen das Überleben von mehr Vögeln auf kleinerer Fläche. Ob die damit einhergehende Konzentration von Vögeln in wenigen Regionen und die großen Truppgrößen negative Auswirkungen auf die Gänsepopulationen haben, ist bisher noch unklar. Durch ihre Abhängigkeit von Industriekulturen könnten die Gänsepopulationen sogar gefährdet werden, wenn sich die Subventionspolitik ändert und danach auch die Landnutzung. Auch besteht bei großen Vorkommen ein Risiko, dass sich Krankheiten wie die Vogelgrippe leichter verbreiten. Wahrscheinlich hat es in den Ursprungshabitaten diese sehr großen Ansammlungen an Gänsen nie gegeben.

Weißwangengänse in Westerhever. Da die Gänse hier bis in den Mai bleiben, gibt es oft Konflikte.

Aus Sicht der Landwirtschaft

Deutlich weniger begeistert als die Gänse reagieren oftmals die Landwirte in solchen Regionen, wenn die Vögel sich in großer Zahl auf ihren Flächen einfinden. Große Gänsescharen fressen das landwirtschaftliche Grün in kürzester Zeit kurz. Das „Flächenmanagement" der Gänse (Kap. 10) bewirkt einen hohen Proteingehalt und gute Verdaulichkeit während des Aufenthalts der Gänse, zugleich aber eine sehr kurze Graslänge. Eine solche Nahrung ist wichtig für die Gänse vor der großen Reise in die Arktis. Der Landwirt hingegen ist an einer möglichst großen Biomasse zum ersten Schnitt Anfang Mai interessiert, denn seine Kühe können auch reiferes Gras verdauen. Was aus Sicht der Gänse optimal ist, muss es nicht für den Landwirt sein.

Da die Kühe im Winter im Stall sind, bedeutet die Gänseweide auf dem winterlichen Grasland noch keinen großen Verlust, dagegen können die Schäden auf Wintersaat oder auf Grünland im Frühjahr groß sein.

Bereits in den 1950er-Jahren war daher die Frage nach der Auswirkung von Gänsebeweidung auf die Flächen auch immer wieder Anlass für wissenschaftliche Studien. Den Anfang machte dabei eine Untersuchung der Engländerin Janet Kear vom Wetlands & Wildfowl Trust (WWT) in Slimbridge in Großbritannien zu der Frage, ob Gänsekot für Schafe schädlich oder abschreckend ist. Die chemischen Inhaltsstoffe von Gänsekot wurden bereits damals bestimmt und untersucht. Am Ende zeigten Schafe keine Meidung von Flächen mit Gänsekot, auch wenn sie diesen selbst nicht fraßen.

Gänse auf Wintersaat

In den ersten Jahren richtete sich das Hauptaugenmerk auf die Untersuchung von Gänsebeweidung der Getreidefelder, die vielerorts zwischenzeitlich auch in den vormaligen Gänserastgebieten angelegt worden waren und nun von den wiedererstarkenden Gänsebeständen als neue Nahrungsquelle angenommen wurden. Dabei ist die Frage nach einem nachweisbaren Schaden in frisch aufwachsenden Getreidefeldern sehr unterschiedlich zu beantworten: Der Weideschaden ist eben nicht nur von der Zahl der Tiere und der Dauer ihres Aufenthaltes, sondern auch vom Zeitpunkt ihres Besuches, der herrschenden Witterung, dem Boden und auch dem nachfolgenden Wetter in der Wachstumsperiode abhängig.

Grundsätzlich haben sich Gräser (also auch Getreide) über viele Millionen Jahre daran angepasst, abgefressen zu werden und sich anschließend zu regenerieren. Biomassenentnahme oder Weideschaden ist also nicht mit Ernteschaden gleichzusetzen. Dies gilt natürlich nur bis zu einem gewissen Grad; wird die Regenerationsschwelle der Gräser überschritten, kann die Ernte im nachfolgenden Sommer geringer ausfallen oder sich auch die Zusammensetzung der Vegetation ändern – gegen Fraß unempfindlichere Pflanzenarten setzen sich dann stärker durch. Im modernen Ackerbau bedeutet Gänsebeweidung aber vor allem, dass das Getreide auf den verschieden beweideten Teilflächen eines Feldes zu unterschiedlichen Zeitpunkten reif wird. Der Landwirt muss also Teilbereiche getrennt ernten

Dort wo das Grünland verschwunden ist, suchen die Weißwangengänse auch Felder auf.

oder aber die Ernte künstlich nachtrocknen. Im schlimmsten Fall – vor allen Dingen, wenn dann noch Staunässe oder große Blänken auftreten – kann es auch zu Totalausfällen der Saat kommen, die eine Neueinsaat erfordern. Das alles bringt unerwünschte Mehrkosten für den Landwirt mit sich.

Wintergänse im Grünland

Etwas einfacher scheint die Lage im Grünland zu sein. Bis in die 1980er-Jahre wurde landwirtschaftliches Grünland von Mai oder Juni bis in den Herbst vornehmlich als Weidefläche oder ab Juli zur Heugewinnung genutzt. Konflikte mit den Gänsen, die sich hier von November bis spätestens März aufhielten, traten nicht auf. Dies änderte sich jedoch im Zuge der Intensivierung der Milchviehwirtschaft: Jetzt wurden die vormaligen standortgebundenen Grasnarben umgebrochen, auf den Grünlandflächen besonders proteinreiche Grassorten gesät und die großflächige Nutzung des Grünlandes als Umtriebsweide in eine mehrschürige Wiese umgewandelt (bis zu fünfmalige Mahd: erster Schnitt Mitte April/Anfang Mai, letzter Schnitt Oktober/November). Gleichzeitig erschienen die Wintergänse früher im Überwinterungsgebiet und flogen immer später ab. In den 1970er-Jahren kamen dann in den Niederlanden und wenig später auch in Deutschland die Diskussionen über Gänseschäden im Grünland auf und erste Untersuchungen wurden veranlasst.

Verallgemeinert lässt sich heute feststellen: Keinesfalls führt jeder Gänsebesuch zu Mindererträgen bei der Grasernte. Vielmehr hängt der Ertrag sehr stark von der Dauer und Häufigkeit der Besuche, dem Zeitpunkt, den

Bläss- und Weißwangengänse landen auf einer Weide in der Krummhörn (Ostfriesland).

beteiligten Gänsearten und der Witterung ab. In Gebieten mit sehr großen Gänsezahlen, vor allen Dingen mit vielen Weißwangengänsen, können beim ersten Schnitt Ende April oder Anfang Mai Ertragseinbußen in durchaus erheblichem Ausmaß gemessen werden. An den späteren Mahdterminen lässt sich aber kein solcher Einfluss mehr nachweisen. Anscheinend wird das Graswachstum durch die Gänse zeitlich um einige Wochen zurückversetzt. Der Besuch der Gänse im Herbst bleibt ganz folgenlos, da das Grünland im Winter von den Landwirten nicht genutzt wird und Gänsefraß zu der Zeit sich nicht auf das Wachstum im Frühjahr auswirkt.

Aus den Küstenbereichen werden die größten Weideschäden schwerpunktmäßig von relativ deichnahen, von den Weißwangengänsen häufig besuchten Flächen gemeldet. Hier treffen zwei Entwicklungen der letzten Jahrzehnte zusammen, die sich gegenseitig verstärken: Einerseits hat sich das Zugverhalten der Weißwangengänse verändert (vgl. Kap. 7) und die Vögel müssen länger im Einzugsbereich des Wattenmeeres bleiben; andererseits hat sich der Termin für den ersten Grasschnitt im Zuge der Entwässerung der Niederungen und der Klimaerwärmung von Anfang Juni in den 1950er-Jahren auf mittlerweile den Monatswechsel April / Mai vorverlagert. Eine Entwicklung, die nicht zuletzt auch für die Wiesenvögel wie Kiebitz, Uferschnepfe und Co. dramatische negative Auswirkungen hat und diesen Arten mittlerweile die vorderen Plätze auf den Roten Listen sichert. Die Gänse bleiben länger, der Grasschnitt erfolgt früher: Das verstärkt den Konflikt mit den Landwirten. Möglicherweise ist die andauernde Grünlandintensivierung sogar der treibende Faktor für das Bestandswachstum gerade der Weißwangengans-population.

In den binnenländischen Gänsegebieten werden Schäden sowohl von Acker- als auch von Grünlandflächen gemeldet. Mit Ausnahme von Nordrhein-Westfalen und Niedersachsen, wo die Grünlandflächen eine Mehrheit der gemeldeten Schadflächen ausmachen, liegt der Schwerpunkt der gemeldeten Gänseschäden im übrigen Deutschland vornehmlich auf Ackerflächen. Hier sind überwiegend Winterweizen, Wintergerste und Raps sowie in den letzten Jahren auch vermehrt Rollrasen- und Grassaat-, Zuckerrüben- und Kartoffelkulturen betroffen. Bei Ackerkulturen werden die Ernteschäden im Gegensatz zum Grünland nicht im Frühjahr, sondern erst im Sommer oder Herbst messbar. Zwischen der Beweidung im Frühjahr und dem Ernteschaden liegen oft Monate des Wachstums, der Regeneration und des Reifens. Das erschwert häufig den sicheren Nachweis von Ursache und Wirkung.

Sommergänse im Grünland

Aufgrund von Aussetzungen übersommern und brüten immer mehr Gänse in Mittel- und Westeuropa. Seit dem 17. Jahrhundert brütet die Kanadagans in Großbritannien, seit Mitte des 20. Jahrhunderts auch in Schweden, den Niederlanden und Deutschland. Die wieder eingebürgerte Graugans kam ab den 1950er-Jahren hinzu, auch die natürlichen Restvorkommen konnten sich wieder erholen und ausbreiten. Wenige Jahre folgten später aus Gefangenschaft entflohene Nil- und Rostgänse sowie, als vorläufig letzte Neuansiedlung, die sich stetig weiter über Europa verbreitende Weißwangengans. Aufgrund der milderen Winter und der intensiven Landwirtschaft gibt es für diese Vögel kaum jemals kritische Lebensphasen und Nahrungsengpässe. Den Beständen dieser Arten geht es offenbar blendend; sie wachsen und verbreiten sich zunehmend. Da sie ganzjährig bei uns leben, also auch im Sommer hier sind, nennt man diese Gänse „Sommergänse".

Obwohl die Sommergänse zahlenmäßig noch bei weitem nicht so häufig sind wie die Wintergänse, nehmen in den letzten Jahren die Klagen aus der Landwirtschaft über Schäden sprunghaft zu. Die Auswirkungen der Beweidung landwirtschaftlicher Kulturen durch Gänse im Sommer sind, nach bisherigen Erkenntnissen, häufig größer als die durch Wintergänse, weil die Sommergänse die Feldfrüchte (z. B. Mais, Zuckerrüben) im Keimungsstadium, in der Hauptwachstumsphase oder kurz vor der Ernte abfressen. Mancherorts beweiden sie landwirtschaftliche Kulturen, die sich gerade von einer winterlichen Beweidung durch die bereits abgezogenen Wintergänse erholen. In der Folge melden Landwirte Sommergansschäden von Mähgrünland, Grasäckern sowie Mais-, Getreide-, Zuckerrüben- und Kartoffelkulturen. Gemessen an den Ernteschäden, die durch Hitze und Trockenheit in den vergangenen Sommern entstanden sind, sind diese jedoch volkswirtschaftlich eher gering, für den einzelnen Betrieb sind sie aber oftmals relevant.

Hinzu kommen Beschwerden aus dem städtischen Raum über Verschmutzung von Naturbädern, Parkanlagen und Liegewiesen durch Gänsekot. Die kurzrasigen Flächen am Gewässerufer sowie die regelmäßige Fütterung durch Besucher locken eine wachsende Zahl Gänse an, die zusammen mit den ebenfalls angelockten Enten mit ihrem Kot die Gewässer eutrophieren und die Rasenflächen verschmutzen. Darüber hinaus bewirken Tritt und Übernutzung der Grasnarbe, dass das Gras lückig und die Vielfalt an Kräutern größer wird, was für Liegewiesen und Rasenflächen in Parkanlagen nicht erwünscht ist.

Gänseschäden vermeiden – unterschiedliche Wege

Die weitgehende Zerstörung der ursprünglichen Lebensräume und die damit für die Gänse erzwungene Nutzung landwirtschaftlicher Flächen erzeugt ein grundsätzliches Problem: Da die Gänse nirgends „zurück in ihre Gebiete" können, entsteht die Frage, ob man die Ertragseinbußen für die betroffenen Landwirte auf irgendeine Weise vermeiden, reduzieren, kompensieren kann?

Vorreiter Niederlande

Die jeweiligen Staaten und Bundesländer sind hier in der Vergangenheit sehr unterschiedliche Wege gegangen. Die meisten Experimente und Erfahrungen zur Schadensvermeidung haben die Niederlande gemacht. Bereits ab den 1970er-Jahren wurden dort Weideschäden finanziell ausgeglichen – auf der Basis von Schätzungen regionaler Kommissionen. Ab 1990 nannte sich das Programm „Ruimte voor ganzen" (übersetzt: „Platz für Gänse"). Die Gänse sollten sich möglichst gut verteilen und die Landwirte sollten für Weideschäden entschädigt werden. Allerdings stiegen die jährlichen Zahlungen mit der Zeit auf viele Millionen Euro an, deutlich stärker als die Gänsezahlen selbst. Im Jahr 2000 wurden mit einem neuen Jagdgesetz fast alle Vogelarten in den Niederlanden aus dem Jagdrecht gestrichen, auch die Saat-, Bläss- und Graugänse. Da die Schadensmeldungen weiter anstiegen, entschied man sich kurze Zeit später und nach umfangreichen Voruntersuchungen zu einem Systemwechsel: Die Gänse sollten jetzt durch Vergrämungsmaßnahmen, im Notfall auch mit Abschüssen, in Duldungsgebieten konzentriert werden. Ein System aus „Go" und „No Go"-Gebieten sollte die Lage beruhigen. Faktisch scheiterte dieses vielversprechende Konzept leider an einer inkonsequenten Umsetzung. So war die Tolerierung der Gänse auf den landwirtschaftlichen Flächen innerhalb der Duldungsgebiete nur freiwillig. Wer bei dem Programm nicht mitmachen wollte, durfte die Gänse von seinem Land trotzdem vertreiben, bekam dann lediglich keine Vergütung für die Duldung der Gänse. Dennoch wurde im Falle von Gänsefraßschäden eine Entschädigung für den festgestellten Schaden gezahlt. Jäger, die zur Schadensabwehr eine Ausnahmegenehmigung erhielten, lagen nicht an den Schadensflächen auf der Lauer, sondern dort, wo mit einem hohen Jagderfolg zu rechnen war: auf der Strecke zwischen den geschützten Schlafplätzen und den Duldungs-

Nur selten treten Gänse in direkter Konkurrenz zu den Weidetieren auf.

gebieten. Auch waren die Duldungsgebiete für die Zahl der Gänse etwas klein bemessen. All dies hatte zur Folge, dass dieses im Prinzip gut erdachte Konzept scheiterte.

Um 2010 sollte nicht zuletzt aufgrund steigender Probleme mit den vor Ort beheimateten Grau-, verwilderten Haus-, Kanada- und Weißwangengänsen eine „Gänse-Vereinbarung" (niederl. „ganzenakkoord") neue Wege öffnen, die eine massive Reduktion der sommerlichen Bestände mit der Wiedereinführung eines vollständigen Jagdverbots auf die winterlichen Gänse zu verknüpfen versuchte. Diesmal waren zahlreiche Interessenverbände von der Regierung einbezogen worden und das Konzept sollte einvernehmlich umgesetzt werden. Letztlich ist das Vorhaben an den niederländischen Landwirten und der Jägerschaft gescheitert. Die niederländischen Jäger auf der einen Seite befürchteten einen Schaden ihres Ansehens, wenn sie als „Schadensvermeider" jährlich abertausende Gänse erlegen sollten. Die Landwirtschaftsverbände auf der anderen Seite wollten die geplante Jagdruhe für Wintergänse nicht akzeptieren.

Danach wurde die Verantwortlichkeit von der niederländischen Regierung auf die Provinzen verlagert. Heute besteht dort eine regionale, oftmals undurchsichtige Regelungsvielfalt: Von der Massentötung sommerlicher Mauserbestände mit CO_2-Gas, über den Einsatz der Jagd zur Schadensabwehr bis zu einer für deutsche Verhältnisse hohen Kompensation von Ertragsausfällen.

Deutschland: auch nicht besser

Kaum besser sieht es in Deutschland aus. So werden die Weideschäden der in Nordrhein-Westfalen überwinternden Gänse den Landwirten am Unteren Niederrhein finanziell ausgeglichen, nicht aber die Auswirkungen der Gänse im Sommer. Auch gilt diese Regelung nicht für Gänse z. B. an der Mittelweser. Die Jagd auf Bläss- und Saatgänse ist landesweit nicht erlaubt. Für Grau-, Kanada- und Nilgans sind bestimmte Jagdzeiten offen, aber zur Vermeidung von Verwechslungen sind diese Jagdzeiten in den wichtigsten Gänsegebieten des Landes während der Hauptüberwinterungsperiode der Wintergänse geschlossen.

In Niedersachsen geht man den Weg, dass betroffene Landwirte in ausgewählten Vogelschutzgebieten „Gänseschutzverträge" mit dem Land abschließen können. Ziel des Programms ist es, für beruhigte Bedingungen in den Schutzgebieten zu sorgen und so diese für alle Rastvögel attraktiver zu machen. Da dies nur als Programm für das europäische Natura 2000-Netzwerk gilt, wird die Hälfte der jährlichen Kosten von 7 Mio. Euro von der Europäischen Union übernommen. Den Landwirten werden verschiedene Vertragsmodelle von einer Duldungsprämie bis hin zu einem kombinierten Gänse-Wiesenvogelprogramm angeboten. Die Nachfrage überschreitet mittlerweile die gegebenen finanziellen Möglichkeiten, insbesondere für die Vertragsvariante mit kaum spürbaren Auflagen. Seit 2015 wird in einem Pilotprojekt zudem geprüft, ob besonders starke Ertragseinbußen zusätzlich mit einem „Rastspitzenmanagment" kompensiert werden können. Außerhalb der Schutzgebiete allerdings gibt es keine Angebote, selbst wenn die Ertragseinbußen das Maß in den Schutzgebieten überschreiten. Verständlicherweise führt dies zu erheblichem Unmut bei den betroffenen Landwirten, zumal die Abgrenzung der EU-Vogelschutzgebiete häufig nicht nur nach fachlichen Kriterien vorgenommen wurde. Eine Bejagung ist nur für Grau-, Kanada- und Nilgänse erlaubt, in ausgewählten Vogelschutzgebieten aber nur verkürzt. Im Januar 2021 wurde zudem die Jagd auf Weißwangengänse erleichtert, eine entsprechende Verordnung steht derzeit noch aus, doch Naturschutzverbände bezweifeln die Rechtmäßigkeit, da die Weißwangengans nach EU-Recht nicht jagdbar ist. Im November 2020 beschloss der niedersächsische Landtag zudem einen Richtungswechsel im Artenschutz. Mit dem sogenannten „Niedersächsischen Weg" kam man einem laufenden Volksbegehren zuvor, indem man Regierung, Landwirtschafts- und Naturschutzverbände zusammenbrachte. Diese einigten sich auf ein Zukunftsprogramm für den Artenschutz. Welche Auswirkungen diese neue Politik auf die Gänse haben wird, ist derzeit unklar.

In Schleswig-Holstein gibt es finanzielle Leistungen nur auf den Halligen im Wattenmeer. Auf rund 12.000 ha können auch hier Landwirte am Vertragsnaturschutz teilnehmen. Zusätzlich wurde in den letzten Jahren versucht, stark betroffenen Landwirten durch zusätzliche Weideflächen aus einem „Flächenpool" der Naturschutzstiftung oder des Landes zu helfen, Nahrungsknappheit für das Vieh zu vermeiden. Seit mehr als zehn Jahren hat man in der Jagd-

Immer wieder werden die Gänse von Feldern vertrieben. Das kostet Energie, die später kompensiert werden muss.

zeitenverordnung die rechtlich sehr umstrittene Möglichkeiten zur Bejagung der nach europäischem Recht geschützten Weißwangengans geschaffen, für die sich nun auch die EU Kommission interessiert. Außer für die Ringelgans gibt es damit in Schleswig-Holstein für alle Gänsearten Jagdregelungen.

Auch in anderen Bundesländern setzt man überwiegend auf die Jagd zur Lösung der Konflikte zwischen Landwirtschaft und Gänsen. Noch in den 1990er-Jahren gab es in Mecklenburg-Vorpommern und Brandenburg recht umfangreiche Gänse-Programme. Letztlich hält jedes Bundesland den Föderalismus hoch und kocht ein eigenes Süppchen, oftmals auch getrieben vom Bestreben, mit Jagd oder Geld regionalen Unmut zu stillen oder noch schnell ein Wahlgeschenk für Landwirte und Jäger zu realisieren. So steht das St. Floriansprinzip („Heiliger Sankt Florian, verschon' mein Haus, zünd' and're an!") trotz aller Studien, Diskussionen und Konzepte hoch im Kurs, auch wenn es weitgehend Konsens ist, dass sich durch eine Verlagerungsstrategie das Problem höchstens lokal löst, insgesamt aber durch die negativen Begleiterscheinungen der Störungen und der Jagd (vgl. Kap. 14) eher zunimmt.

Fortschreitende Industrialisierung und Extensivierung

Hohe Düngergaben erzeugen proteinreiches und attraktives Grünland, das die Gänse bevorzugen.

Durch ihren Wechsel auf die landwirtschaftlich genutzten Flächen und den anteiligen oder vollständigen Verlust der ursprünglichen Lebensräume sind die meisten pflanzenfressenden Wasservögel heute direkt von der anthropogenen Landnutzung abhängig.

Durch veränderte Bewirtschaftung in den landwirtschaftlichen Betrieben wie zum Beispiel die Aufgabe der grünlandgebundenen Milchviehwirtschaft und die Hinwendung zur ganzjährigen Stallhaltung oder ackerbaulichen Nutzung (Getreide oder Mais) ergeben sich für die an das Grünland gebundenen Gänsearten, wie Weißwangen- und Blässgans, erhebliche Probleme. Der sich kontinuierlich vollziehende Grünlandverlust ist in vielen vormals durch Grünland dominierten Gebieten zu beobachten. Letztlich wird dadurch die nutzbare Nahrungsfläche der Gänse geringer und es kommt zu Konzentrationseffekten, die die Wahrscheinlichkeit von Weideschäden erhöhen.

Eine spezielle Form der Nutzungsänderung, die häufig von Seiten des Naturschutzes gefordert wird, stellt dabei die Extensivierung intensiv landwirtschaftlich genutzter Flächen dar. Diese können für Gänse eine gravierende Verschlechterung ihrer Nahrungsflächen bedingen. Gerade in Grünlandgebieten ist die Extensivierung, d. h. die Reduktion der landwirtschaftlichen Nutzungsintensität (verringerte Düngung, geringere Weidedichte), eine häufig geforderte und angewandte Methode, um z. B. dort brütende Wiesenvogelbestände zu erhalten oder zumindest zu fördern. Für Gänse führt diese Extensivierung zu einer verringerten Nahrungsverfügbarkeit bzw. -qualität. Die Rückführung der Flächen zu einem eher naturnahen Zustand kann einen Gänserastplatz zunächst beeinträchtigen, in Verbindung mit höheren Wasserständen aber auch nutzbringend sein. Wichtige Naturschutzprojekte wie beispielsweise im Ochsenmoor am Dümmer, den Naturschutzkögen in Schleswig-Holstein oder in Nordkehdingen an der Unterelbe zeigen, dass solche naturnahen Flächen dann hoch attraktiv bleiben, wenn es viel Wasser gibt und Störungen reduziert werden. Eine Vernässung und die daraus resultierenden Blänken erhöhen vor allem im Frühjahr die Attraktivität dieser Flächen für Gänse und Wiesenvögel erheblich.

Aber an kurzgrasige Flächen adaptierte Arten wie z. B. die Weißwangengans kommen möglicherweise mit dem höheren Aufwuchs auf extensiv bewirtschafteten Flächen nicht so gut zurecht. Wie auf den natürlichen Salzwiesen müssen sie sich hier wie die Ringelgänse Nahrungsbereiche durch häufigeren Besuch selbst kurzrasig halten. Die größeren Grünland nutzenden Arten wie Bláss- und Graugans hingegen haben häufig weniger Probleme, auch solche extensiv bewirtschafteten Flächen zu nutzen, da sie an den Umgang mit höherer Vegetation angepasst sind. Sie können sogar von dem heterogenen Nahrungsangebot und der höheren Anzahl an Wildkräutern profitieren, die grundsätzlich eine qualitativ hochwertige Nahrung für Gänse darstellen.

Naturnahes, zur Zugzeit teils überstautes Grünland ist für Gänse und Watvögel gleichermaßen attraktiv.

Grundsätzlich anders stellt sich die vollständige Nutzungsaufgabe oder Nullnutzung dar. Sie ist grundlegend von der Extensivierung von Nahrungsflächen zu unterscheiden, wird aber trotzdem häufig mit ihr verwechselt. Die vollständige Aufgabe der landwirtschaftlichen Nutzung und die Herstellung natürlicher Prozesse ist vor allem in Nationalparken lange Jahre eine Forderung von Teilen des Naturschutzes. So steht im Wattenmeer beispielsweise der natürliche Wechsel von Werden und Vergehen, anwachsenden und abgetragenen Salzwiesen und Inseln im Vordergrund. In den Salzwiesen des Wattenmeeres führt dies zu einer größeren Strukturvielfalt, da Ebbe und Flut stetig Sedimente verlagern und so ein Mosaik aus neu entstehenden, wachsenden und vergehenden Salzwiesen entsteht. Gänse finden hier nach wie vor ihre Nahrung, denn die Vielfalt bietet allen genug. Schwieriger wird es, wenn die Ansprüche des Küstenschutzes oder Tourismus den Prozessschutz de facto verhindern und faktisch nur die wenig attraktiven Hochstaudenfluren der oberen Salzwiesen entstehen, die wichtigen Andelrasenbereiche der niedrigen Salzwiesen hingegen vergehen.

Ein vollständiger Verlust der Nahrungsflächen der Gänse kann aber auch Folge landwirtschaftlicher Nutzungsaufgabe sein. Das Ende der Bewirtschaftung bewirkt eine einsetzende Verbuschung und führt dazu, dass sich die Flächen in eine für die herbivoren Wasservögel ungünstige Richtung entwickeln. Die Vegetation wächst auf und wird höher, sodass sie von den Gänsen gemieden wird. Zugleich nimmt der Flächenanteil an frischer grüner Vegetation ab. In den Flussniederungen kann es auch zur Entwicklung von Gebüsch, Röhricht oder Auwald kommen, welche die Flächen ebenfalls der Nutzung durch pflanzenfressende Wasservögel entziehen.

Die Veränderung der Flächen kann somit bis zu einem vollständigen Verlust der Nahrungsfläche führen. Dieses kommt dann einem Flächenverlust durch Überbauung gleich und könnte in Summation mit anderen Flächenverlusten die herbivoren Wasservögel sogar auf Populationsebene beeinflussen. Ein gutes Beispiel dafür finden wir derzeit in Russland. Noch Mitte der 2000er-Jahre zog ein guter Anteil der besenderten Blässgänse durch den zentralen Teil des europäischen Russlands. Zehn Jahre später bereits war die Route verwaist, die Vögel nutzten dafür verstärkt einen Zugweg über das Baltikum oder die

Blässgänse in naturnahem Grünland

Die Gänse zeigen wenig Scheu gegenüber den Weidetieren.

nördliche Ukraine. Hintergrund ist der seit den 1990er-Jahren andauernde und dann sich in den 2000er-Jahren beschleunigende Verfall der russischen Landwirtschaft. Da dort alle staatlichen Subventionen endeten, wurde ein Großteil der Anbauflächen aufgegeben und fiel der Waldsukzession anheim. Gleichzeitig setzte eine erhebliche Landflucht der Bevölkerung ein. Für die Gänse gingen Nahrungsflächen in großem Umfang verloren, sodass wichtige Trittsteine auf der zentralen Zugroute entfielen. Ganz ähnlich verhält es sich mit dem Zug der Weißwangengans: Ein Engpass an nutzbaren Nahrungsflächen auf dem Frühjahrszug bewirkte, dass die Vögel heute nicht mehr im April im Ostseeraum eine Zwischenrast halten, sondern vielmehr bis in den Mai im Wattenmeer verbleiben müssen, um die notwendigen zusätzlichen Reserven aufzubauen. Danach können sie das Baltikum und Karelien in einem Zug überfliegen und Mitte Mai die Brutgebiete in der Barentssee erreichen.

Wie kann ein Ausgleich zwischen Landwirtschaft und Gänsen aussehen?

Viele Probleme in unserer modernen Gesellschaft sind ausgesprochen komplex, einfache Pauschallösungen daher schwierig zu erreichen. In unserem Fall stehen auf der einen Seite die Landwirte, die innerhalb eines von starren Agrarregelungen vorgegeben Rahmens überleben und wirtschaften müssen. Viele landwirtschaftliche Betriebe haben aufgrund von politischen Beschlüssen oder Versprechungen, Beratungen durch Kammern, Berufsverbände oder Banken und Subventionsanreize in ein bestimmtes Produktionssystem investiert und haben sich stark verschuldet. Viele Landwirte mussten aufgrund des ökonomischen Drucks ihre Höfe aufgeben. Dieser „Strukturwandel“ war politisch und auch von den großen Landwirtschaftsverbänden gewollt. Immer wieder sehen sich gerade die Milchviehbetriebe einem starken Preisdruck durch die Macht der Handelskonzerne, aber auch das ausgeweitete Marktangebot nach Abschaffung der Milchquote ausgesetzt. Für viele ist die wirtschaftliche Lage derart eng, dass Mindererträge durch Gänse, Dürren oder andere unvorhergesehene Ereignisse das Aus der beruflichen Existenz bedeuten können. Die Lage auf vielen Höfen ist verzweifelt, Burn-out-Erkrankungen und Suizide nehmen deutlich zu.

Auf der anderen Seite stehen die Forderungen der Gesellschaft nach einem Schutz der Zugvögel, der Brutvögel, des Tierwohls und den Erfordernissen des Klimaschutzes. All diese gesellschaftlichen Anforderungen sind ebenfalls real, in einer Vielzahl von internationalen Verträgen bis hin zum Staatsziel festgelegt, also weitgehend kaum verhandelbar. In diesem seit den 1960er-Jahren durch viele individuelle und politische Entscheidungen und Fehlentscheidungen aufgebauten Dilemma ist der Knoten nicht einfach zu durchschlagen. Wir wollen im Folgenden eine Vision für eine andere Lösung der „Gänsekonflikte" skizzieren, die vor allem auch die ohnehin unaufhaltbaren Veränderungen in der Landwirtschaft berücksichtigen sollen.

Ausgleichszahlungen, Schadensersatz

Die Erfahrungen mit finanziellen Ausgleichsleistungen an die betroffenen Landwirte sind zahlreich und nicht immer positiv. Es ist ausgesprochen schwierig, in einem massiv geregelten System aus Subventionen, Beihilfen und Förderungen Lösungswege für derartige Einzelkonflikte zu finden, die dann auch allgemein als gerecht und ausreichend empfunden werden. Dies

Das Rheiderland am Dollart war eines der ersten Gebiete, in denen Niedersachsen den Vertragsnaturschutz für Gänse angeboten hat.

beginnt bereits bei der Einschätzung einer Ertragseinbuße. Diese wird fast überall nicht wirklich ermittelt, sondern von Gremien, Gutachtern oder den Landwirten selbst erhoben. Das beinhaltet bereits Unterschiede im Ergebnis. Hinzu kommen Fragen nach Selbstbehalt, zumutbaren Eigenanteilen, erwartbarer Schadensreduktion durch Flächenmanagement und vieles andere.

So entsteht ein höchst aufwändiges, bürokratisches und unflexibles System, das wie in den Niederlanden oder Nordrhein-Westfalen zwar ausgesprochen viel Geld kostet, aber wenig zu einer Befriedung des Konfliktes beiträgt. Gerade deshalb ist das System stark von der Finanzlage und politischen Willensbildung abhängig. Gesamtwirtschaftliche Krisen wie auch Regierungswechsel kommen immer wieder vor und somit sind diese Zahlungen eigentlich keine verlässliche Grundlage für die Lösung eines strukturellen Problems. Aus diesem Grund müssen Wege für eine unabhängige und verlässliche Finanzierung gefunden werden.

Vergrämen und Dulden

Das Konzept der Duldungs- und Vergrämungsgebiete erscheint trotz des Scheiterns in den Niederlanden grundsätzlich überzeugend. Wichtig sind allerdings Beschaffenheit, Größe und Lage der Duldungsgebiete: Sie müssen aus zusammenhängenden Flächen bestehen und sich mindestens mit den traditionellen Aufenthaltsräumen der Gänse decken. Sie müssen aber auch in einem Winter mit kalten Temperaturen genügend Fläche bieten, um Nahrungsengpässe zu vermeiden und so ein Ausweichen der Vögel zu verhindern. Natürlich muss die Duldung in diesen Gebieten verbindlich sein, die Jagd vollständig ruhen und alle Regelungen entsprechend wirksam kontrolliert werden. Können und wollen Politik und Verwaltung das alles leisten? Letztlich kann auch dieses Verfahren nur dann erfolgreich sein, wenn solche Gebiete langfristig und verlässlich eingerichtet werden und dieses Vorgehen international abgestimmt ist.

Mit den betroffenen Landwirten müssten entsprechende Programme entwickelt werden. Diese müssten die Entwicklung auf den Vogelschutz abgestimmter Produktionsweisen herbeiführen, fachliche und finanzielle Unterstützung sicherstellen und nötigenfalls auch eine Entschuldung von Betrieben nicht ausschließen. Die Koordination und Organisation entsprechender Vergrämungsprogramme außerhalb der Duldungsgebiete wäre ein weiterer wichtiger Punkt für den Erfolg und muss hoheitlich erfolgen. Gleichzeitig gibt es aber auch Schwachpunkte im Konzept: Darf man dort vergrämen, wo es wahrscheinlich nicht zu Schäden kommt? Wie kann man vermeiden, dass andere Vogelarten durch die Vergrämung beeinträchtigt werden? Aber auch die generellen Fragen bleiben: Hat ein Landwirt Anspruch auf eine von biologischen Einflüssen befreite Fläche außerhalb der Duldungsgebiete? Oder muss man die Vögel der Niederungen, der Feuchtgebiete und der Küsten nicht als Standortfaktoren hinnehmen, wie Sandboden oder Hanglage? Und wer wird das ganze Programm – ganz aktuell in Anbetracht der unvorstellbaren Belastungen aus der Corona-Krise – bezahlen?

Agrarwende und Reduktion der Problematik?

Einerseits ist die Intensivierung der Landwirtschaft gerade in Westeuropa wahrscheinlich Treiber für das Bestandswachstum der meisten Gänsearten. Andererseits ist sie aber auch für eine ganze Reihe weiterer, schon jetzt dringlich zur Lösung anstehender Probleme verantwortlich. Die Stichwörter sind: Biodiversität, Klimawandel, Gesundheits- und Grundwasserschutz. Mit dem „Green Deal" und der „Biodiversity Strategy 2030" hat die Politik den Anfang gemacht. Die „Zukunftskommission Landwirtschaft" der Bundesregierung hat es in ihrem Abschlussbericht 2021 so formuliert: „Die Landwirtschaft [steckt] auch ökonomisch in einer Krise. Verschiedene, nicht zuletzt auch politische Faktoren haben zu Wirtschaftsweisen geführt, die weder ökologisch noch ökonomisch und sozial zukunftsfähig sind. Der allgemeine Fortschritt und die Erweiterung der technischen Möglichkeiten haben den Strukturwandel der Landwirtschaft rasant beschleunigt. Dies hat enormen Produktions- und Produktivitätssteigerungen gebracht. Gleichzeitig ist ein Kostendruck entstanden, unter dem immer mehr Familien für ihre Höfe keine Perspektive sehen. Diese Entwicklungen haben dazu geführt, dass die Landwirtschaft immer weniger in der Lage ist, in ökologisch verträglichen Stoffkreisläufen innerhalb der Belastungsgrenzen der natürlichen Ressourcen zu wirtschaften. Angesichts der externen Kosten, die die vorherrschenden Produktionenformen mit sich bringen, scheidet eine unveränderte Fortführung des heutigen Agrar- und Ernährungssystems aus ökologischen und tierethischen wie auch ökonomischen Gründen aus."

Bei Schneelagen bevorzugen Gänse Ackerflächen, weil hier der Schnee weniger hoch liegt.

Der Rotschenkel gehört zu den gefährdeten Wiesenvogelarten.

Was würde geschehen, wenn die deutsche Politik sich tatsächlich aufmachen würde, diese bekannten und dringenden Probleme anzugehen, wie sie dies schon seit Jahrzehnten in diversen Abkommen und Verträgen versprochen hat? Welche Auswirkungen hätte das für die Gänse?

Sorgenkinder des Artenschutzes in den landwirtschaftlich genutzten Niederungen und Feuchtgebieten sind heute nicht die Gänse, sondern die Wiesenvögel von Kiebitz, Uferschnepfe und Bekassine bis hin zur Feldlerche und zum Rebhuhn. Betrachtet man das Aussterberisiko dieser Arten, so sollte der behördliche wie der ehrenamtliche Artenschutz das Hauptengagement (und Geld) auf deren Schutz verwenden, wie es auch durch die internationalen Verpflichtungen und das EU-Recht vorgeschrieben ist. Das würde eine großflächige Extensivierung der Grünlandbereiche mit gleichzeitigen umfassenden Maßnahmen zur Vernässung erfordern. In der Folge könnte allerdings auf diesen Flächen weniger Vieh gehalten und demnach weniger Fleisch und Milch produziert werden. Dies würde erheblich zur Reduzierung der bedrohlichen Methanemissionen aus der Tierhaltung, einem Rückgang der Grundwasserbelastung und schwerer Zivilisationskrankheiten beitragen. Gleichzeitig bedeutet das allerdings zugleich eine radikale Abkehr von der derzeitigen Agroindustrie, was vermutlich früher oder später unvermeidbar ist, aber politisch hochgradig unbequem.

Wiesenvogelgerechte Niederungen sind für die Gänse weiterhin hochattraktiv, wie man beispielweise in Nordkehdingen an der Unterelbe und in den Schutzgebieten am Dümmer oder an der Havel erleben kann. Großflächige Blänken und flachüberstautes Grünland machen die Flächen gleichermaßen geeignet für Gänse, Enten, Schwäne und Wiesenvögel.

Für die Gänse würde dies das Ende der Bestandszunahme, möglicherweise sogar einen Rückgang der Bestände bedeuten, da die Nahrungsqualität und -menge abnehmen würde. Dies könnte sich auch auf den Fortpflanzungserfolg der Vögel auswirken. Auch wenn damit Gänse etwas seltener werden, blieben sie wohl weit von einer erneuten Bedrohung entfernt.

Für Politik und Landwirtschaft würde das allerdings eine grundlegende Abkehr vom bisherigen Denken bedeuten. Die jahrzehntelangen Fehlentwicklungen müsste rückgängig gemacht werden. Gleichzeitig will natürlich niemand die Arbeitsbedingungen aus den 1950er-Jahren zurück. Denn Zurück ist kein Fortschritt. Die Landwirtschaft braucht neue Konzepte für die Zukunft. Wie die Zukunftskommission der Bundesregierung es skizziert, muss die Landwirtschaft naturverträglicher werden. In den großen Schutzgebieten müsste es sogar eine Spezialisierung auf naturschutzgerechte Bewirtschaftung geben. Auch müssen sich die Betriebe wirtschaftlich breiter aufstellen. Spätestens nach der Corona-Krise dürften regelmäßige Staatsbeihilfen bei Dürre, Starkregen, Weltpreisschwankungen usw. der Vergangenheit angehören. Doch will man diesen Anpassungsprozess an die Zukunftserfordernisse nicht allein auf dem Rücken der Landwirte austragen, wird dies auch vom Steuerzahler neuerlich beachtliches Engagement erfordern. Für den Verbraucher bedeutet dies ehrliche Preise an der Kasse und die Abkehr von der Geiz-ist-geil-Mentalität beim Einkauf von Lebensmitteln. Auch hier ist die Umlage von Umweltkosten auf den Endverbraucherpreis unabdingbare Voraussetzung für ein ehrliches Preisniveau. Eigentlich ist es doch für jedermann seit mehr als 20 Jahren klar: Diese Anpassungen der Landwirtschaft aus Gründen der Zukunftsvorsorge sind ohnehin unumgänglich – und dies unabhängig von den Gänsekonflikten.

Für die Landwirte selbst sind klare und verlässliche Aussagen über die künftige Entwicklung ein wichtiger Grundstein für ihr Dasein. Finanzielle wie inhaltliche Hilfestellungen werden notwendig sein und müssen gewährt werden, denn ein Erhalt der schützenswerten Biodiversität in unserer Kulturlandschaft ist nur im Zusammenwirken mit einer angepassten Landwirtschaft möglich. Erst ganz am Ende entscheidet sich dann, ob zur einvernehmlichen Lösung von regionalen Konflikten mit Wasservögeln noch zusätzliche Hilfen benötigt werden. Aber auch wahr ist: Die strukturellen Probleme der Landwirtschaft lassen sich nicht mit Hilfsprogrammen im Namen der Gänse lösen. Dabei sollte klar sein: Artenschutz ist eine Aufgabe der Gesellschaft und nicht eine der Landwirtschaft allein.

Mit dem großflächigen Maisanbau haben die Bestände der Kanadagans in Norddeutschland stark zugenommen.

19 Tourismus als Chance für den Naturschutz

Je mehr Menschen sich für Vögel interessieren, sie beobachten, erforschen, bestaunen, sie als Teil ihrer Heimat betrachten, desto mehr werden sich auch für sie engagieren und ihre verbliebenen Lebensräume gegen die Begehrlichkeiten von Landnutzern, Verkehrsplanern und bauwütigen Bürgermeistern verteidigen.

Johanna Romberg „Federnlesen" 2018

Ein Wintermorgen am Dollart, einer großen Wattenmeer-Bucht im Nordwesten Niedersachsens. Direkt an der Wasserkante steht ein beachtlicher Aussichtsturm: der „Kiekkaaste". Mitte der 1990er-Jahre wurde der Turm auf der niederländischen Seite der Grenze errichtet. Es ist Januar 2010, einer der letzten wirklich kalten Winter. An einem frostigen Februartag haben wir beschlossen, den Sonnenaufgang und den dann folgenden Morgenflug der Gänse vom Turm aus zu erleben. Vor uns liegt ein mühsamer Anmarsch, denn die Tide hat mächtige Eisschollen auf dem Pfad aufgetürmt, die wir überklettern müssen. Aber der Weg lohnt sich: Die Gänse stehen an diesem Morgen ganz nah vor dem Turm im Watt. Sie fliegen vor uns an das offene Wasser, das hier aus dem Binnenland in den Dollart fließt. Es ist Süßwasser,

Der Kiekkaaste am Südufer des Dollart ist ein attraktiver Beobachtungspunkt im Nordwesten – auch an trüben Februartagen.

und die Gänse nutzen es zum morgendlichen Bad und zum Trinken. Die Luft schwirrt vom Rufen und Streiten der ungezählten Vögel. Dann, etwa eine halbe Stunde nach Sonnenaufgang, erheben sich zunächst kleine Ketten und zum Schluss riesige Wolken von Gänsen und streben zur Nahrungssuche in das Binnenland. Wir erleben ein gewaltiges Naturspektakel!

Exkursionen zu den Wildgänsen

Die Faszination des Vogelzugs und der großen Vogelscharen ist es auch, die viele Menschen immer wieder nach draußen zu den Gänsen lockt. Insbesondere in Norddeutschland haben Naturfreunde häufiger die Möglichkeit, die letzten Reste dieser wilden Natur in unseren Breiten zu erleben. Am Unteren Niederrhein wurden in den 1990er-Jahren die ersten Gänsebusfahrten von den Biologischen Stationen in Kranenburg und Wesel erprobt. In einem Reisebus haben Naturfreunde die Gelegenheit, unter fachkundiger Leitung eine mehrstündige Exkursion zu den Wildgänsen zu unternehmen. Während die Gäste aus der erhöhten Sicht im Bus die Gänse beobachten können und den Erklärungen des Leiters über die Tiere, ihr Leben und die umliegende Kulturlandschaft lauschen, profitieren die Gänse dadurch, dass die unbeabsichtigten Störungen durch Besucherführungen zu Fuß vermieden werden. Ein dichtes Netz aus Beobachtungsstationen und Informationseinrichtungen vervollständigt die Möglichkeit eines nachhaltigen Naturerlebnisses.

Mit Fernglas und Spektiv lassen sich die Gänse gut beobachten, ohne sie zu stören.

Die Idee, mit geführten Exkursionen die negativen Auswirkungen eines ungeregelten Tourismus zu mindern und gleichzeitig über ein qualifiziertes Informationsangebot für ein besseres Verstehen der Gänse und ihrer Schutzbedürfnisse zu werben, hat an mehreren Stellen Nachfolger gefunden. An der Unterelbe können Besucher im Vogelkiekerbus mitfahren, einem umgebauten Doppeldecker. Aber auch für die Einzelgänger unter den Vogelbeobachtern gibt es zahlreiche Angebote, die Wildgänse zu erleben, ohne sie zu stören. In den Nationalparks am Wattenmeer, an der Ostseeküste sowie an der Müritz gibt es ein Netz von Beobachtungshütten, -türmen und -pfaden. Besonders die Beobachtungshütten und -türme bieten eine herausragende

Möglichkeit, intensiv in das Leben der Gänse und der anderen Vogelarten eines Gebietes einzutauchen. Gut geschützt vor den Blicken der stets wachsamen Tiere, gegen Wind und Regen einigermaßen abgeschirmt, kann man es hier erst mal einige Zeit aushalten. Es braucht für das nahe Dabeisein nicht viel: ein Fernglas, einen Fotoapparat oder gar ein Teleskop, aber in jedem Fall etwas Muße und Ruhe, um sich auf das Treiben vor den Ausgucken einzulassen. Nicht immer sind es die spektakulären Aktionen, die den größten Eindruck machen. Vieles lässt sich durch die sorgsame Beobachtung lernen: Da steht eine ganze Gänsefamilie, und man kann erkennen, wie neugierig die Jungvögel sind; und wie die Elternvögel sie immer wieder zurückbeordern müssen. Genau wie bei den Menschen. Manchmal kommt auch Panik in die Scharen, etwa wenn ein Seeadler die Uferlinien nach einer unvorsichtigen Beute absucht. Sofort fliehen die Gänse in wilder Hast auf die schützende Wasserfläche.

Gänse und Menschen – aneinander gewöhnt?

Fachkundig geführte Busexkursionen kanalisieren die Besucherströme und bieten interessante Informationen für die Teilnehmer.

Eine weitere schöne und zudem gesunde Möglichkeit des nachhaltigen Naturerlebens, insbesondere während der Sommermonate, sind die zahlreichen Radwanderrouten, die entlang der deutschen Flüsse, an den Küsten von Nord- und Ostsee und den ostdeutschen Seenplatten eingerichtet worden sind. Oftmals führen diese Wege am Rand bedeutender Feuchtgebiete entlang und bieten immer wieder die Möglichkeit, auch das sonstige reiche Vogelleben in unseren Landschaften zu beobachten. Bereits im April spazieren hier die ersten Graugansfamilien am Wegesrand und lassen sich von den Radfahrern kaum stören. Sie haben sich mittlerweile an diese merkwürdigen Mitbewohner gewöhnt, die da fast lautlos auf ihren Stahlrössern durch die Landschaft gleiten. Das verlässliche Verhalten der Besucher, die auf den für Fußgänger und Radfahrer vorgesehenen Wegen bleiben, ist allerdings eine wichtige Voraussetzung für die schnelle und erfolgreiche Gewöhnung der Wildtiere an uns Menschen. Je häufiger ein Reiz gleichartig wiederkehrt, desto besser können die Wildtiere damit umgehen (Kap. 13). Das gilt auch für verkehrsreiche Straßen und Autobahnen. Hier stehen die weidenden Gänse manchmal ganz nah am Rand der Fahrbahn. Ein Anhalten verbietet sich an solcher Stelle schon aus Gründen der Verkehrssicherheit. Geeigneter sind eingerichtete Parkplätze.

Gute Beobachtungseinrichtungen sind Voraussetzung für erfolgreiches Naturerleben.

Viele Menschen kennen die Gewöhnung der Vögel auch aus den Nationalparken im Wattenmeer: Dort, wo an der Leybucht, auf den Nordseeinseln oder den Halligen die Kette der Touristen an den Osterfeiertagen fast nicht abreißt, lassen sich die Ringelgänse von den menschlichen Besuchern kaum mehr stören. „Nationalparkeffekt" haben Biologen diese Anpassung der Vögel an den Tourismus genannt. Doch diese Gewöhnung gilt nur innerhalb bestimmter Grenzen: Verlassen einzelne Spaziergänger die gewohnten Wege, so fliegen die Gänse sofort auf und gehen im Watt auf Distanz. Diese Flucht-Flüge kosten die Tiere Zeit und Energie, die sie eigentlich für ihre langen Zugwege oder das Brutgeschäft nötig haben. Für ein dauerhaftes Miteinander von naturinteressierten menschlichen Besuchern auf der einen und den schutzbedürftigen arktischen Gästen auf der anderen Seite ist es also bedeutsam, dass wir Menschen uns an die festgelegten Regeln in den Schutzgebieten halten.

Naturtourismus für Naturschutz

Nachhaltiger Tourismus gilt seit mehr als zwanzig Jahren als ein wichtiges Ziel in den deutschen Naturregionen. Für Naturschützer klingt dies nach verbessertem Schutz und Umweltbildung, für Touristiker schwingt darin die Erwartung eines gehobenen und damit ertragreicheren Wirtschaftszweiges mit. Gemeint ist häufig alles zwischen Radwandern und Hardcore-Birding. Allerdings ist unstrittig, dass das gestiegene Naturinteresse großer Bevölkerungsgruppen auch für die Touristenregionen wie das Wattenmeer, die Mittelgebirge, die Alpen oder die Seenlandschaften im Nordosten bereits heute wichtige finanzielle Bedeutung haben. Und natürlich gibt es so auch gemeinsame Optionen. Unsere europäischen Nachbarn machen es uns teils schon vor: Im schwedischen Hornborgasjön können Kranichfreunde und Naturfotografen kleine Fotohütten inmitten der rastenden Vogelscharen mieten und so spektakuläre Aufnahmen Auge in Auge mit Ente, Gans und Kranich machen.

Im Vereinten Königreich unterhalten zahlreiche lokale und überregionale Naturschutzorganisationen Besucherzentren mit einem ganzen Netz von Beobachtungshütten und häufig auch Café, Buchladen, Hotel und Restaurant. Das bekannteste Center ist dabei wahrscheinlich das des Wildfowl and Wetlands Trust (WWT) in Slimbridge. Bereits 1946 wurde das Besucherzentrum am Ufer des Severn eröffnet. Auf einer Fläche von 49 ha bietet es mit einer Fülle von Teichen und Seen optimale Bedingungen für Wasservögel. Hütten und Türme ermöglichen Besuchern eindrucksvolle Erlebnisse. Hier finden sich jeden Winter bis zu 30.000 Enten und Gänse ein. Zusätzlich können hier fast alle Wasservögel der Welt in Gehegen angesehen werden. Heute betreibt der WWT zehn solche Zentren in Großbritannien. Bis zum Corona-Lockdown besuchten jährlich 1 Million Menschen die Zentren. Rund 4 Mio. Pfund wurden durch die touristischen Angebote der Zentren erwirtschaftet.

In England und den Niederlanden finden alljährlich Vogelfestivals mit einem großen Veranstaltungs- und Vortragsprogramm statt: ein Volksfest der Vogelfreunde mit einigen tausend Teilnehmenden. Solche Veranstaltungen mit Schwerpunkten auf Fotografie und Optik existieren auch bei uns.

In den Besucherzentren des englischen Wetlands & Wildfowl Trust kann man die die Vögel hautnah erleben.

20 Auch Vögel können krank sein

Eines Tages wurde es sehr kalt. Die Gänse merkten, dass es nun höchste Zeit zum Abflug war. Sie baten eine kluge alte Gans, die Führung zu übernehmen und flogen ab. Nur Borka blieb zurück: Sie konnte ja nicht fliegen. Sie versteckte sich und beobachtete den Abflug. Niemand merkte, dass sie fehlte.

John Burningham „Borka–Erlebnisse einer Wildgans" 1963

Im Winter 2020/21 grassierte eine gefährliche Krankheit unter den Vögeln des Wattenmeeres: die Vogelgrippe. Tausende von Vögeln starben und wurden mit der Flut ans Ufer gespült. Es sind nicht nur Gänse darunter, aber dieses Mal traf es Grau- und Weißwangengänse hart. Nun ist es schon Ende März, die Vogelgrippewelle ebbt langsam ab. An der Unterems wollen wir Gänse fangen. Als wir auf den Weiden herumlaufen, fallen uns einige Weißwangengänse auf: Sie laufen allein am Grabenrand oder sitzen matt am Deich. Sie sind eindeutig krank, lassen in ihrer Apathie sogar uns Menschen auf wenige Meter heran. Kranke Tiere sondern sich von den großen Scharen ab und ziehen sich zurück. Alle Lebewesen können krank werden, so auch Gänse. Als Ursachen solcher Erkrankungen kommen, wie auch sonst bei Vögeln und Säugetieren, viele Erreger und andere Faktoren in Betracht: Viren, Bakterien, Pilze, Ekto- und Endoparasiten, Nahrungsunverträglichkeiten, Vergiftungen, Entzündungen, Krebsbildung, Verletzungen und Fehlbildungen.

Im Winter 2020/21 starben in der Wattenmeerregion viele Weißwangengänse an Vogelgrippe.

Stress macht krank

In und auf einem gesunden menschlichen Körper befinden sich mindestens so viele Bakterien wie dieser Körperzellen hat. Hinzu kommen noch unzählige Pilze und eine variable Anzahl von Viren. Bei den Vögeln sieht es nicht viel anders aus. Bei ihnen tritt darüber hinaus noch eine größere Zahl von Parasiten auf – sowohl auf der Oberfläche des Körpers als auch in seinem Inneren. Insgesamt sind Tierkörper also eigenständige artenreiche Lebensräume, besiedelt von Viren, Bakterien, Pilzen und Parasiten. Die Tiere haben im Allgemeinen jedoch keine Probleme mit ihren Gästen. Zum Teil sind diese Untermieter sogar überlebenswichtig. Kommt der Körper jedoch unter Stress, so können einzelne dieser Gäste zum Problem werden und das Tier erkrankt. Stressfaktoren sind u.a. extreme Witterung, Klima- und Lebensraumänderung, übermäßige körperliche Anstrengung, Nahrungsmangel, unverträgliche Nahrung, Gift, Störungen.

Die Folgen von Dauerstress wirken sich mittelfristig auf den gesamten Körper aus. So können u.a. die Leistungsfähigkeit des Nervensystems, die Sehfähigkeit und das Gehör beeinträchtigt werden. Auch die Parasitenbestände des gestressten Tieres können zum Problem werden, wenn sie sich stark vermehren und die körperlichen Abläufe stören. Die Stressopfer können unter Darmstörungen sowie Herz- und Kreislaufbeschwerden, eingeschränkter Fortpflanzungsfähigkeit, Hautkrankheiten und Schwächung des Immunsystems leiden.

Diese gesundheitlichen Beeinträchtigungen schränken die Überlebensfähigkeit der betroffenen Tiere stark ein und steigern ihre Anfälligkeit für weitere Erkrankungen. In der Kulturlandschaft und zunehmend auch in den verbliebenen Naturlandschaften geraten die wildlebenden Tiere immer stärker unter Druck, wodurch Gesundheit, Fortpflanzungs- und Überlebensfähigkeit reduziert werden. Damit ist der Umweltstress einer der wichtigsten Gründe für die in den letzten Jahrzehnten festgestellten Bestandsrückgänge vieler Pflanzen- und Tierarten. Viele dieser Stressfaktoren sind menschlichen Ursprungs.

Äußere Krankheitsursachen

Neben stressbedingten inneren Krankheitsauslösern gibt es auch bei Gänsen eine ganze Reihe äußerer Faktoren, die zu einer Erkrankung führen können. Rein mechanische Faktoren können zu Verletzungen führen, wie z.B. ein Prädatorenangriff, ein kämpferischer Streit, Witterungs- und Gewaltereignisse (z.B. Jagd). Die hierdurch entstandenen Wunden verursachen neben Blutverlust auch Entzündungen, Knochenbrüche können die Bewegungen einschränken und schlimmstenfalls die Vögel am Fliegen oder Laufen und Schwimmen hindern. Entsprechend behinderte Gänse finden sich in vielen Rastgebieten: Sie sind angeschossen worden oder haben sich beim Anflug an Zäunen, Stromleitungen oder Windanlagen verletzt (Kap. 13). Wie Tierärzte wissen, verfügen Vögel allgemein über ein sehr wirkungsvolles System innerer Abwehr und können auch mit geringen Knochenbrüchen erstaunlich rasch fertig werden. Es schaffen jedoch nicht alle, lange genug zu überleben.

Die Aufnahme ungeeigneter Nahrungspartikel, z.B. Kunststoffschnipsel, Jagd- oder Anglerblei, fester Bestandteile aus der Gülle oder mit Gift verschmutzter Nahrungsmittel, z.B. gebeiztes oder mit Pestiziden behandeltes

Getreide, kann sich dramatisch auswirken. Auch verölte Gänse werden immer wieder an den Küsten und den großen Wasserstraßen beobachtet, aber sie gehen oftmals schnell zugrunde, weil sie beim Putzen des Gefieders das Öl aufnehmen und sich so vergiften.

Die Aufnahme von Bakterien (z. B. Clostridien, Salmonellen), Cyanobakterien (Blaualgen) oder Viren (z. B. das Vogelgrippevirus) beim Trinken, Baden oder Fressen kann zu ernsthaften Erkrankungen führen. In allen diesen Fällen haben gesunde Vögel mit einer guten Kondition deutlich bessere Chancen, solche Infektionen zu überstehen, als gestresste bzw. durch große Anstrengungen geschwächte Vögel.

Zumeist in Parkanlagen finden sich Gänse mit sogenannten „Kippflügeln". Die Flügelspitzen kippen nach außen. Der Vogel kann nicht fliegen. Diese Fehlbildung geht auf eine zu proteinreiche Ernährung während der Jugendphase zurück. Möglicherweise sind genetische Faktoren beteiligt.

2016 fiel uns auf Kolgujev auf, dass gut ein Drittel aller fast flüggen Blässganskūken stark fehlgebildete Schwungfedern aufwiesen. Teilweise waren schon die wachsenden Blutkiele weich und abgestorben. Bisher wurde ein solches Krankheitsbild nur aus der Geflügelhaltung berichtet. Die Ursachen können vielfältig sein: Giftstoffe, Bakterien, Pilze oder Viren. In manchen Gefiederfeldern sind die Deckfedern missgebildet und lassen so das Wasser bis auf der Haut eindringen. Hand- und Armschwingen sind zum Teil so deformiert, dass die Vögel flugunfähig sind und nie in der Lage sein werden, ihren Geburtsort fliegend zu verlassen. Die Opfer solcher Erkrankungen sind leichte Beute für

Kippflügel sind das Ergebnis zu proteinhaltiger Nahrung während der Aufzucht.

Fuchs und Eismöwe oder spätestens mit dem einsetzenden Winter im September dem Tode geweiht.

Der Klimawandel sorgt gerade auch in der Arktis für stark steigende Temperaturen. Hierdurch werden der Lebensraum der Gänse dramatisch verändert und neue Krankheiten gefördert (Kap. 10).

Federfehlbildungen können u. a. durch Viren, Bakterien oder auch Milben verursacht werden. Für die Küken in der Arktis bedeutet dies den sicheren Tod.

Vogelkrankheiten und der Mensch

Es gibt immer wieder Berichte darüber, dass Wildvögel für Menschen gefährliche Krankheiten übertragen. Oftmals wird z. B. eine harmlose Hautreizung, die beim Baden in Seen und Teichen auftreten kann, dramatisiert („Hundsblattern") und damit aufgebauscht, besonders gerne im Sommerloch der Presse.

Badedermatitis

Die Badedermatitis, Zerkariendermatitis, auch Entenbilharziose oder „Hundsblattern" genannt, ist ein juckender Hautausschlag, der im Sommer bei Menschen auftritt, die in flachen nährstoffreichen Naturgewässern baden. Der Hautausschlag wird durch Saugwürmer verursacht, die normalerweise Wasservögel befallen, insbesondere Enten. Die fortpflanzungsfähigen Würmer der Art *Trichobilharzia ocellata* leben parasitisch in den Blutgefäßen der Därme von Wasservögeln, die die Parasiteneier mit dem Kot ausscheiden. Aus den Eiern schlüpfen mikroskopisch kleine Larven (Mirazidien). Diese dringen in Wasserschnecken ein, die auf Wasserpflanzen leben. Dort vermehren sie sich und bringen ein zweites Larvenstadium (Zerkarie) hervor. Wenn sich das Wasser im Sommer erwärmt und die unter der Schneckenhaut ruhenden Zerkarien starke Wasserbewegungen verspüren, schwärmen diese massenhaft aus. Sie bohren sich dann in die Füße vorbeischwimmender Wasservögel hinein und erreichen über die Blutbahn den Darm des neuen Wirtes. Dort siedeln sie sich als erwachsene Saugwürmer an und pflanzen sich anschließend fort.

In manchen seichten Gewässern passiert es im Sommer jedoch häufiger, dass die Wasserbewegungen nicht von Wasservögeln, sondern von dort badenden Menschen verursacht werden. In der Folge bohren sich die ausschwärmenden Zerkarien in die Haut der Schwimmenden ein. Da die menschliche Haut für die Zerkarien zu dick ist, bleiben sie stecken und sterben, verursachen aber bei ihrem Fehlwirt kleine juckende Quaddeln. Dieser Hautausschlag ist unangenehm, jedoch nicht gefährlich.

Chlamydiose

In den 1980er-Jahren verdächtigten einige Landwirte am Unteren Niederrhein die wachsende Zahl der dort überwinternden arktischen Wildgänse, mit ihrem Kot Chlamydien zu übertragen. Hier handelt es sich um eine in Körperzellen parasitierende Bakterienart. Aufgrund einer solchen Chlamydiose kommt es bei infizierten Kühen zu Fehlgeburten sowie vermehrten Geburten schwacher Kälber, Euterentzündungen und sinkender Milchleistung sowie grippeähnlichen Symptomen. Bei der folgenden Untersuchung wurden mehrere der sonst streng geschützten arktischen Gänse geschossen, aber kein Chlamydien-Befall festgestellt. Durch die Bekämpfung betriebsinterner Infektionsketten, die Isolierung kranker Tiere und ein geändertes Güllemanagement bekamen die betroffenen Betriebe die Chlamydiose in den Griff.

Dabei können Chlamydien durchaus bei Vögeln vorkommen und Ornithose oder Psittakose auslösen, die bei Vögeln zu Apathie, Abmagerung, Durchfall und Schnupfen führt. Beim Menschen verursacht eine Infektion grippeähnliche Symptome oder schlimmstenfalls eine Lungenentzündung.

Bakterien aus dem Kot

Escherichia coli ist eine der häufigen Darmbakterien (Enterobacteriaceae) und gehört zur normalen Darmflora von Mensch und Tier. *E. coli* und die ebenfalls im Darm angesiedelten kugelförmigen Streptokokken kommen in großen Mengen im Kot warmblütiger Tiere vor. Die Bakterien werden mit dem Kot ausgeschieden und halten sich außerhalb des Körpers mehrere Wochen, im Boden und Gewässersedimenten deutlich länger als im Wasser. Häufig wird die Befürchtung geäußert, dass große Wasservogelkonzentrationen durch ihren Kot die Wasserqualität beeinträchtigen können, insbesondere wenn solche Gewässer für die Trinkwassergewinnung bzw. als Badegewässer genutzt werden. Die meisten Untersuchungen der bakteriologisch-hygienischen Qualität von solchen Gewässern führten zu unerwarteten Ergebnissen: Das Auftreten erhöhter Fäkalbakterienwerte fiel weder zeitlich noch örtlich mit der Zahl bzw. der Dichte von Wasservögeln zusammen und auch nicht mit dem Temperaturverlauf. Jedoch wurde in den meisten Fällen eine eindeutige Beziehung mit starken Niederschlägen gefunden. Der offensichtliche Zusammenhang zwischen Regen und Keimbelastung weist auf Eintrag von Keimen durch Regenwasser hin. Das Auftreten erhöhter Fäkalbakterienwerte ist vornehmlich auf den Eintrag über Zuflüsse, Abwasser aus

Kläranlagen und Regenrückhaltebecken sowie diffuse Einträge aus defekten Kanälen und Kleinkläranlagen sowie aus der Landwirtschaft (Auswaschung von Jauche bzw. Gülle) zurückzuführen. Der Eintrag durch Wildvögel scheint eher lokal und befristet eine Rolle zu spielen, z. B. an Mauserseen und winterlichen Schlafgewässern von Gänsen sowie in Parkgewässern mit durch Fütterung erhöhten Wasservogel-Konzentrationen. Wasservögeln kommt also allenfalls eine Nebenrolle in dem Geschehen zu.

Blaualgen

Süßwasserseen im Binnenland werden über Zuflüsse bzw. Grundwasser gespeist und sammeln die so eingetragenen Nährstoffe in den Sedimenten an. Der hohe Nährstoffeintrag der letzten Jahrzehnte, insbesondere von Nitraten und Phosphaten, begünstigt das Pflanzenwachstum und bewirkt eine Zunahme von Biomasse. Die üppige Ufer- und Wasservegetation und die darin lebenden Mollusken, Insektenlarven, Kleinfische usw. bilden eine attraktive Nahrungsgrundlage für Wasser- und Watvögel, die sich zeitweilig an solchen Gewässern konzentrieren. Die üppige Unterwasservegetation mobilisiert in ihrer sommerlichen Wachstumsphase jedoch Nährstoffe aus dem Bodensubstrat und setzt diese beim Absterben wieder in den Wasserkörper frei. In der Folge kommt es in warmen Sommern häufig zu einer starken Entwicklung von Algen und Cyanobakterien (= „Blaualgen").

Blaualgen sind zellkernlose Einzeller, die Photosynthese betreiben. Diese weltweit verbreiteten Mikroorganismen können in Gewässern und Böden massenhaft vorkommen und sich unter günstigen Bedingungen explosionsartig vermehren. Während sich eine sogenannte Algenblüte entwickelt, wird das Licht bereits in oberflächennahen Schichten abgefangen. Darunter sinken Sauerstoffgehalt und Sichttiefe dramatisch ab, wodurch die Vitalität der Unterwasserpflanzen abnimmt und ihre Sauerstoffproduktion geringer wird. Die Unterwasserfauna leidet zunehmend unter Sauerstoff- und Nahrungsmangel. Unterschreitet die Sauerstoffkonzentration einen kritischen Wert, wird aus dem Sediment zusätzliches Phosphat mobilisiert und die Algenblüte weiter angeregt. Abgestorbene Algen und Wasserpflanzen sinken zu Boden, es bildet sich Faulschlamm und der letzte Sauerstoff wird verbraucht. Wasserorganismen wie Fische, Krebstiere und Muscheln sterben und die Wasservegetation verschwindet. Blaualgen geben außerdem Toxine ab. Diese Giftstoffe können beim Menschen zu Atemwegs- und Hautreizungen führen. Wasservögel verlassen das Gewässer oder zeigen apathisches Verhalten; sie können letztendlich vergiftet oder von Beutegreifern getötet werden. Aasfresser und Prädatoren, die solche Blaualgenopfer fressen, können sich ebenfalls eine Vergiftung zuziehen.

Botulismus

Botulismus wird durch die Aufnahme des Giftes des Bakteriums *Clostridium botulinum* verursacht. Es gibt eine Reihe von *Clostridium*-Arten, die alle ihre eigenen Toxine produzieren und bei Mensch und Tier unterschiedliche Krankheitsbilder hervorrufen. Clostridien kommen im Boden, im Wasser, aber auch im Darm gesunder Menschen und Tiere vor. Bei geschwächter Kondition und Schwächung des Abwehrsystems können selbst die Darm-Clostridien zu einer Erkrankung führen. Andere Clostridien bzw. ihre Toxine werden mit dem Trinkwasser und der Nahrung oder über Verletzungen aufgenommen. Neben Entzündungen des Magen-Darm-Traktes sowie von Leber und Nieren führen Clostridien-Infektionen und ihre Toxine zu Lähmungen.

Sterben gehört zum Leben dazu - nicht immer sind tote Vögel Anzeichen für eine Epidemie.

Die Botulismus-Bakterien entwickeln sich mit Vorliebe bei sommerlichen Temperaturen in Tierkadavern, verdorbenen Nahrungsmitteln bzw. verunreinigtem Futter sowie in nährstoffreicher und feuchter Umgebung (Uferschlamm, Güllepfützen). Unter den Vögeln sind die häufigsten Opfer Enten und aasfressende Vogelarten (Möwen, Greifvögel, Krähen), aber auch Gänse können betroffen sein.

Vogelgrippe – aus der Massentierhaltung zum Wildvogel

Die vornehmlich bei Geflügel auftretende Aviäre Influenza („Klassische Geflügelpest") wird heute kurz als Vogelgrippe bezeichnet. Verursacher sind Influenza A-Viren, die in vielen Varianten vorkommen. Viren benötigen einen Mechanismus, um an die Wirtszelle zu koppeln. Die jeweiligen Virentypen werden danach benannt, welche dieser Antigentypen sie auf ihrer äußeren Hülle tragen. Bei der Vogelgrippe sind das die Oberflächenproteine Hämagglutinin (H) und Neuraminidase (N). Es sind derzeit 18 verschiedene H-Subtypen und 11 verschiedene N-Subtypen bekannt, die mit Nummern bezeichnet werden. Das in der Wintersaison 2020/2021 grassierende Virus trägt daher die Bezeichnung H5N8. Influenza-A-Viren wurden bisher bei vielen Tierarten nachgewiesen, z. B. bei Enten, Gänsen, Puten, Fledermäusen, Schweinen, Walen, Pferden und Seehunden. In Vögeln wurden bisher die H-Subtypen 1–16 und 1–9 N-Subtypen gefunden. Zwei Subtypen (H17N10 und H18N11) wurden ausschließlich bei einigen mittel- und südamerikanischen

Fledermausarten entdeckt. Beim Menschen wurden bisher H1N1 (Spanische Grippe/Schweinegrippe), H2N2 (Asiatische Grippe), H3N2 (Hongkong-Grippe), H5N1 und H7N9 (beides Vogelgrippe) festgestellt.

Die Vogelgrippe zeigt sich in zwei Erscheinungsformen. Bei der ersten und häufigsten Form (LPAI = Low Pathogene Avian Influenza) zeigt die Krankheit einen milden Verlauf. Die infizierten Vögel weisen nur wenige, äußerst variable Krankheitssymptome auf, z.B. Atemwegsprobleme, Fieber, verringerte Legeleistung, Durchfall, zerzauste Federn und verringerte Aktivität. Ähnliche Infektionen kommen auch bei Menschen regelmäßig vor – als Grippe. Problematischer ist die zweite Form (HPAI= High Pathogene Avian Influenza), bei der das erkrankte Geflügel innerhalb kürzester Zeit nach der Infektion stirbt. Vielfach geschieht dies, ohne dass vorher deutliche Krankheitssymptome auftreten. Durch die hohe Mortalität werden HPAI-Viren seltener und schlechter übertragen: Ein Vogel, der an einem solchen Virus erkrankt, fliegt nicht mehr weit.

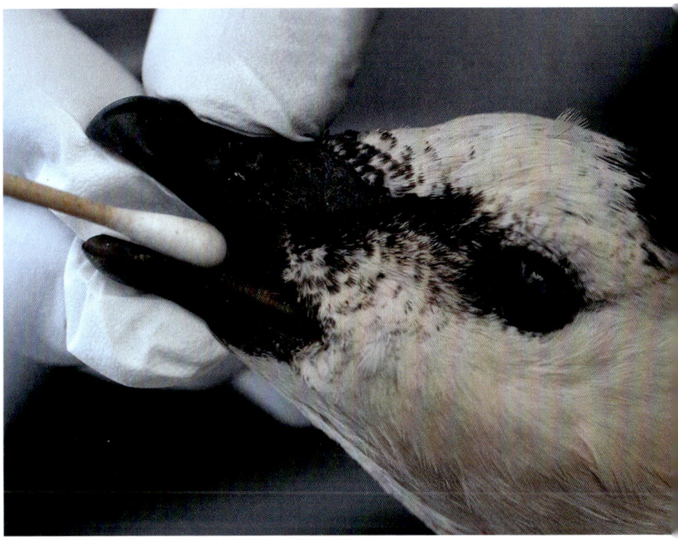

Im Rachenbereich lassen sich Influenza-Viren mit dem Tupfer gut nachweisen.

Bei wildlebenden Wasservögeln sind Vogelgrippeviren genetisch weitgehend stabil, die Übertragungsmöglichkeiten sind gering und eine Infektion verläuft meist symptomlos. Wildes Wassergeflügel wird daher als Reservoir für diese Viren in der Natur angesehen. Hausgeflügel, vor allem in der intensiven Massentierhaltung, hat ein Leben unter Dauerstress und durch die Haltebedingungen und die kurze Lebensdauer ein schwach ausgeprägtes Abwehrsystem und reagiert daher empfindlich auf eine Infektion. Besonders virulent zeigen sich die Subtypen H5 und H7. In Haltungen mit großen Beständen auf kleinem Raum erhöht sich die Vermehrungsrate der Viren enorm, da es zu vielen Infektionen kommt. Das Virus greift rasant um sich. In Folge dessen steigt die Zahl der Mutationen stark und die Wahrscheinlichkeit, dass dabei auch gefährlichere Virusvarianten entstehen, wächst sprunghaft an.

Erkrankte Vögel scheiden Viren über Kot, Sekrete des Atmungstrakts und der Genitalorgane sowie Tränenflüssigkeit aus. Beim Putzen gelangen Viren ins Gefieder und über den Kot in den Boden. Die Viren werden über die Atmung und mit der Nahrung aufgenommen. Innerhalb einer Region wird Vogelgrippe meist von Hof zu Hof übertragen. Infektiöser Staub kann durch Lüftung und Wind weitergetragen werden. Oftmals sind es aber Menschen, die durch infizierte Geräte, Fahrzeuge, Futter, Kleidung, Schuhe und Geflügelmist als Dünger eine Übertragung über kurze und weitere Entfernungen verursachen. Darüber hinaus können Tiere, z. B. Hunde, Katzen und insbesondere Mäuse und Ratten, Krankheitserreger im Fell oder an den Pfoten transportieren. Vorstellbar ist, dass möglicherweise auch Fliegen und Wildvögel Krankheitserreger über kurze Entfernungen transportieren. Bei offener Freilandhaltung von Geflügel sind regelmäßige Kontakte mit Wildvögeln, insbesondere mit Stockenten, Möwen oder Dohlen, kaum zu vermeiden. Die wilden Vögel teilen dabei Futter und Wasser bzw. Gewässer mit dem Hausgeflügel. Unter Freilandbedingungen gehaltenes Geflügel hat im Allgemeinen ein gut funktionierendes Abwehrsystem, sodass es nur selten erkrankt. Anders sieht dies bei Geflügel aus, das in großer Zahl in engen Ställen gehalten wird. Bei ihnen ist das Abwehrsystem geschwächt. Gelangt ein Virus in einen solchen Bestand, hat dies verheerende Folgen und der gesamte Bestand wird krank.

Erkrankte Vögel machen einen apathischen Eindruck.

Auch aus geschlossenen Ställen können Viren leicht nach draußen gelangen. Lüftungsanlagen der Stallungen enthalten keine virendichten Filtersysteme. Das Entweichen von Viren aus den Ställen ist eine Möglichkeit der Virenübertragung. Suchen z. B. Wildvögel um die Stallungen herum nach Futterresten, können sie mit Viren belasteten Aerosolen, Federn oder Kot der Stalltiere in Kontakt kommen und sich infizieren.

Für die Übertragung der Vogelgrippe über größere Entfernungen, von Region zu Region oder von Land zu Land sind Transporte von Tieren, Futtermitteln, Vogelmist und Geflügelteilen von größter Bedeutung. Unter günstigen Bedingungen können Vogelgrippeviren im Mist monatelang überleben. Schlachtgeflügel wird auf durchlüfteten Lastwagen transportiert. Bei der Kartierung von erfassten Vogelgrippefällen hat sich häufig gezeigt: An großen Ferntransport-Straßen befanden sich beidseitig die Infektionsherde.

Geflügelmist wird als Dünger über weite Entfernungen transportiert und auf Ackerflächen ausgebracht. Oftmals sind es die gleichen Flächen, die für die Zugvögel als Nahrungsflächen eine Bedeutung haben. Auch die weltweit anerkannte und selbst von der Welternährungsorganisation (FAO) geförderte Praxis, Fischteiche mit Geflügelmist zu düngen, trägt dazu bei, dass Krankheitserreger aus infizierten Geflügelbeständen über ein weiteres

Umfeld verbreitet werden. Über all diese Transport- und Verbreitungswege von Geflügelkot gibt es keine Dokumentationspflicht in der EU.

Darüber hinaus spielt das Züchten und Aussetzen von Enten, Fasanen und Rebhühnern für jagdliche Zwecke eine Rolle bei der Übertragung von Vogelgrippeviren aus der Tierhaltung auf freilebende Wildvögel.

Verbreitung des Virus unter Wildvögeln

Vogelgrippeviren aller Subtypen wurden in der niedrig-pathogenen Form bei Wildvögeln nachgewiesen. Doch für die Hypothese, dass Wildvögel an der Verbreitung von Vogelgrippe-Epidemien beteiligt gewesen seien, wurde nie ein Beleg gefunden. Obwohl Proben von Hunderttausenden von Wildvögeln in Eurasien und Nordamerika untersucht worden sind, wurden HPAI-Viren bisher nur bei erkrankten bzw. verendeten, jedoch nur äußerst selten bei symptomlosen Wasservögeln nachgewiesen. Darüber hinaus folgte die Verbreitung der HPAI-Viren nur in den seltensten Fällen den traditionellen Zugwegen der Vögel. Auch ließen sich regionale HPAI-Ausbrüche nur in den wenigsten Fällen mit dem Ablauf des Vogelzugs in Übereinstimmung bringen.

Infizierte Vögel sondern sich ab und sterben zumeist allein.

Obwohl Zugvögel in Einzelfällen regional und über kurze Abstände zwar eine Rolle bei der Übertragung von Varianten der HPAI-Vogelgrippe spielen können, kommt menschlicher Aktivität eindeutig die Hauptrolle zu. Da sie nach einer Infektion mit HPAI-Vogelgrippe-Viren meist nach kurzer Zeit sterben, sind Wildvögel nahezu ausnahmslos Opfer, nicht Täter/Verbreiter der Vogelgrippe. Auch wir haben seit 2005 intensiv immer wieder alle gefangenen und beringten Gänse zwischen den arktischen Brutgebieten und den Niederlanden auf Vogelgrippe hin untersuchen lassen. Das Ergebnis zeigt: Die Vögel in den Brutgebieten weisen keine Infektionen auf. Dies gilt auch für den Wegzug im Herbst. Allerdings steigt der Anteil von infizierten Vögeln im Laufe des Winters kontinuierlich an. Es ist also davon auszugehen, dass die Gänse sich erst in Westeuropa mit dem Virus anstecken.

Häufigste Virenträger sind Enten, die meist LPAI-Viren mit sich tragen. HPAI-Viren fanden sich in der freien Natur fast ausschließlich bei kranken und toten Wildvögeln, vornehmlich bei Enten, aber auch bei Gänsen, Schwänen und Watvögeln sowie bei Aas fressenden Vögeln, wie Mäusebussard, Krähen, Graureihern und Möwen. Die hier aufgeführten häufigsten, mit Wildvögeln in Verbindung gebrachten Meldungen betreffen vornehmlich die Vogelarten, die in nahrungsreichen Gewässern, im Flachwasserschlamm und auf mit tierischen Ausscheidungen gedüngten landwirtschaftlichen Nutzflächen Nahrung suchen.

Mobilität und Krankheitsübertragung

Vögel können krank werden und teilen mit den übrigen warmblütigen Tieren viele Krankheiten. Das Risiko, dass Menschen sich bei Vögeln anstecken, ist sehr gering, solange der Mensch keine länger andauernden intensiven, körperlichen Kontakte zu Vögeln hat. Dies gilt natürlich vor allem für Virentypen, denen wir als Menschen schon seit Jahrtausenden ausgesetzt sind und die unser Immunsystem im Prinzip schon kennt. Die Corona-Pandemie seit 2019 hat gezeigt, dass mit dem Vorrücken der Menschen und seines Viehs in bisher abgeschiedene Lebensräume auch die Gefahr wächst, auf Viren zu treffen, die uns bisher fremd sind.

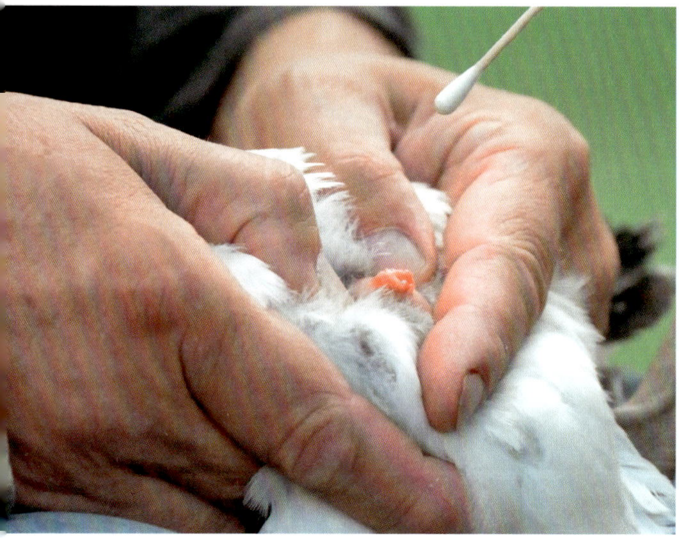

Mit Tupferproben lässt sich auch in der Kloake testen, ob die Vögel akut infiziert sind.

Trotz ihrer großen Mobilität sind Zugvögel denkbar schlecht für die Langstrecken-Übertragung ansteckender Krankheiten geeignet. Zwar haben einzelne Individuen in Laborexperimenten hochpathogene Infektionen überlebt, doch wird hierbei übersehen, dass gezüchtete bzw. in Gefangenschaft gehaltene Vögel kaum mit Wildvögeln vergleichbar sind. In freier Wildbahn haben diese wesentlich größere Herausforderungen zu bestehen. Fliegen kostet 10–15-mal mehr Energie und steigert den Sauerstoffverbrauch verglichen mit dem sitzenden Vogel um das 4- bis 5-Fache. Zugvögel sind Leistungssportler. Es erscheint daher wenig wahrscheinlich, dass erkrankte Vögel zu solchen körperlichen Anstrengungen in der Lage sind. Darüber hinaus müssen Wildvögel sich ihre Nahrung „erarbeiten“ und sie sind ständig Gefahren durch Fressfeinde, Wind und Wetter ausgesetzt. Auf geschwächten Vögeln ruht in freier Wildbahn ein hoher Selektionsdruck. All dies spricht eine deutliche Sprache: Zugvögel wie arktisch brütende Gänse kommen als Überträger von Infektionen auf weite Distanzen kaum infrage.

21 Die Wiederkehr der Graugans

Beim Aussetzen am Bederkesaer See flogen fünf Altvögel aus dem Stand durch die Erlenkronen aus der aus Ursus-Geflecht erbauten Voliere und die kleinsten Jungen kletterten durch den Draht. Aus dem Grunde wurden alle Vögel freigelassen. [..] Die Gänse halten sich sehr versteckt in den Schilfflächen vor dem Wochenendhaus. Sie werden mehrmals beim Schöpfwerk am Deich grasend beobachtet. Am 10.6.1980 holte FI Anw. [Forstinspektoranwärter, Anm. Verf.] Richter 1 Alt- und 12 Junggänse vom Dümmer, die am Ankeloher Randgraben mit der zu Hause aufgezogenen Gans ausgesetzt werden. [..] Seit August 1980 sind alle Gänse fortgeflogen.

Dierk Tielking. handschriftliche Notizen 1980

Früher kam die Graugans in den Fluss- und Küstenebenen Europas nahezu überall vor (Kap. 3). Bechstein stellte noch Anfang des 19. Jahrhunderts fest: „In Deutschland sind sie in offen sumpfigen, ebenen Gegenden, wo Seen und Teiche sind, nicht selten." Schon um die Mitte des 19. Jahrhunderts schreibt Naumann, dass die früher so häufige Graugans bereits aus großen Teilen Deutschlands verschwunden sei und bald zu den seltenen Vogelarten gehören werde. Hauptgründe war die Verfolgung (Jagd, Gelegesammlung) durch den Menschen und die Zerstörung der angestammten Lebensräume durch Moorkultivierung, Flussbegradigungen und Entwässerung der Niederungen. Etwa ein halbes Jahrhundert später war die Graugans im Westen Europas tatsächlich weitgehend ausgelöscht.

Misstrauisch warten die Graugänse am Ufer.

Diese Tatsache rief Mitte des 20. Jahrhunderts Jäger und Naturschützer auf den Plan. Die beginnenden 1980er-Jahre waren allgemein die Periode großer nationaler und internationaler Bemühungen um den Wasser- und Zugvogelschutz. In den 1970er-Jahren traten bereits wichtige internationale Verträge zum Schutz der Zugvögel in Kraft und Konrad Lorenz erhielt den Nobelpreis für seine ethologischen Studien u. a. an der Graugans. Horst Stern brachte sein Werk „Rettet die Vögel" heraus, das Ehepaar Klaus und Sybille Kalas hatte das Lorenz-Buch „Das Jahr der Graugans" mit den bekannten wunderschönen Fotos der Gänse illustriert, und in vielen Gegenden Deutschlands entwickelte sich eine Begeisterung für die Graugans.

Die Graugans kommt zurück

Die vom Menschen geplanten Wiederansiedlungen der Graugans begannen in Großbritannien in den 1930er-Jahren. Verschiedene Projekte in ganz Westeuropa folgten, in den 1960er-Jahren auch in Nordrhein-Westfalen und etwas später in Niedersachsen. Die Wiederansiedlung wurde oftmals durch die Jägerschaft oder das zuständige Landwirtschaftsministerium getragen. Die Herkunft der Vögel lässt sich heute nicht immer genau erfassen. Am Dümmer wurden ab 1962 Gänse ausgewildert, die von der Ostseeinsel Fehmarn stammten. Die 1964 in Braunschweig angesiedelten Vögel dagegen hatten ihren Ursprung bei Konrad Lorenz im Max-Planck-Institut in Seewiesen. In Nordrhein-Westfalen hat die Forschungsstelle für Jagdkunde mithilfe einer Zuchtpopulation dänischer und schleswig-holsteinischer Herkunft zuerst im Rheinland (1963, Bislicher Insel) und später auch in Westfalen an mehreren Stellen lokale Graugans-Populationen begründet. Ab den 1990er-Jahren wanderten auch zunehmend Graugänse aus den Niederlanden in Niedersachsen und Nordrhein-Westfalen ein.

Seit den Aussetzungen 1960/80 hat die Graugans ihren ursprünglichen Lebensraum wieder besiedelt.

In Süddeutschland waren es überwiegend Privatleute, die, durch das Vorbild Konrad Lorenz inspiriert, Graugänse in ihrem Umfeld wünschten. Zudem breiteten sich die Lorenz'schen Graugänse von Seewiesen her im süddeutschen Raum aus. An vielen Orten konnten diese ausgesetzten Vögel stabile Brutpopulationen ausbilden. Dies war auch deshalb möglich, weil sich der Schutz von Feuchtgebieten erheblich verbessert hat. Vielerorts entstanden zusätzliche Gewässer durch Sand und Kiesgewinnung sowie durch die gesetzliche Pflicht zu Ausgleichsmaßnahmen. Ob sich daraus wieder weitgehend natürliche Populationen mit einem den Wildvögeln vergleichbaren Zugverhalten gebildet haben, wurde nicht konsequent untersucht. Zumindest Teile einiger Lokalpopulationen zeigten ein Zugverhalten, wie Ringfunde u. a. aus Spanien, Frankreich und sogar Nordafrika belegen. Andere Populationen entwickelten auch keines. Milde Winter der jüngeren Vergangenheit begünstigten jedoch das Verbleiben der Vögel im Winter. Das spricht nicht gegen eine Natürlichkeit der Population, genauso wenig wie die genetische Vielfalt.

Meister der Anpassung: Brüten in der Kulturlandschaft

Graugänse brüten traditionell in Feuchtgebieten in der Nähe von Seen oder Flüssen. Auch Inseln vor der Küste werden gern als Brutplätze gewählt. In diesen Gebieten nutzen sie eine große Vielfalt von Habitaten und Nistplätzen. Die meisten Graugänse brüten im Röhricht. Die Nester werden versteckt in hoher Vegetation angelegt. Wo nötig, bauen die Gänse hohe Nesthügel, die aus dem Wasser aufragen. Wie wir aus dänischen Untersuchungen wissen, hängen die Brutbestände von der Zahl sicherer Brutplätze ab. Fuchs, Marderhund und Waschbär können die Zahl der Gelege stark reduzieren und sogar die brütende Gans töten. Aber auch starkes Hochwasser, wie es während der Brutzeit infolge der künstlichen Vertiefung der norddeutschen Flüsse oder im Überschwemmungsbereich des Rheins immer wieder vorkommt, kann zum Gelegeverlust führen.

Ihre Nester legen Graugänse gerne auf Inseln und im Röhricht an.

In Niedersachsen brüten Graugänse überwiegend in den Salzwiesen des Wattenmeers sowie in Schilfzonen der Flüsse, Seen und Moore. In Schleswig-Holstein lassen sie sich zudem in nassen Bruchwäldern, seltener auch in Mooren oder alten Greifvogelhorsten nieder. In Nordrhein-Westfalen findet man Graugänse vornehmlich entlang größeren und kleineren Flüssen, wo sie in den Röhrichten der Auen und in den angrenzenden Baggerseen brüten. Nicht zuletzt besiedeln Graugänse auch oftmals innerstädtisches Gelände, wo Wasserflächen mit Inseln zu finden sind. Generell werden Gebiete mit angrenzenden Nahrungsflächen bevorzugt, jedoch wandern sie auch bis zu zwei Kilometer weit, um solche Flächen zu erreichen.

Grauganssfamilie - die schwarze Schnabelspitze kennzeichnet die Jungvögel.

Häufig werden die durch diese Wiederansiedlungen entstandenen Graugans-Populationen als nicht richtig „wild“ angesehen, weil sie in der Nähe des Menschen brüten oder nicht weit ziehen. Wie andere Tierarten auch sind Graugänse Opportunisten, d. h. sie nutzen ihre Umwelt so gut es geht. Hierbei hängt es weniger davon ab, wie „wild“ die Vögel sind. Brüten in der Stadt kann aus Gänsesicht sehr sinnvoll sein: Ein reichliches, hochwertiges Angebot an Nahrung, eine geringe Zahl von Fressfeinden und eine große Biotopvielfalt sprechen für die Stadt. Auch ist es in den Siedlungen im Winter wärmer. Die Brut kann früher beginnen. Andererseits gibt es dort viele Menschen, Fahrzeuge und Hunde. Um in der Stadt zu überleben, müssen sich die lernfähigen Vögel stark anpassen. Das heißt aber nicht, dass Parkvögel automatisch degenerierte Zootiere sind. Wie bei vielen anderen Vogelarten auch, ist für die Graugans nachgewiesen, dass die Brutvögel des Sommers über den Winter hin weite Ausflüge unternehmen, in der Feldmark rasten und durchaus auf große Distanz vor Menschen fliehen können. Wie die bereits mehr als 30 Jahre lang untersuchte Grauganspopulation in Hamburg zeigt, sind die gleichen Vögel im Stadtpark kaum scheu, verhalten sich tags darauf an der Elbe aber so „natürlich“ wie alle anderen Vögel. Wer als Vogel in unserer Kulturlandschaft überleben will, muss sich mit den Gegebenheiten in der von Menschen besiedelten Umwelt arrangieren. Unsere Einteilung von Park, freier Landschaft und Natur wird von den Gänsen so eben nicht geteilt.

Entsprechend ist der klassische herbstliche Wegzug über die Niederlande nach Spanien oder Nordafrika kein eindeutiges Kriterium für die „Wildheit" eines Bestandes. Das Ausbleiben harter Winter in den 1990er- und 2000er-Jahren hat dazu geführt, dass selbst die skandinavischen Graugänse mehr und mehr versuchen, nicht allzu weit entfernt von ihren Brutgebieten zu überwintern. Der Mechanismus ist einfach: Wer nicht zieht oder nicht weit ziehen muss, erspart sich viel Energie und Risiko, kommt in besserer körperlicher Verfassung wieder am Brutplatz an und dies möglicherweise sogar zeitiger. Diese Vögel bringen also alle Voraussetzungen mit, erfolgreicher zu brüten als die Artgenossen, die den Winter in Nordafrika verbracht haben. Zugverhalten ist Gänsen nicht angeboren. Es beruht zwar auf einer grundsätzlichen Zugbereitschaft, die durch Hormone gesteuert wird, aber auch auf einer individuell erlernten Tradition und der Notwendigkeit, die heimischen Brutgebiete z. B. aufgrund der Witterung zu verlassen. Wilde Gänse müssen im Winter nicht ziehen.

Noch mehr Anpassung – veränderte Zugwege

Wie bei vielen Vogelarten hat sich auch das Zugverhalten der Graugans durch den Klimawandel verändert. Milde Winter und eine herausragende Nahrungsgrundlage aus Maisstoppel und Grünland machen für die Vögel aus Westdeutschland, den Niederlanden oder Belgien weite, gefährliche Flugstrecken entbehrlich. Waren ihre klassischen Winterquartiere eher in Nordafrika, Spanien und zunehmend auch in den Niederlanden zu finden, so wandern die skandinavischen, ostdeutschen und polnischen Graugänse heute oftmals nur noch bis Norddeutschland. Selbst Vögel aus Tschechien und Ungarn wurden schon im Winter in Deutschland beobachtet: Ein reich gedeckter Tisch spricht sich herum.

Ohnehin ist der Gänsezug des Winterhalbjahrs schwer zu durchschauen. Die Hauptursache hierfür liegt in den vielen Teilpopulationen der Graugans. Deutlich wird dies in jedem Frühjahr in Norddeutschland. Während die lokalen Brutvögel im Winter überwiegend vor Ort bleiben, ziehen Individuen der östlichen und nordischen Populationen in verschiedenen Wellen durch. Während im Frühjahr die ersten heimischen Graugänse bereits ihre Küken führen, rasten in derselben Region noch große Gruppen von Vögeln nordischer Brutpopulationen. In Skandinavien, nördlich des Polarkreises, können sie mit der Brut erst einen guten Monat später beginnen. Die Bruthabitate sind vorher noch vereist und teils schneebedeckt. Sie haben also noch viel Zeit. Für eine Einschätzung des lokalen Brutbestandes birgt dies erhebliche Probleme: wer brütet hier, wer rastet noch?

Trotz der Bestandserholung der heimischen Graugänse in den letzten zwanzig Jahren stammt die Mehrzahl der hier vorkommenden Gänse im Herbst,

Winter und Frühjahr aus dem Norden. Auf ihrem Zug in den Mittelmeerraum nutzen sie zahlreiche Zwischenrastgebiete. Mithilfe individuell markierter Vögel konnten die skandinavischen Gänseforscher Leif Nilsson und Arne Follestad dies eindrücklich zeigen. Dabei ziehen die nördlichsten Brutvögel die längste Strecke und finden sich im Winter am weitesten im Süden wieder. Der Zug findet zeitlich gestaffelt statt. Durch den frühen Wintereinbruch ziehen die nordnorwegischen Graugänse bereits Anfang September Richtung Süden, während die südschwedischen Graugänse erst im Oktober auf die Reise gehen. Am Dollart, der Nordseebucht an der Emsmündung, konnte dies in den 1990er-Jahren anhand markierter Vögel in beeindruckender Weise festgestellt werden. Zuerst kamen die Norweger, dann die schwedischen und dänischen Brutvögel, ganz zuletzt die aus Brandenburg und Mecklenburg. Im Frühjahr zeigte sich der gleiche Ablauf, aber in umgekehrter Reihenfolge.

Koexistenz mit der Graugans

Dank des Engagements von Jägern, Vogelschützern und Liebhabern ist die Graugans bei uns als Wildvogel wieder heimisch geworden. Dies kann als ein großer Erfolg für alle Beteiligten angesehen werden. Aber wie immer, wenn Tiere sich vermehren, kippt die Einschätzung der Situation in der menschlichen Bevölkerung. Lokal, und vor allen Dingen im städtischen Umfeld, kommt es heute zunehmend zu Konflikten zwischen Gänsen und Menschen: Weideschaden, Verschmutzung, Überpopulation, Bejagung, Vogelgrippe – das sind Themen, die bei der Diskussion um die Gänse in der Öffentlichkeit immer wieder eine Rolle spielen. Doch sollte dies das generelle Bild nicht trüben. In einer in vielen Feldern von Natur und Wildtieren entfremdeten Gesellschaft ist es vielleicht manchmal angeraten, Toleranz gegenüber den Mitgeschöpfen zu entwickeln und zu fördern. Eine Vogelart, die durch die Eingriffe unserer Vorfahren ausgestorben war, ist dank anderer Maßnahmen des Menschen zurückgekehrt. Dies geschah nicht zuletzt deswegen, weil wir in vielen Bereichen wieder für tragfähige Lebensräume gesorgt haben. Im Grunde sollte uns das angesichts des fortschreitenden Artensterbens auch in Deutschland dazu ermutigen, die zurückgekehrten Graugänse zu tolerieren und allgemein mehr für die Erhaltung der Natur zu tun.

Grauganspaar in Nestnähe

22 Neue Gänse hat das Land: Neozoen

Nach der Ankunft brachte er sie dorthin und setzte sie in ein Gehege mit vielen anderen Gänsen. [..] Die Gänse in dem Gehege fanden nichts dabei, dass Borka keine Federn hatte. Es waren ja schon so viele fremde Vögel da. Niemand lachte über ihre graue Wolljacke und alle Gänse waren gut zu ihr.

John Burningham „Borka–Die Erlebnisse einer Wildgans" 1963

Alle Tierarten, die durch den Menschen künstlich in Gebiete gelangen, wo sie vorher nicht heimisch waren, nennt man dort „Neozoen" (= neue Tiere). Entscheidend ist die Hilfe des Menschen bei der Neuansiedlung. Während Nandu, Truthuhn, Streifen-, Kanada- und Schneegans sich nur mit menschlicher Hilfe in unseren Landschaften ansiedeln konnten, hätte die Nilgans sich z.B. auch ohne Hilfe bei uns einfinden können. Bei Weißwangen- und Rostgans ist dies sogar sehr wahrscheinlich: Sie haben sich ohne Hilfe des Menschen bei uns angesiedelt.

Eine gebietsfremde Art gilt als in der neuen Heimat „etabliert" (= hat sich im Ökosystem einen festen Platz gesichert), wenn sie sich in freier Natur und ohne menschliche Hilfe über mehrere Generationen erhalten hat. In diesem Sinne sind Kanadagänse, Nilgänse, Rostgänse und Türkentauben eindeutig etabliert, während Streifen- und Schneegans es nur zu „freifliegenden Park-

Badende Nilgans: Die Art ist bei uns in stetiger Zunahme begriffen.

vögeln“ gebracht haben. Eine gebietsfremde Art gilt als „invasiv“, wenn sie sich in ihrer neuen Heimat ausbreitet und dabei einheimische Arten in ihrer Existenz gefährdet. Wenn ein Neozoon als „invasiv“ eingestuft wird, muss der Bestand der Art laut Gesetz am neuen Standort insgesamt aus der Natur entfernt werden. Besonders bei großen Wirbeltieren wie Wasservögeln besteht das Mittel der Wahl darin, den Anfängen zu wehren, das heißt zu verhindern, dass sie aus menschlicher Obhut in Freiheit gelangen.

Gehegte Lieblinge

Bereits im Alten Rom hielten reiche Bürger exotische Vögel auf ihren Gütern. Umgeben von gepflegten, weitläufigen Gärten und glitzernden Gewässern waren exotische Wasservögel ein Zeichen ihres Wohlstands. Von dort aus breitete sich diese Mode in Westeuropa aus und ab dem 16. Jahrhundert wurden immer mehr exotische Arten wie Nilgans, Rostgans, Streifengans und Schneegans von den Menschen an hiesigen Höfen angesiedelt. So viel diese Tiere ihren Besitzern auch bedeuteten, gelang es doch immer wieder einigen der Vögel, in die Freiheit zu entkommen. Dies kann als Flucht in Panik, durch einen beschädigten Zaun oder ein offenes Tor geschehen oder als absichtliche Freisetzung. Auch heute kann dies in vermeintlich guter Absicht geschehen, um den Tieren ein besseres Leben in Freiheit zu ermöglichen und die Artenvielfalt in Feld und Wald zu bereichern. Solch ein Vorgehen ist heutzutage strafbar, da es die Zusammensetzung des heimischen Ökosystems gefährdet.

Oft wurden exotische Gänse auch in den heimischen Jagdbestand entlassen, da es als besonderes Ereignis galt, die farbigen bzw. besonders großen Tiere zu erlegen. Ein weiteres Problem ist der Markt für einheimische und exotische Wasservögel, der derzeit als fest etabliert gilt. Angebot und Nachfrage regulieren die Preise. Sind diese zu niedrig, ist es möglich, dass Züchter eine „Überproduktion“ an Jungvögeln in einer Nacht-und-Nebel-Aktion vor die Tür setzen.

Für eine lange Zeit war es legal, das Ziergeflügel durch Kupieren der Knochen einer Flügelspitze am Fliegen zu hindern. Sie konnten dadurch für den Rest ihres Lebens dort keine Handflügelfedern mehr ausbilden und blieben flugunfähig. Das Verfahren wurde im Zuge der Novelle des Bundestierschutzgesetzes 1998 verboten. Mit diesem Gesetz hat man zwar das potenzielle Leiden vieler Tiere gemindert, aber auch die Anzahl der in die Freiheit entkommenden Wasservögel erhöht. Die Auswirkungen einer Freisetzung für die unerfahrenen Tiere sind enorm. Sie kennen die Lebensbedingungen nicht und wurden nie darauf vorbereitet, sich selbst um ihre Versorgung und Sicherheit zu kümmern. Der größte Teil der Gefangenschaftsflüchtlinge oder „befreiten“ Gänse überlebt daher nicht lange.

Besetzung „freier" Nischen

Lebensräume, in denen die exotischen Flüchtlinge die größten Chancen auf ein längeres Überleben haben, sind städtische Grünanlagen. Als Parkvögel sind sie bereits an Menschen gewöhnt und lassen sich gern von den Besuchern füttern. Auch gibt es in der Stadt weniger Feinde, und Gewässer zum Schlafen und als Schutz vor Fuchs und Marder sind meistens vorhanden. Kommen genügend Individuen einer Art zusammen, bilden sich oft sogenannte Inselpopulationen, die über viele Jahre in einem Park oder an einem Badesee leben und sich dort sogar fortpflanzen. So hat sich z.B. eine Gruppe von Schneegänsen auf einer Insel in einer Parkanlage in Neuss am Rhein (NRW) angesiedelt und verhält sich dort weitgehend ortstreu. Da es sich um Neozoen handelt, ist die Gruppe zum Streitpunkt zwischen Natur- und Tierschützern sowie Anwohnern geworden.

In Parkanlagen werden seit Jahrhunderten exotische Wasservögel gehalten – wie hier Kanadagänse.

Das deutschlandweit einzige Vorkommen von verwilderten Schwanengänsen besteht auf den Neckarwiesen in Heidelberg. Die Vögel haben sich dort bereits derart vermehrt, dass regelmäßig Eier aus den Nestern entnommen werden, um zu starken Weidedruck im Gebiet zu verhindern. Auch mehrere kleine Streifenganspopulationen sind in verschiedenen deutschen Parks nachgewiesen. Ihre Fortpflanzungserfolge sind jedoch so gering, dass hier nicht eingegriffen wird. Parkanlagen werden in der Regel nicht dauerhaft von wilden Wasservögeln genutzt. Deshalb ist die Ansiedlung von Exoten hier unproblematisch und keine Gefahr für die Funktion eines natürlichen Ökosystems. In den meisten Parks mit ihren gepflegten Rasenflächen und exotischen Baumbeständen kann von heimischer Flora und Fauna kaum die Rede sein. Da geht es dann allenfalls um den Ärger mit dem Gänsekot, der im frischen Zustand an den Schuhen der Besucher hängen bleibt. Für viele Menschen ist ein solches halbwildes Gänsevorkommen auch eine touristische oder pädagogische Attraktion.

Auch die Besiedlung natürlicher „freier" Nischen hat sich als weitgehend unproblematisch dargestellt. Wie in anderen Teilen Europas war der heimische Bestand der Graugans im frühen 20. Jahrhundert im südlichen Schweden weitgehend ausgestorben. Als in den 1930er-Jahren dort durch den bekannten Autor Bengt Berg Kanadagänse angesiedelt wurden, fanden sie freie Gewässer mit geeignetem Nahrungsangebot im Umfeld vor. Bis heute konnten die Kanadagänse – trotz Konkurrenz zur wieder erstarkten Grauganspopulation – ihre Zahlen auf bis zu 100.000 Tiere vermehren. Zahlreiche Familien haben schon Zugverhalten ausgebildet. Sie ziehen im Winter an die Ostsee, ins deutsche Binnenland oder in die Niederlande, wo sie auf verschiedene Inselpopulationen nicht-ziehender Kanadagänse treffen.

Weitere Beispiele für erfolgreiche und bisher unproblematische Ansiedlungen in Mitteleuropa sind die Rostgans und die Nilgans – beides keine Gänse, sondern gänseähnliche Entenverwandte mit irreführenden Namen. Die Rostgans hat sich in den 1970er-Jahren in verschiedenen Regionen entlang des Rheins ausgebreitet. Sie wurde besonders am Unteren Niederrhein und im Bodenseeraum schnell heimisch, von wo sich derzeit sogar eine Zugtradition zur Überwinterung in den Niederlanden zu entwickeln scheint. Woher die Neusiedler stammen, lässt nicht mit Sicherheit sagen. Als ursprüngliches Herkunftsgebiet der Rostgans gilt Zentralasien. Da es im 20. Jahrhundert aber auch Einflüge von südosteuropäischen Brutvögeln in West- und Mitteleuropa gab und daneben von etlichen Orten in Deutschland auch Gefangenschaftsflüchtlinge bekannt sind, besteht die heutige deutsche Wildpopulation der Rostgans wahrscheinlich aus einer Mischung von Vögeln aus unterschiedlichen Quellen.

Die Rostgans breitet sich als neue Art in Mitteleuropa aus.

Nilgänse wurden bereits im 17. Jahrhundert in Großbritannien und den Niederlanden in menschlicher Obhut gehalten. Seit dem 19. Jahrhundert gibt es eine freilebende und brütende Population aus Nilgänsen in Großbritannien und seit den 1960er-Jahren ebenfalls in den Niederlanden. Seit den 1980er-Jahren kolonisierten die niederländischen Nilgänse Deutschland und Belgien und später auch Frankreich. Die Rostgänse brüten in Höhlen auf oder über dem Boden, in Baumhöhlen und auf Dachböden, die Nilgänse in Baumhöhlen sowie in Boden-, Fels- und Baumnestern, was bei heimischen Gänsen nicht vorkommt. Außerdem nutzen sie Gebiete, die entschieden weiter landeinwärts und abseits großer Flüsse gelegen sind. Auch diese Regionen gelten demnach als „freie“ Nischen. Sowohl Nil- als auch Rostgänse können nahe ihrem Nest und in Begleitung ihrer Jungen aggressiv sein, auch anderen Arten gegenüber. Dies führt oft zu der Sorge, dass sie einheimische Wasservogelarten verdrängen könnten. Es konnten aber bisher keine negativen Effekte bei den Populationen ansässiger Arten nachgewiesen werden. Die oft zitierte Besetzung von Storchennestern durch Nilgänse ist wohl eher als Ausnahme zu betrachten.

Mixing und biologische Vielfalt

Gelangen einzelne Individuen exotischer Arten in die freie Landschaft und überleben dort, so schließen sie sich oft wilden Gänsen anderer Arten an. Aus Ermangelung eigener Artgenossen kann es dabei zu Mischverpaarungen kommen. Solche gemischten Paare können Eier und Junge produzieren, die überlebensfähig sind, sogenannte Hybridgänse. Für eine Vielzahl an Kombinationen verschiedener Gänsearten ist dies möglich. Solche Mischpaare treten jedoch nur vereinzelt auf. Am weitaus häufigsten kommt es zu Hybridisierungen von Graugänsen mit Kanadagänsen. Bisher wurde die Ansicht vertreten, dass Nachkommen solcher Paare unfruchtbar sind und somit den Genpool der verschiedenen Arten nicht nachhaltig beeinflussen. Neueste Erkenntnisse zeigen jedoch, dass viele dieser Hybridgänse fruchtbar sind. Nur bei genetisch weit entfernten Elternteilen kann es zu unfruchtbaren Weibchen kommen. Zumeist sind aber die genetischen Schranken zwischen den Gänsearten nur gering ausgeprägt. Prägung durch die Eltern und Geschwister sowie die geographische Trennung der Brutvorkommen scheinen unter natürlichen Umständen auszureichen, damit die derzeitigen Gänsearten stabil bleiben. Wenn vereinzelte fremdartige Gene in einen Genpool eindringen, kann das sogar nützlich sein, weil hierdurch schnelle Anpassungen an neue Lebensbedingungen ermöglicht werden. Vor allem kleine Populationen profitieren von solch einer Vergrößerung ihres Genpools. Aber eine zu häufige Fremdverpaarung zweier Arten kann auch zu Problemen führen. Die amerikanische Schwarzkopfruderente ist solch ein Beispiel. Die Erpel verpaaren sich häufig mit der in Südeuropa einheimischen Weißkopfruderente. Da die amerikanischen Männchen aggressiver und kräftiger sind, werden die heimischen Erpel vertrieben. Die Verpaarung mit den fremden Männchen führt dazu, dass es kaum noch „reine" Weißkopfruderenten gibt und diese Art vom Aussterben bedroht ist. Zum Schutz werden nun Abschussprogramme durchgeführt, um die Verbreitung der Schwarzkopfruderente in Europa einzudämmen. Dies sind höchst aufwendige und teure Programme, die zudem von Tierschützern abgelehnt werden.

Hybrid zwischen Weißwangengans und „grauer" Gans. Jungvogel im 1. Kalenderjahr

Kanadagänse sind mittlerweile im Westen Deutschlands auch außerhalb der Städte verbreitet.

Neozoen: ein Fazit

Das Vorkommen exotischer Gänsearten in unseren Parks und anderen „freien“ Nischen gilt aus Sicht des Natur- und Umweltschutzes zumeist als tolerierbar. Auf lange Sicht ist es möglich, dass sich einige konkurrenzstarke und anpassungsfähige Arten weltweit verbreiten und zu Verlusten der Biodiversität auf unserer Erde führen. Deshalb gilt es, regionale Authentizität zu bewahren.

Aus heutiger Sicht muss man feststellen, dass Kanadagänse, aber auch Nil- und Rostgänse mittlerweile so großflächig verbreitet sind, dass wir uns mit ihnen wohl arrangieren müssen. Lokale Konflikte wegen möglicher Fraßschäden mit der Landwirtschaft oder wegen der Verkotung von Wiesen mit Schwimmbadbetreibern oder Parkbesuchern nehmen zu, sollten aber mit gezielten Maßnahmen lösbar bleiben. Allerdings ist es nötig, die Ausbreitung neuer Arten und ihre Auswirkung auf die heimischen Ökosysteme genau zu beobachten, zu bewerten und, falls nötig, zu reagieren. Von anderen Artengruppen wissen wir, dass durch die derzeitige Globalisierung jeden Tag fremde Arten in ferne Ökosysteme gelangen. Wie sich ihr Einfluss dort auswirkt, kann nicht vorhergesagt werden. Aus diesem Grund sollte das Freisetzen oder das Freikommen exotischer Wasservögel grundsätzlich vermieden werden.

23 Hausgänse

Ein Hausvater, der eigenmächtig etwas für den Haushalt eingekauft hat, verliert, sobald er seiner Wohnung sich nähert, mehr und mehr den Mut. Er ist zu Hause schutzlos den Vorwürfen und dem Hohn seiner Hausgenossen preisgegeben, da er bestimmt unrichtig und zu teuer eingekauft hat. Doch in diesem Falle erntete Vater Löwenhaupt überraschend hohes Lob. Mutter Löwenhaupt fand die Gans fett, gewichtig und preiswert. Das Hausmädchen Theres lobte das schöne weiße Gefieder; sie stellte jedoch in Frage, wo das Tier bis Weihnachten sich aufhalten solle? Die zwölfjährige Elli, die zehnjährige Gerda und das kleine Peterle – Löwenhaupts Kinder – sahen aber hier überhaupt kein Problem, da es ja noch das Bad und das Kinderzimmer gäbe und das Gänschen unbedingt Wasser brauche, sich zu reinigen. Die Eltern entschieden jedoch, dass die neue Hausgenossin im allgemeinen in einer Kiste in dem kleinen warmen Kartoffelkeller ihr Quartier beziehen solle und dass die Kinder sie bei Tag eine Stunde lang draußen im Garten hüten dürften. So war das Glück allgemein.

Friedrich Wolf „Die Weihnachtsgans Auguste" 1946

Gans und Mensch – eine lange Geschichte

Ein eben geschlüpftes Gänseküken bindet sich an das erste sich bewegende und Laute von sich gebende Objekt, das es wahrnimmt. Den zugrundeliegenden Lernprozess bezeichnet man nach den Verhaltensforschern Oskar Heinroth und Konrad Lorenz als Prägung (Kap. 11). Die Bindung bezieht sich unter natürlichen Bedingungen auf die Gänsemutter, kann aber auch auf den Menschen oder unbelebte Objekte gerichtet sein. Sie wirkt bei dem

Hausgänse gehörten früher zu jedem Bauernhof.

Vogel lange Zeit fort, unter Umständen lebenslang. Sie ist die Grundlage der Domestikation von Gänsen.

Wo Menschen in der Frühzeit siedelten, gab es auch Wasser – und Wasservögel. Gänse sind als Nahrung wohl sehr lange bei Menschen beliebt. Der Gans kam daher auch eine kulturelle Bedeutung zu. Dies belegt der Fund einer kleinen Figur in der Höhle Vogelherd in der Schwäbischen Alb, deren Alter auf ungefähr 32.000 v. Chr. geschätzt wird. Gänse wurden bereits in vorgeschichtlicher Zeit besonders auf der Nordhalbkugel in Asien und Europa als Nutztiere gehalten. Die Stammform der meisten europäischen Hausgänse ist die Graugans. In Asien tritt als Gegenstück dazu die Höckergans auf, die domestizierte Form der in Zentralasien als Wildvogel verbreiteten Schwanengans. Neben der Taube gilt die Gans als die älteste Haustierart unter den Vögeln. Die erste Zähmung der Gänse dürfte bereits in der Jungsteinzeit vor rund 5.000 Jahren vor sich gegangen sein. Die Domestikation ist ein vom Menschen gesteuerter evolutionärer Prozess der Selektion: Individuen mit den begehrten Eigenschaften werden gezielt weiter gezüchtet, während andere Tiere ausgesondert werden. Im Vergleich zu anderen Haustierrassen ist allerdings die Variationsbreite der Hausgänse relativ gering geblieben und bezieht sich überwiegend auf die Größe, das Gewicht, die Legeleistung und die Flugfähigkeit. Die meisten Hausgansrassen sind flugunfähig, was die Haltung wesentlich erleichtert.

Gänsefigur aus der Höhle Vogelherd (Replik)

Hausgänse seit der Frühzeit

Bereits im Alten Ägypten ist die Haltung von weißen Gänsen belegt, die der Ernährung der Könige und Priester dienten. Aus dem Alten Reich (ca. 2300 v. Chr.) datiert ein Schöpfungsmythos, bei dem der Gans eine sakrale Bedeutung zukommt. Am Anfang der Welt gab es danach eine Insel im Urgewässer, auf der ein Ei lag. Aus diesem schlüpfte der Sonnengott und flog in Gestalt einer Gans davon. Im Alten Ägypten spielten Gänse eine mythische und religiöse Rolle. Die Gans wurde u.a. mit den ägyptischen Göttern Amun und Seth verbunden. Das Wort „Sohn" wird in der ägyptischen Schrift häufig mittels einer stilisierten Gans dargestellt. Von Grabfresken – u.a. aus der Meidum-Nekropole – wissen wir mehr: Zur Zeit des Alten Reiches (ca. 2640 – 2134 v. Chr.) kamen in Alt-Ägypten nebst den dort einheimischen Nilgänsen als alljährliche Wintergäste auch Grau-, Bläss- und Rothalsgänse sowie möglicherweise Saatgänse vor, die sich auf den nahrungsreichen herbstlichen Stoppelfeldern ernährten. Spätestens während des Mittleren

Reiches (ca. 2040–1650 v. Chr.) wurden in Ägypten Graugänse domestiziert und als Hausgänse gehalten und gezüchtet.

Auch die Griechen und die Römer der Antike haben domestizierte Graugänse wegen ihres Fleisches und ihrer Federn gehalten. Bei den Griechen war die Gans der Persephone heilig, der Göttin des Frühjahrs und der Unterwelt. Gänse dienten auch als Schoßtiere, deren Schönheit bewundert wurde. Auch Penelope, Prinzessin aus Sparta und spätere Frau des Odysseus, soll nach der Sage eine Schar von zwanzig Gänsen besessen haben. Bei den Römern war die Gans der Juno heilig, und daher wurden im Junotempel auf dem Kapitol Gänse gehalten. Bei dem Einfall der Kelten unter Brennus 387 v. Chr. sollen sie durch ihr Alarmgeschrei die Besatzung geweckt haben. Nach Plinius d. Ä. sollen die Gänse so die Stadt Rom gerettet haben. Nur die Gänse auf dem Kapitol waren noch wach und warnten, während die Stadt durch das Schweigen der Hunde bereits verraten war. Wegen ihres lauten Geschnatters bei einer Störung durch unbekannte Personen werden Gänse auch in der heutigen Zeit noch verschiedentlich zu Wachzwecken eingesetzt.

Wie sehr die Römer Gänse als Speise schätzten, zeigt sich auch in Küchenknochenfunden aus der Colonia Ulpia Trajana (100–275 n. Chr. bei Xanten) am Niederrhein, wo man die Knochen von drei Gänsearten fand: Hausgans bzw. Graugans, Saatgans und Blässgans. Auch aus spätrömischer und byzantinischer Zeit im 5. bzw. 6. Jahrhundert gibt es Knochenfunde, nach denen Gänse auf dem Speisezettel standen. So wurden bei Neapel Knochen von Haus- bzw. Graugans und Saatgans gefunden. In der westlichen Türkei waren Haus- bzw. Graugans, Bläss- und Zwerggans, in Palästina und Syrien Haus- bzw. Graugans und Blässgans beliebt, während man in Karthago und Umgebung Haus- bzw. Graugänse sowie nicht näher bestimmte kleinere Gänse verspeiste. Auch auf einem der großen Bildsteine auf Gotland aus der Wikingerzeit ist deutlich eine Gans zu sehen.

Bildstein aus der Wikingerzeit, Gotland Museum Visby

Bereits im Römischen Reich gab es große Gänsefarmen. Die Praxis, die Eier künstlich auszubrüten, war dort ein gängiges Verfahren. Gänse wurden gehalten, da sie Fleisch, Fett und warme Daunenfedern lieferten. Schon im Alten Ägypten und im antiken Griechenland wurden Gänse gestopft, sodass sie durch das erzwungene Überfüttern eine stark verfettete Leber entwickelten. Hierzu wird mithilfe eines Metallrohrs oder eines Schlauchs Körnernahrung und Wasser in den Magen gepumpt. Homer berichtet über diese Form der Fütterung, wodurch sich die Vögel von den anderen Tieren auf dem Bauernhof unterschieden (Homer, 19, 536 ff). Die Praxis des

Graugans und verwilderte Hausgans fliegen zusammen.

Gänsestopfens besteht auch noch heute fort, beispielsweise in Frankreich, wo man Gänseleberpastete herstellt. In Deutschland ist dieses brutale Verfahren durch das Tierschutzgesetz verboten.

Ein warmes Wams

Die Idee, aus den Daunen warme Jacken zu fertigen, gelangte schon im 1 Jh. n. Chr. aus Germanien ins ausgehende Römische Reich. Die besten und teuersten Daunen werden aus den Nestern von Eiderenten gewonnen. Dagegen ist das Sammeln von Daunen aus den Nestern von Enten und Gänsen kaum verbreitet, dazu ist auch die Reinigung des Materials extrem aufwendig. Dies liegt auch daran, dass die Graugans wenige Daunen in ihre Nester legt und die arktischen Gänsenester nur schwer zu erreichen waren. Dennoch stammt der überwiegende Teil der heute gehandelten Daunen von Enten und Gänsen. Der größte Teil der Gänsedaunen wird sogar von lebenden Tieren gewonnen. Dabei unterscheidet man das maschinelle Rupfen und das Rupfen mit der Hand. Grundsätzlich ist jede Art des Lebendrupfens mit starken Belastungen und oftmals schmerzhaften Verletzungen der Vögel verbunden. Nach europäischem Recht ist es nur dann erlaubt, die Federn von lebenden Vögeln zu entnehmen, wenn diese im Zuge der Mauser ohnehin lose sind und abgestoßen werden („Raufen"). Allerdings ist der richtige Zeitpunkt für den Eingriff in der Massentierhaltung schwer zu bestimmen, sodass Tierschützer mit Recht fordern, das Rupfen von lebenden Gänsen vollständig zu verbieten.

Brauchtum um die Gänse

Traditionell wurden die Gänse von Kindern im Dorf zu Fuß auf die Weide geführt und dort gehütet („Gänseliesl"). Gerade weil die meisten Rassen flugunfähig sind, konnte die Weidehaltung bereits von den jüngsten Mitgliedern der bäuerlichen Familie übernommen werden. Für viele Familien stellte die Gänsehaltung einen wesentlichen Teil ihrer Existenzsicherung dar. Und so ranken sich auch Volkssagen und Geschichten um dieses Haustier: Man träumte von der Gans, die goldene Eier legt. In der Erzählung „Hans im Glück" der Brüder Grimm ist die Gans die letzte Stufe vor dem Erwerb des Schleifsteins, auf dem Weg vom Besitz eines Goldklumpens zur Besitzlosigkeit. Wie dieses Märchen zeigt, war die Gänsehaltung für eher weniger begüterte Bevölkerungsteile bedeutsam. „Vieles kann einen glücklich machen; aber kein Gut macht einen glücklich in jeder Beziehung," so beschreibt der Philosoph Ludwig Marcuse die Lehre dieses Märchens. Eine besondere Rolle spielt die Gans auch im Brauchtum um den heiligen Martin von Tours. Der Legende nach war Martin ein frommer Mann und die Bürger der Stadt Tours schätzten ihn aufgrund seiner Fürsorge, Güte und

Hilfsbereitschaft. Im Jahr 371 n. Chr. sollte Martin daher auf Wunsch der Einwohner zum Bischof ernannt werden. Doch Martin wollte dieses hohe Amt nicht annehmen und versteckte sich in einem Gänsestall. Die Gänse schnatterten jedoch so laut, dass die Menschen darauf aufmerksam wurden und den Mann im Gänsestall entdeckten. So musste er sich am Ende doch zum Bischof weihen lassen.

Der Brauch, am Martinstag (11. November) Gänsebraten zu essen, hat jedoch einen profaneren Hintergrund. Der Martinstag war seit jeher ein besonderer Tag im Bauernjahr. Mit ihm endete das bäuerliche Wirtschaftsjahr und Löhne, Zinsen und Steuern wurden gezahlt. Überzählige Tiere wurden vor dem nahenden Winter verkauft oder geschlachtet. Oftmals wurden Zinsen oder Löhne in Naturalien vergütet, so auch mit Gänsen. Da nach dem 11. November die strenge Fastenzeit vor Weihnachten begann, nutzten die Menschen die Gelegenheit, sich bei einem Festmahl mit Gänsebraten noch einmal satt zu essen.

Verwilderte Hausgänse oder ihre Nachfahren finden sich heute in vielen Trupps von Graugänsen.

Gänse heißen Martin

Neueren Datums ist die Geschichte von „Nils Holgerssons wunderbarer Reise mit den Wildgänsen", geschrieben von der schwedischen Schriftstellerin Selma Lagerlöf. Der Roman erschien zuerst 1906/07, wurde aber in vielen Ausgaben nachgedruckt. Die Autorin erhielt später den Nobelpreis für Literatur. Konzipiert war der Stoff als Schulbuch, um die schwedischen Kinder anhand einer packenden Geschichte für die heimische Landeskunde zu begeistern. Es handelte sich dabei um eine Auftragsarbeit für den schwedischen Lehrerverband. Die Geschichte von dem zahmen Gänserich Martin, der sich den Wildgänsen anschließt, geht auf ein tatsächliches Ereignis zurück. Im ersten Teil ihrer Autobiographie 1922 berichtet Selma Lagerlöf darüber: Zur Zeit ihres Urgroßvaters lebte auf dem Hof der Familie Mårbacka der zahme weiße Gänserich Martin, der sich im Frühling den ziehenden Wildgänsen anschloss und im Herbst zurückkehrte.

Daraus entstand die Idee, Schweden aus der Vogelperspektive zu schildern. Für diesen Zweck wird bei Lagerlöf die Hauptfigur Nils in ein Wichtelmännchen verwandelt. Wichtelmännchen (schwedisch „tomte") gehörten zur fest verwurzelten Tradition des schwedischen Volksglaubens. Als Wichtel konnte Nils nun auf dem Rücken des Gänserichs Martin durch Schweden fliegen. Entgegen landläufiger Meinung handelt es sich bei der Gänseschar der Akka von Kebnekaise nicht um Graugänse, sondern um Waldsaatgänse. Der spätere Nobelpreisträger Konrad Lorenz nannte die bekannteste und erste Ver-

Die Twentse Landgans kommt nur regional im deutsch-niederländischen Grenzgebiet vor.

suchsgans in seinen ethologischen Untersuchungen Martina – nach dem Gänserich Martin aus dem Lieblingsbuch seiner Kindertage. Der schon früher im Frühjahr 1924 von dem Ehepaar Heinroth im Berliner Zoo von Hand aufgezogene Ganter trug ebenfalls den Namen Martin.

Regionale Ansprüche – regionale Rassen

Die Rassenbildung bei den Hausgänsen ging hauptsächlich in Europa vor sich. Zuerst stand eine Zunahme der Körpergröße im Vordergrund der Zucht. Schon vor 150 Jahren wurden bei Hausgänsen 8 kg Lebendgewicht, bei Marschgänsen sogar 15 bis 20 kg erreicht. Früher lebten mehrere Generationen der Eigentümer mit den Hofbediensteten unter einem Dach. Eine große Gans garantierte daher ein reichliches Festmahl für den Hausstand. Heute ist die Gänsezucht abseits der industriellen Massentierhaltung nur noch wenig verbreitet. Gehörten noch in den 1960/70er-Jahren Gänse, Enten und Hühner zu jedem Hof und lebten auch in vielen privaten Gärten, hat sich die Welt der Geflügelhaltung heute, nicht zuletzt durch mehrere Einstallverpflichtungen der letzten Jahre, radikal geändert.

Während Hühner heutzutage besonders im urbanen Umfeld wieder modern werden, gilt dies für Gänse nicht. Als Weidegänger brauchen sie Gras, sie benötigen Wasser und Platz. Auch lassen sich Gänseeier weit weniger gut nutzen und die Gänse der meisten Rassen sind als Braten für die Kleinfamilie oder den Single schlichtweg kaum zu meistern. Von domestizierten Graugänsen ausgehend sind in den verschiedenen Regionen zahlreiche verschiedene Gänserassen entstanden, von denen sich aber viele in der modernen Nahrungsmittelindustrie nicht ökonomisch einsetzen lassen. Aus diesem Grund verzeichnet die „Rote Liste der gefährdeten Haustiere“ neun deutsche Gänserassen, von denen bereits sieben als gefährdet oder sehr gefährdet gelten. Hochgradig bedroht ist darunter die Bayerische Landgans. Mit nur noch 33 Gantern und 45 Weibchen wurde diese Rasse 2013 in der Kategorie I (extrem gefährdet) aufgeführt. Nicht ganz so stark gefährdet (Kategorie II, stark gefährdet) sind die Deutsche Legegans, die Lippegans, die Leinegans und die Emdener Gans.

Pommersche Hausgans

Emdener Gans – die älteste deutsche Gänserasse

An der Nordseeküste hat die Gänsezucht eine lange Tradition. Seit mehr als 2000 Jahren ist hier die Haltung von Gänsen nachweisbar. Diese lange Zeit der Domestikation hat eine besondere Gänserasse entstehen lassen: die Emdener Gans. Sie ist die älteste aller deutschen Hausgansrassen und bringt zugleich die schwersten Vögel hervor. Die Zucht der Emdener Gans ist bis zurück ins 13. Jahrhundert nachweisbar. Wie alle Hausgansrassen geht sie ursprünglich auf die in Norddeutschland beheimatete Graugans zurück. Im Zuge der Domestizierung entstand als eine Stammrasse an der Küste zwischen dem heutigen Ijsselmeer und Bremen zuerst die Große Landgans.

Nach dem körperlichen Eindruck kommt die Emdener Gans sehr harmonisch daher. Da der Hals besonders lang ist, erscheinen die Übergänge vom Kopf zum Hals und zum Rücken ausgesprochen fließend. Ihre elegante Erscheinung brachte ihr in Norddeutschland auch den Beinamen „Schwanengans" ein und war Grund für ihre weltweite Verbreitung. Der Erfolg dieser niederdeutschen Gänserasse lässt sich an ihrem amerikanischen Namen (Embden goose) ablesen, der gleich mit über den „Großen Teich" exportiert wurde. Gleichsam verweist der Name in die Wirtschaftsgeschichte Norddeutschlands: Die Gans wurde in ganz Ostfriesland und den angrenzenden Gebieten gezüchtet. Aber sie wurde über den Hafen von Emden exportiert und so zur „Emdener Gans". In England wurde die Emdener dann mit Toulouser Gänsen gekreuzt, um das Körpergewicht weiter zu steigern. Dies führte zu den gewünschten schweren Gänsen, aber gleichzeitig veränderte sich das äußerliche Bild der Rasse: Es entstanden eine doppelte Bauchwamme, ein Brustkiel und lockeres Gefieder. Diese Veränderungen wurden von den deutschen Züchtern überwiegend kritisch gesehen und so begann man ab den 1920er-Jahren mit einer Rückzucht der Emdener Gans. Das Gefieder wurde wieder glatter, der Brustkiel verschwand, Gewicht und Doppelwamme aber blieben.

Emdener Gänse

Die Emdener Gans wurde als Weidegans gehalten. Die Vögel bewegten sich frei in den Marschen Ostfrieslands und fraßen Gras. Auch wenn die Rasse grundsätzlich gute Masteigenschaften mitbrachte, lag dies nicht im Kerninteresse der Züchter. Neben einer hohen Fleischleistung von stattlichen

10–11 kg für die Gans und 11–12 kg für einen Ganter galten die Vögel auch als „Vielleger“: Bis zu 80 Eier im Jahr sind für die Emdener Gans belegt. Allerdings sind die Weibchen dieser produktiven Rassen zumeist wenig an der Bebrütung der Eier interessiert. Infolge der jahrzehntelangen Linienzucht hat der Bruttrieb nachgelassen, was heutzutage durch Brutschränke ausgeglichen wird. Vereinzelt schreiten aber dennoch die weiblichen Gänse am Ende der Legeperiode zur Naturbrut und sind im Erfolgsfall bei der Aufzucht sehr fürsorglich.

Alle bekannten Gänserassen gehen ursprünglich auf die Graugans als Stammart zurück. Die einzige Ausnahme stellt die Höckergans dar. Diese wurde in Nordostasien domestiziert und stammt von der Schwanengans (*Anser cygnoides*) ab. Nach Europa wurde die Höckergans im 19. Jahrhundert aus China oder Japan eingeführt. Charakteristisch für die Höckergänse ist der Stirnhöcker auf dem Oberschnabel, der bei männlichen Tieren ausgeprägter ist als bei der Gans. Insbesondere bei alten Gantern kann dieser derart auswachsen, dass er beinahe wie ein kleines Horn wirkt. Bei der Wildform ist dieser Höcker nur schwach und im männlichen Geschlecht ausgeprägt. Diese Hausgansrasse hat einen schwanenartig gebogenen, langen Hals und eine aufrechte Haltung. Die häufigste Form ist die grau-braune Farbvariante und ist somit wie ihre Stammform, die Schwanengans, gefärbt. Sie hat einen gerade verlaufenden Aalstrich. Neben der grau-braunen gibt es aber auch eine weiße Farbvariante. Die Höckergans ist mit bis zu 5 kg (Männchen) bzw. 4 kg (Weibchen) deutlich schwerer als die Schwanengans. Mit 40 bis 60 Eiern im Jahr ist ihre Legeleistung für eine Gans beachtlich groß. Die Höckergans kann eingeschränkt fliegen. Ihre Rufe klingen trompetenartig.

Neben dem auffälligen Schnabelhöcker zeichnet die Höckergans auch die braune Färbung aus.

24 Artensteckbriefe

Im Folgenden stellen wir alle Gänsearten vor, die bei uns zu beobachten sind. Dabei unterscheiden wir drei Gruppen: die Feldgänse (Gattung *Anser*), die Meeresgänse (Gattung *Branta*) und als dritte Gruppe die Gänse, die bei uns nicht als Wildpopulationen vorkommen. Durch Fluchten aus Gehegen, Freilassungen oder Parkpopulationen können diese Vögel zwischen den wilden Gänsen rasten. Diese haben wir als Exoten bezeichnet. Dabei handelt es sich nicht um eine biologische Verwandtschaftsgruppe.

Die Artensteckbriefe enthalten zahlreiche Informationen über die für Westeuropa wichtigen Gänsearten. Einige Kapitel bieten darüber hinaus Zusatzinformationen, die mithilfe eines Mobilgerätes abgerufen werden können. Dafür müssen Sie den QR-Code mit der Kamera des Gerätes aufrufen. Dies sind die Rufe der Gänse (QR-Code mit Note) und die Daten der von unserer Arbeitsgruppe besenderten Vögel als Film (QR-Code mit Gans). Aus den Beobachtungsmeldungen auf *www.ornitho.de* wurden deutschlandweite Verbreitungskarten erstellt.

Feldgänse – Gattung *Anser*

Die Feldgänse (Gattung *Anser*) umfassen in der westlichen Paläarktis alle dort vorkommenden großen, graubraunen Gänsearten. Sie haben kurze Beine, einen langen Hals und kräftigen Schnabel. Ihre sägeartig angeordneten Hornzähne sind von außen gut sichtbar, ebenso der breite Nagel an der Schnabelspitze und die Nasenlöcher in der Mitte des Schnabels. Männchen und Weibchen lassen sich durch äußere Merkmale nicht unterscheiden, Weibchen sind in der Regel jedoch etwas kleiner. Zur Gattung der Feldgänse gehört auch die Hausgans, da sie von der Graugans ausgehend domestiziert wurde.

Saatgänse – zwei Arten mit unterschiedlichen Lebensräumen

Alle Saatgänse zeichnen sich durch einen zweifarbigen Schnabel aus: Spitze und Basis sind schwarz, dazwischen befindet sich eine orangefarbene Binde quer über dem Schnabel. Diese Binde kann unterschiedlich stark ausgeprägt sein. Bei einigen Individuen, vornehmlich der Waldsaatgans, kann der Schnabel sogar zu ziemlich großen Teilen orange sein. Eine Saatgans ist deutlich größer als eine Blässgans und erreicht teils die Größe einer Graugans. Bei guten Beobachtungsbedingungen fällt ein Kontrast zwischen dem dunkelschokoladenbraunen Kopf und den graubraunen Federn des Halses auf. Die Beine sind bei beiden Arten auffällig orange. Die typischen Rufe klingen nicht so voll und tonal wie die der anderen Gänse, sondern häufig nasal und trocken raspelnd. Aufgrund unterschiedlicher Verbreitungsgebiete und körperlicher Merkmale trennt man die Wald- und die Tundrasaatgans in verschiedene Arten.

Waldsaatgans *Anser fabalis*

Die Unterscheidung beider Arten ist nicht immer einfach. Im Aussehen wirkt die Waldsaatgans größer und langhalsiger als die Tundrasaatgans – fast schwanenartig. Der Schnabel ist lang und hat meist einen hohen Orange-Anteil. Der Kopf bildet mit Stirn und Schnabel fast eine gerade Linie. Waldsaatgänse haben eine Flügel-Spannweite von 142–175 cm, Weibchen wiegen 2.200–3.900 g und Männchen 2.700–4.100 g. Saatgänse sind weniger ruffreudig als Bläss- oder Graugans. Im Flug ist ein gänsetypisch nasaler Ruf zu hören, etwa „gaga" oder „agagag".

Waldsaatgänse brüten in den Nadel- und Birkenwäldern der Taiga, von Skandinavien bis zum Jenissej-Fluss. Sie überwintern zumeist in Südschweden. In geringer Zahl rasten sie auch im nördlichen Mecklenburg-Vorpommern und in

Die Wald- oder Taigasaatgans zeichnet sich durch den dunklen Kopf, den langen Hals und den orange-schwarzen Schnabel aus.

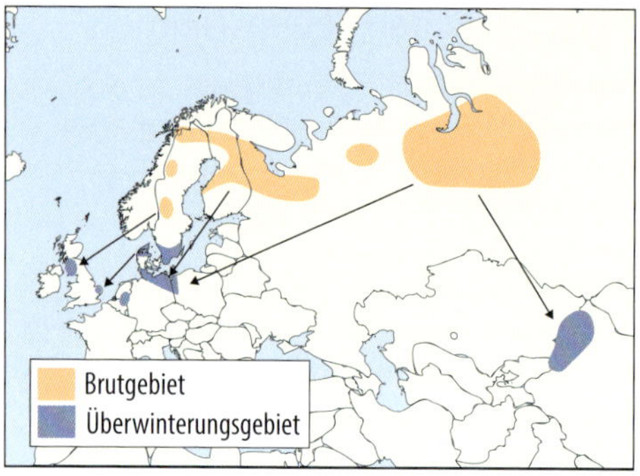

Brandenburg. Die Wintervorkommen in den Niederlanden scheinen fast aufgegeben, aber insbesondere in Nordwestdeutschland bestehen Wissenslücken. Einige Waldsaatgänse aus Skandinavien überwintern in England. Die Waldsaatgans gilt als im Bestand gefährdet und es wurde international ein Jagdmoratorium ausgesprochen (s. Kap. 15).

Tundrasaatgans *Anser serrirostris*

Die Tundrasaatgans hingegen ist gedrungener und kleiner als die Waldsaatgans, auch wenn Ganter teilweise sehr kräftig sein können. Der Kopf der Tundrasaatgans ist etwas runder, das Stirn-Schnabel-Profil nicht so geradlinig wie bei der Waldsaatgans. Auch ist der Schnabel an der Basis deutlich erhöht und kürzer und bei der Schnabelfarbe überwiegt der Schwarzanteil. Tundrasaatgänse haben eine Spannweite von 138–170 cm und wiegen 2.000–2.800 g (Weibchen) und 2.000–3.400 g (Männchen). Tundra- und Waldsaatgans lassen sich an den Rufen nicht unterscheiden.

Die Tundrasaatgans brütet in der feuchten Tundra und an den arktischen Küsten – vom östlichen Skandinavien bis zur Taimyr-Halbinsel im nördlichsten Zentralsibirien. Ihre Wintergebiete liegen in den Niederlanden, Norddeutschland, Polen und Südskandinavien, aber auch in Südosteuropa.

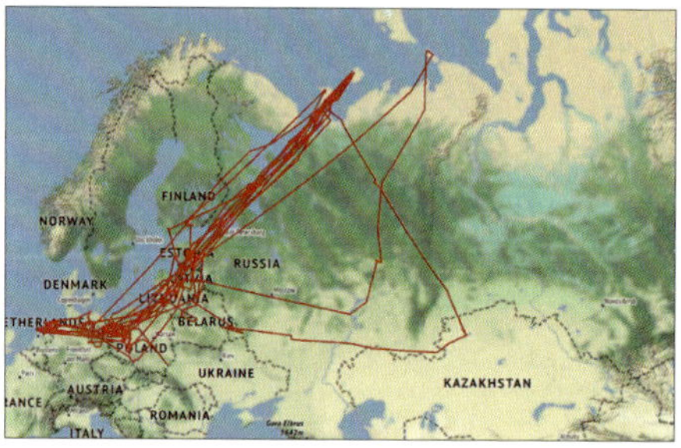

Zugrouten besenderter Tundrasaatgänse von Kolgujev und aus den Niederlanden

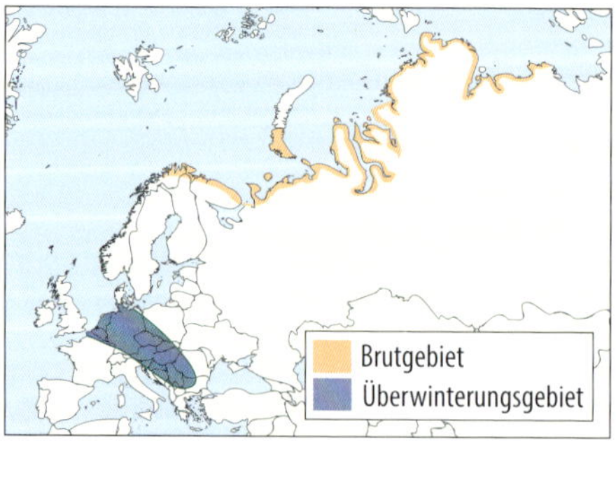

animierter Zugweg

Kompakter Körper, dunkler, kräftiger Schr
mit oranger Binde und orangen Füßen ke
zeichnen die Tundrasaatgans.

Waldsaatgans

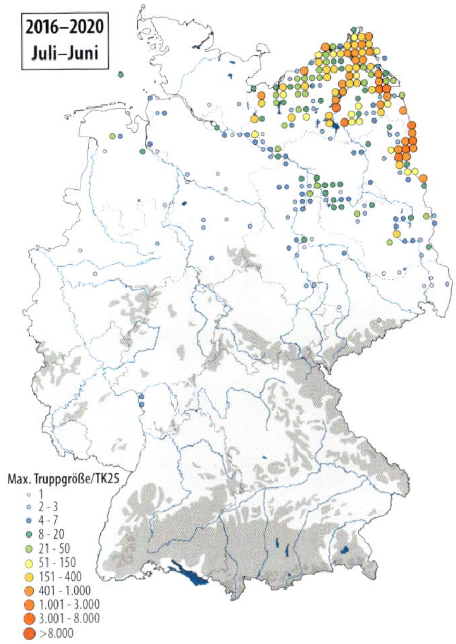

Tundrasaatgans

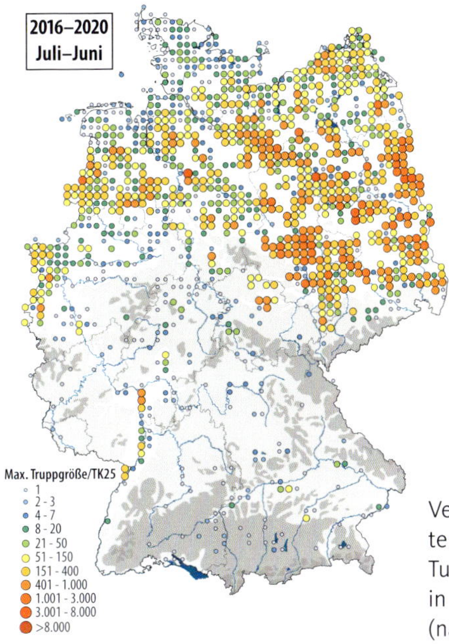

Verbreitung rastender Wald- und Tundrasaatgänse in Deutschland (nach *ornitho.de*)

Kurzschnabelgans *Anser brachyrhynchus*

Die Kurzschnabelgans erscheint als eine verkleinerte Ausgabe der Saatgänse. Sie hat eine Spannweite zwischen 135–170 cm und wiegt nur 1.800–3.200 g (Weibchen) bzw. 1.900–3.500 g (Männchen). Sie unterscheidet sich von den Saatgänsen deutlich durch einen kürzeren Schnabel mit rosafarbener Schnabelbinde und rosafarbige Füße. Daher rührt auch der englische Name „Pink-footed Goose". Das Rückengefieder der Kurzschnabelgänse ist im Vergleich zu anderen grauen Gänsen auffallend silbergrau. Besonders hierdurch lassen sich Kurzschnabelgänse im Feld vom geübten Beobachter, insbesondere bei bedecktem Himmel, schnell entdecken. Wie bei den Saatgänsen setzt sich der dunkle Kopf vom helleren Hals ab. Wie die etwas geringere Größe erwarten lässt, klingen die Rufe von Kurzschnabelgänsen höher als die von Saatgänsen. Dagegen sind sie nicht so spitz-quiekend wie die von Blässgänsen. Die Männchen rufen, wie bei den anderen Gänsen auch, höher als die Weibchen.

Im Gegensatz selbst zur Tundrasaatgans brüten Kurzschnabelgänse in der Hohen Arktis. Ihre traditionellen Brutplätze liegen auf Spitzbergen, Island und Grönland. In den 2010er-Jahren sind zudem mithilfe besenderter Vögel erste Brutnachweise auf der Insel Nowaja Semlja im russischen Eismeer bekannt geworden. Bisher konnte niemand die Gebiete besuchen. Auf Spitzbergen brüten die Kurzschnabelgänse an den Fjorden der Westküste, wo der Golfstrom das Packeis schmelzen lässt. Mit dem – durch den Klimawandel zunehmenden – Rückgang des Eises erweitern sie ihr dortiges Brutgebiet

Deutlich unterscheidet sich die Kurzschnabelgans durch den kurzen Schnabel mit rosa Binde sowie die rosa Füße.

nach Osten. Auf Island dagegen brüten die Kurzschnabelgänse in den Bergen im Zentrum der Insel und meiden die von Menschen besiedelten Küsten. Die grönländischen Brutgebiete liegen an der Ostküste der Insel.

Von Grönland ziehen die Kurzschnabelgänse zum Überwintern über Island nach Schottland und Irland. Von Spitzbergen dagegen fliegen sie über das Meer zunächst über die Båreninseln an die nordnorwegische Küste. Von hier ziehen sie auf getrennten Wegen entweder die Küste entlang oder quer durch die norwegische Halbinsel nach Dänemark. In milden Jahren überwintern mittlerweile die meisten Kurzschnabelgänse bereits in Dänemark. Nur noch wenige fliegen weiter bis ins niederländische Friesland oder in die Polder Flanderns. Seit einigen Jahren gibt es im Frühjahr einen zusätzlichen Zugweg: Imm er mehr Kurzschnabelgänse fliegen nicht mehr über Dänemark und Norwegen, sondern über Brandenburg und Mecklenburg-Vorpommern, dann über die Ostsee nach Schweden und weiter in den Norden. Teilweise nehmen sie hier den Weg Richtung Spitzbergen, teils über Finnland nach Novaja Semlja. Als Auslöser für diese neue Entwicklung wird die intensive Gänsejagd in Dänemark und Norwegen vermutet.

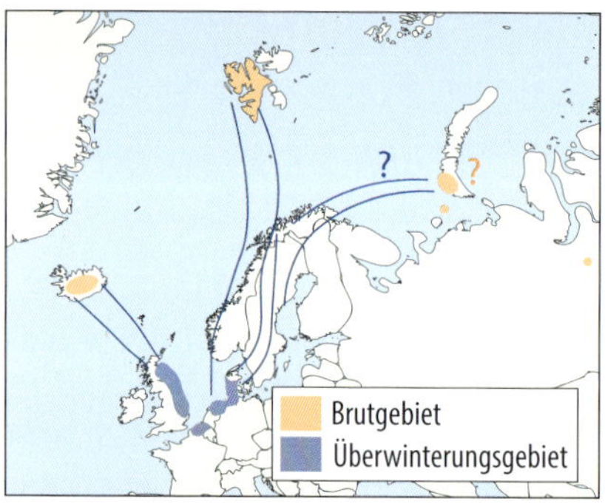

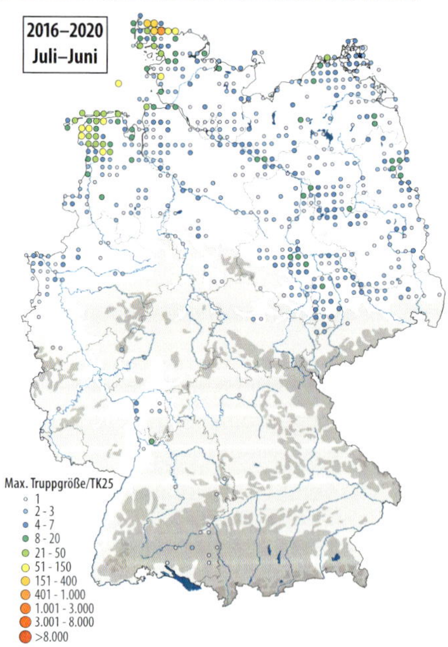

Verbreitung rastender Kurzschnabelgänse in Deutschland (nach *ornitho.de*)

Blässgans *Anser albifrons*

Im freien Feld ist die Blässgans fast unverwechselbar – jedenfalls, wenn man genau hinschaut und hinhört. Ihren Namen hat sie von dem großen weißen Fleck über dem Schnabel, der Blässe, die sich an den Schnabelseiten bis unter das Kinn zieht. Die Blässe ist nur bei den Altvögeln ausgebildet, sie deutet sich bei den Jungvögeln jedoch bereits während ihres ersten Winters an. Die Blässe reicht bei den Altvögeln auf der Stirn oftmals bis fast an das Auge, aber nicht darüber hinaus wie bei der Zwerggans. Während des folgenden Sommers mausern die Jährlinge das Bauchgefieder, und die quer verlaufenden, tiefschwarzen und für die Blässgans typischen Bauchstreifen werden erkennbar. Diese Bauchstreifen sind der Grund, weshalb die Blässgans volkstümlich auch „Tigergans“ genannt wurde. Dabei ist das Bauchmuster individuell unterschiedlich und kann mit unserem Fingerabdruck verglichen werden. Für Beobachter mit einem stark vergrößernden Fernrohr gibt es noch ein weiteres Altersmerkmal. Junge Blässgänse haben einen schwarzen Schnabelnagel – das ist die ovale Platte an der Spitze des Oberschnabels – bei Altvögeln ist er weiß. Die Blässgans ist mit einer Spannweite von 130–165 cm und einem Körpergewicht von 1.400–3.100 g (Weibchen) bzw. 1.700–3.400 g (Männchen) kleiner als Saat- und Kurzschnabelgans.

Aber auch im Flug kann man Blässgänse mit etwas Übung erkennen, selbst wenn man die Bauchbänderung nicht sieht. Sie sind ruffreudige Vögel, die helle, zum Teil quiekende Rufe äußern, die an Ferkelgeschrei erinnern, etwa „qui-quik“. Die feinen Ohren der Franzosen empfinden es vielleicht anders, sie nennen die Blässgans „lachende Gans“ (oie rieuse).

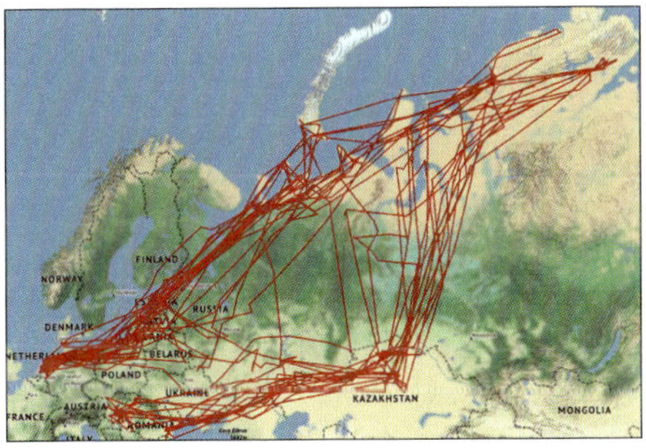

Zugwegenetz besenderter Blässgänse in Westeuropa (Fangplätze Niederlande, Norddeutschland, Ungarn, Bulgarien und Kolgujev)

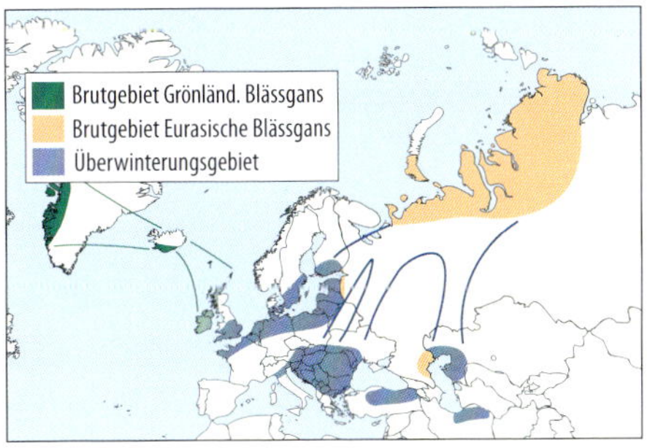

animierter Zugweg

Blässgänse sind zirkumpolar, d. h. rund um den Nordpol in mehreren Unterarten verbreitet. In Westeuropa überwintern Angehörige zweier Unterarten: Den größten Teil der rastenden Blässgänse in Deutschland stellt die Eurasische Blässgans *Anser albifrons albifrons*, die man recht gut am rosafarbenen Schnabel und den orangenen Beinen erkennt. Sie brüten in den arktischen Weiten Nordrusslands

Die weiße Blässe reicht bei der Blässgans nicht über das Auge. Jungvögel (links) zeigen im ersten Winter noch keine Bauchstreifen.

und Sibiriens bis hin zur Halbinsel Taimyr. Das wichtigste Brutgebiet ist die Insel Kolgujev in der Barentssee. Hier brütet etwa ein Viertel der Population dieser Unterart. Auf einem komplexen Zugwegesystem ziehen die Vögel von ihren Brutgebieten in die Winterquartiere. Diese finden sich in Kasachstan und dem Iran und ziehen sich über die Region um das Schwarze Meer bis hin in die Türkei und nach Griechenland. Auch in Ungarn, Bulgarien, der Tschechischen Republik, dem Balkan, Norditalien und Österreich halten sich überwinternde Gänse auf. Ein ebenso großer Anteil der Population überwintert bei uns im westlichen Europa. Dabei stellen die Niederlande, Belgien und Norddeutschland die Schwerpunkte des Rastgeschehens dar. In seltenen Ausnahmefällen kann auch die Grönländische Blässgans *Anser a. flavirostris* vorkommen. Sie ist insgesamt deutlich dunkel gefärbt und hat einen orangenen Schnabel und einen sehr dunklen Kopf. Die Grönland-Blässgans brütet auf Grönland und überwintert in Irland und an der schottischen Westküste.

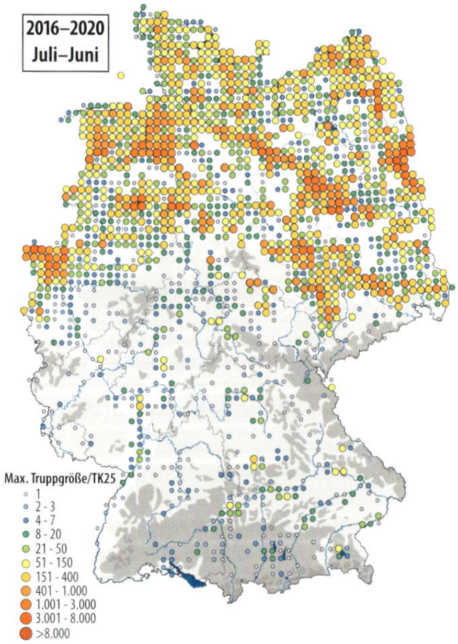

Verbreitung rastender Blässgänse in Deutschland (nach *ornitho.de*)

Zwerggans *Anser erythropus*

Die Zwerggans sieht auf den ersten Blick wie eine Blässgans aus. Sie ist allerdings deutlich kleiner mit 1.300–2.200 g (Weibchen) und 1.400–2.300 g (Männchen) Körpergewicht bzw. einer Spannweite von 120–135 cm. Wer sie mit stark vergrößernder Optik betrachten kann, nimmt einige Feinmerkmale wahr, die sie von der Blässgans unterscheiden. Die für die Altvögel beider Arten charakteristische Stirnblässe ist bei der Zwerggans wesentlich ausgedehnter als bei der Blässgans und reicht auf dem Scheitel bis über die Augen hinaus, der Kopf ist rundlicher. Zwerggänse haben deutliche gelbe bis gelblich-weiße Augenringe und der Schnabel ist kleiner und kürzer als der der Blässgans. Zudem überragen die Spitzen der zusammengelegten Flügel das Schwanzende. Die schwarze Bänderung der Unterseite ist bei Altvögeln häufig weniger stark ausgeprägt als bei der Blässgans. Insgesamt wirken Zwerggänse vom Körperbau her einfach runder und „niedlicher". Bei den Jungvögeln fehlen, genau wie bei der Blässgans, die weiße Blässe und die Querbänderung am Bauch, aber der gelbe Augenring und die geringe Körpergröße unterscheiden sie von jungen Blässgänsen. Die Rufe von Zwerggänsen klingen relativ hoch und spitz. Die dreisilbigen Distanzrufe kann man mit „gi-gjí-gi" umschreiben. Der Ton liegt auf der Mittelsilbe.

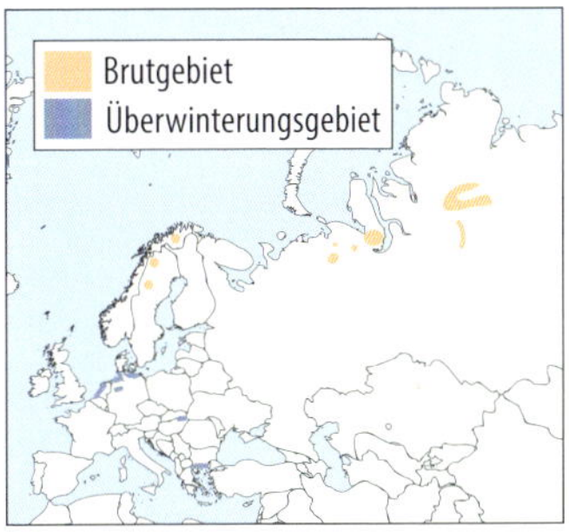

animierter Zugweg

Ein auffälliger gelber Augenring kennzeichnet die Zwerggans. Zusätzlich reicht die Blässe oftmals über die Augen.

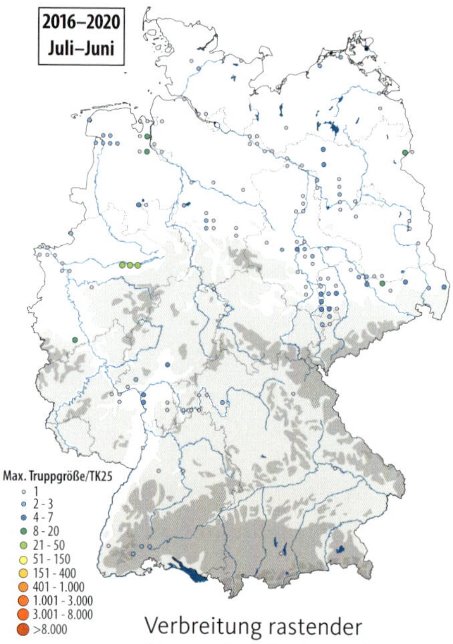

Verbreitung rastender Zwerggänse in Deutschland (nach *ornitho.de*)

Das ursprüngliche eurasische Brutgebiet erstreckte sich über weite Teile Skandinaviens und die südlichen Tundren Sibiriens und des Fernen Ostens – allerdings wohl nicht in Form einer großen zusammenhängenden Zone, sondern in mehreren voneinander getrennten Teilgebieten, deren Populationen sich in ihren Zugwegen unterschieden. Die westlichen Vögel überwinterten ursprünglich in West- und Osteuropa, am Kaspischen Meer und teilweise in Vorderasien. Die skandinavischen Zwerggänse, die überwiegend in Lappland brüten, zogen traditionell über das Baltikum nach Südosteuropa und überwinterten an den Küsten des Schwarzen Meeres. In Westeuropa wurde die Zwerggans regelmäßig in kleinen Zahlen festgestellt. Heute liegt das wichtigste Rastgebiet der norwegischen Teilpopulation am Kerkini-See in Griechenland, die schwedischen Vögel ziehen in die Niederlande und nach Deutschland.

Graugans *Anser anser*

Eine Graugans tut sich nicht durch besonders auffällige Kleidermerkmale hervor. Das Körpergefieder ist graubraun, also nicht eigentlich „grau“. Bei fliegenden Vögeln wirken die Oberflügeldecken sehr hell, die vordere Flügelkante fast weiß. Der Schwanz eines landenden Vogels bietet das gänsetypische Schwarz-Weiß-Muster. Rastende Graugänse kann man besonders gut an dem großen orangefarbenen oder roten Schnabel identifizieren. Von nah kann man den weißlichen Nagel erkennen – die kappenartige Spitze des Oberschnabels. Das Halsgefieder weist seitlich eine merkwürdige geriffelte Längsstruktur auf. Man versteht diese Struktur besser, wenn man sieht, dass bei einer nahen Begegnung zweier Graugänse manchmal das Gefieder am Hals in zitternde Bewegung versetzt wird: Signal im Nahkontakt. Viele Graugans-Individuen weisen schwarze Flecke an Brust und Bauch auf, die sich aber nicht – wie bei der Blässgans – zu Querbändern vereinigen. Wie bei allen Gänsen sind die Ganter mit 2.800–4.500 g im Durchschnitt schwerer

Trotz des auffälligen karottenfarbenen Schnabels machen sich Graugänse auf dem Nest fast unsichtbar.

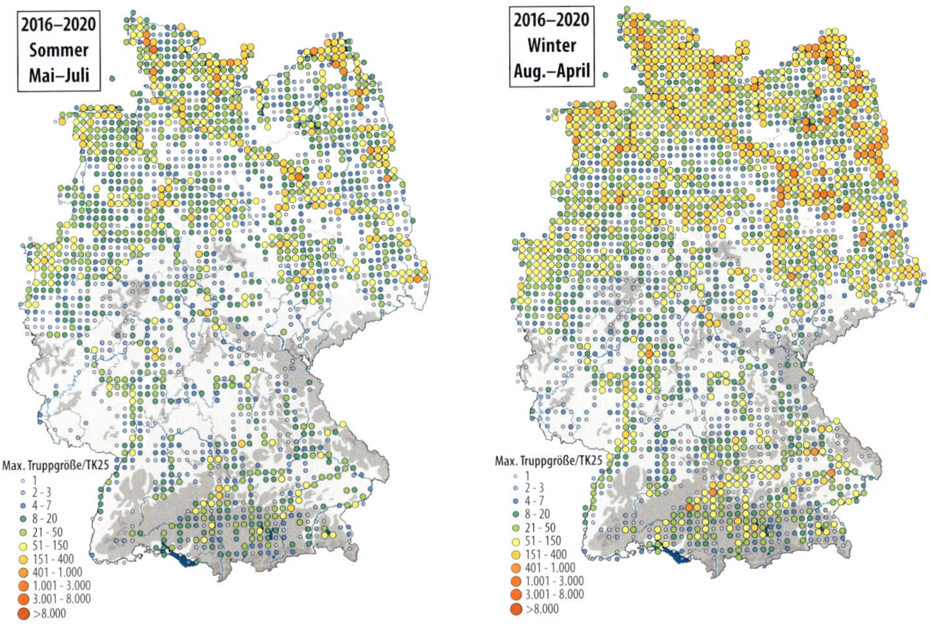

Sommer- und Winterverbreitung der Graugans in Deutschland (nach *ornitho.de*)

als die Weibchen (2.100–4.000 g). Ihre Spannweite liegt bei 147–180 cm. Die häufig und gut hörbaren Rufe von Graugänsen sind mehrsilbig und klingen wie „gáa-ga-ga" oder ähnlich. Man kennt sie in gleicher Form von der Hausgans. Sie sind von Individuum zu Individuum verschieden und richten sich als Distanzrufe an den entfernten Partner.

Die Graugans kommt in Westeuropa in den meisten geeigneten Gebieten vor. Ähnlich wie bei einigen anderen Gänsearten kann man auch bei der Graugans zwei Formen unterscheiden: eine westliche Nominatform *A. a. anser*, bei der der Schnabel orange ist, und eine mehr östlich verbreitete rotschnäblige Form *A. a. rubrirostris*. Aufgrund der Wiederansiedlungsprojekte, die oftmals Eier oder Jungvögel aus Haltungen nutzten, kommen beide Unterarten bei uns häufig nebeneinander vor und scheinen sich ohne Probleme zu vermischen. So ist eine Zuordnung in Westeuropa kaum mehr möglich.

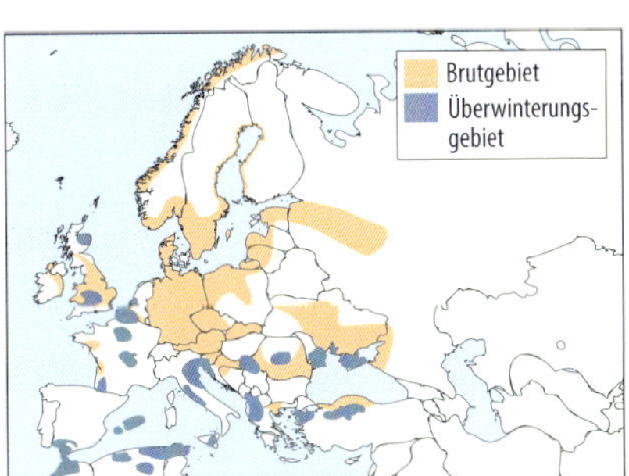

Zugrouten besenderter Graugänse aus Schweden, Litauen und NW-Deutschland

animierter Zugweg

Meeresgänse – Gattung *Branta*

Die Meeresgänse, als zweite Gattung der echten Gänse, umfassen alle Arten mit deutlich dunkleren Gefiederpartien, wie ihr lateinischer Name „Branta" (schwarze Gans) vermuten lässt. Sie unterscheiden sich von den Feldgänsen durch ihren schmaleren, schwarzen Schnabel, der keine Hornzähne sehen lässt. Ihre Beine sind dunkelgrau bis schwarz und ihr Gefieder oft zweifarbig: schwarzer Kopf/Hals und gräulich/bräunlicher Rumpf und Flügel. Alle in Europa vorkommenden Meeresgänse tragen eine charakteristische weiße Kopf-/Halszeichnung, wie z. B. Halsringe oder Wangenflecke. Wie bei den Feldgänsen sind die Weibchen etwas kleiner, aber lassen sich von den Männchen nicht durch ihre Zeichnung unterscheiden.

Ringelgänse *Branta bernicla*

Die verschiedenen Populationen von Ringelgänsen stellen die kleinsten der in Europa vorkommenden Gänse dar. Ringelgänse sind schwarzgrau mit graubraunem Rücken und grau-braun gebänderten Flanken. Die Altvögel weisen an den Halsseiten schmale weiße Halbmondflecke auf, die je nach Zugehörigkeit unterschiedlich groß ausgebildet sind. Die Ober- und Unterschwanzdecken sowie das Bauchgefieder sind weiß. Schnabel, Beine und Flügel sind schwarz gefärbt. Die Flügelspannweite beträgt 110–120 cm. Als ausgeprägte Zugvögel speichern Ringelgänse vor den Zugzeiten viel Fett und Protein. Daher schwankt ihre Körpermasse sehr stark: zwischen 1.100–1.750 g bei den Weibchen und zwischen 1.300–1.800 g bei den etwas größeren Männchen. Ihre Spannweite liegt bei 110–120 cm. Jungvögel unterscheiden sich von erwachsenen Tieren den gesamten ersten Winter über durch drei gut sichtbare Flügelbänder am Ende der oberen Flügeldecken. Auch die Armschwingen und Steuerfedern sind am Ende hell gesäumt. Drei Populationen werden von einigen Systematikern als eigene Unterarten oder Arten voneinander getrennt: die Dunkel-, die Hell- und die Schwarzbäuchige Ringelgans.

Junge Ringelgänse (rechts) erkennt man an den drei Flügelstreifen.

Die Dunkelbäuchige Ringelgans (*Branta bernicla bernicla*) weist wie die anderen Ringelgänse einen schwarzen Hals auf. Klar abgegrenzt dagegen ist ein graubraunes Brustgefieder, das mit einer leichten weißlichen Streifung über die Flanken reicht. Die Dunkelbäuchige Ringelgans brütet vor allem in der sibirischen Arktis an den Küsten der Taimyr-Halbinsel, in geringerer Zahl auch weiter westlich bis zur Yamal- und Kaninhalbinsel. Sie ist die bei weitem häufigste der drei Ringelgans(unter)arten im winterlichen Norddeutschland. Die Population überwintert ausschließlich an den Küsten Nordwesteuropas: französische Atlantikküste, Süd- und Ostküste Englands, Südwestteil der Niederlande und Wattenmeer von Texel bis Dänemark sind die Hauptgebiete.

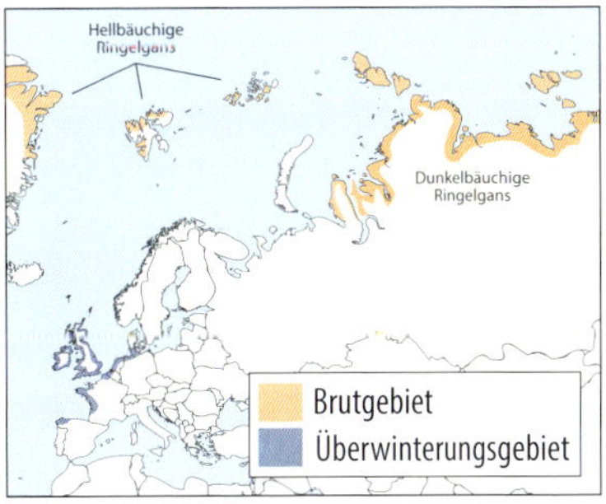

Die Hellbäuchige Ringelgans (*Branta b. hrota*) brütet in mehreren Teilpopulationen in Kanada und Nordostgrönland sowie auf Spitzbergen. Auch sie hat ein schwarzes Halsgefieder, das aber nur durch einen schmalen braunen Saum an der Brust von der ansonsten sehr hellen Flanke und Unterseite getrennt ist. Den Winter verbringt diese Population an der Küste Südostenglands sowie am Limfjord in Dänemark. Von dort erscheinen sie in manchen Jahren auch an der Nordseeküste, wenn in Dänemark Schnee fällt.

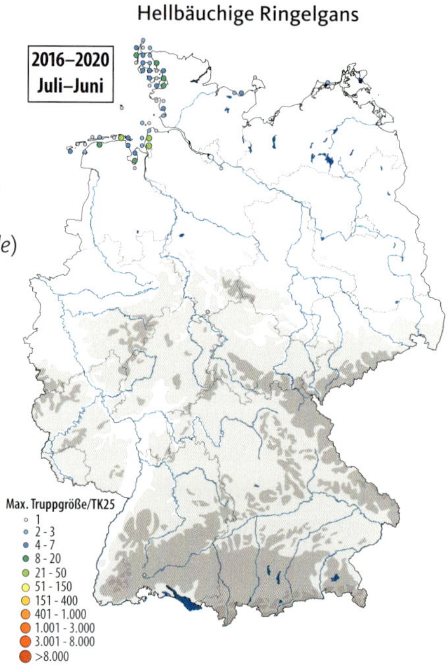

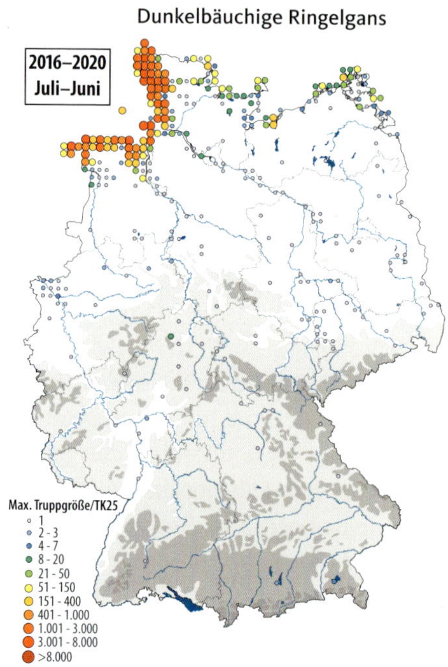

Verbreitung rastender Ringelgänse in Deutschland (nach *ornitho.de*)

Die Heimat der Pazifischen (= Schwarzbäuchigen) Ringelgans (*Branta b. nigricans*) ist die nördliche Arktis Ostsibiriens und Alaskas. Die Vögel zeichnen sich durch ein schwarzes Halsgefieder aus, das fast übergangslos in das ebenfalls schwarze Brustgefieder übergeht. Auch der Bauch ist sehr dunkel, an der Flanke zeichnet sich allerdings ein Feld mit leuchtend weißer Federbänderung ab. Den Winter verbringen die meisten an der Westküste der USA bis nach Mexico. Sie treten nur als vereinzelte Ausnahmeerscheinungen in den Scharen der Dunkelbäuchigen Ringelgänse auf.

Die typischen Distanzrufe aller Ringelgänse klingen wie „ronk“ oder „rott“. Sie gaben den Vögeln den zusätzlichen Namen Rottgans, im Holländischen „rotgans“.

Weißwangengans *Branta leucopsis*

Auffällig schwarz-weiß gezeichnet ist die Weißwangen- oder Nonnengans. Weibchen wiegen 1.300–2.200 g, Männchen 1.350–2.400 g. Sie haben Spannweiten von 132–145 cm. Ein großes weißes oder leicht gelblich getöntes Feld um die Augen setzt das Gesicht kontrastreich vom schwarzen Kopf und Hals ab. Ebenso sind die Brust, der kurze Schnabel und die Beine schwarz, gegenüber den nur leicht grau gebänderten weißen Flanken. Der Rücken ist kontrastreich grau-schwarz-weiß quer gebändert. Junge Weißwangengänse weisen dort bräunliche Federsäume auf, die im ersten Winter durch kontrastreichere ersetzt werden. Weißwangengänse haben bezeichnende Lautäußerungen: Ihre einsilbigen Distanzrufe klingen wie ein fernes raues Hundegebell.

Weißwangengänse haben sich in den letzten Jahren in der Westpaläarktis ausgebreitet. Sie brüten auf Grönland, Spitzbergen, im Baltikum und bis in die russische Tundra, inklusive Kolgujev und Nowaja Semlja. Im Winter sind sie auf den Britischen Inseln, in Irland, dem südlichen Skandinavien und im Küstenraum der Nordsee zu finden. Seit einigen Jahren gibt es auch eine Brutpopulation im Westen der Niederlande, am Niederrhein und an der Nordseeküste, wo die Vögel das ganze Jahr hindurch vorkommen.

Ein weißes Gesicht und die kontrastreiche Schwarz-weiß-Färbung kennzeichnen die Weißwangengans.

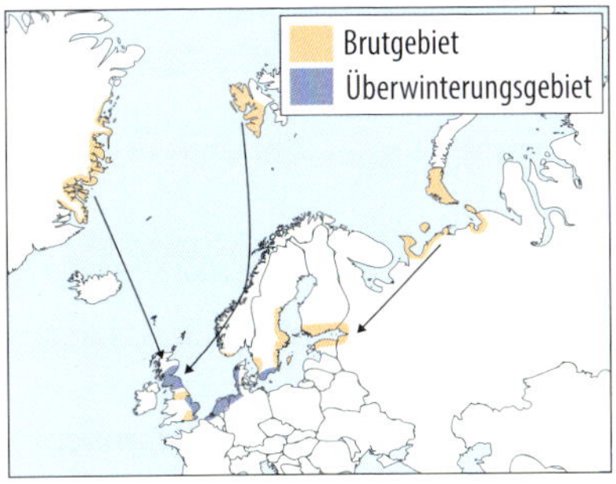

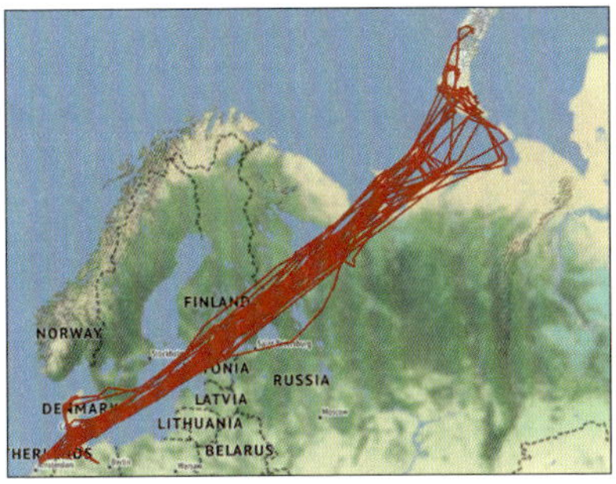

animierter Zugweg

Zugrouten an der Unterelbe besenderter Weißwangengänse

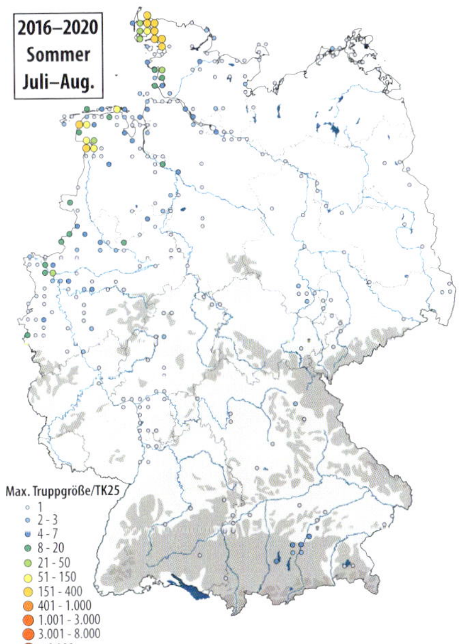

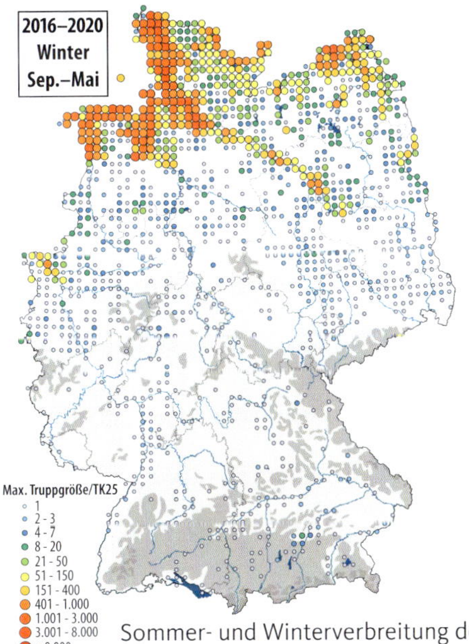

Sommer- und Winterverbreitung der Weißwangengans in Deutschland (nach *ornitho.de*)

Kanadagans *Branta canadensis*

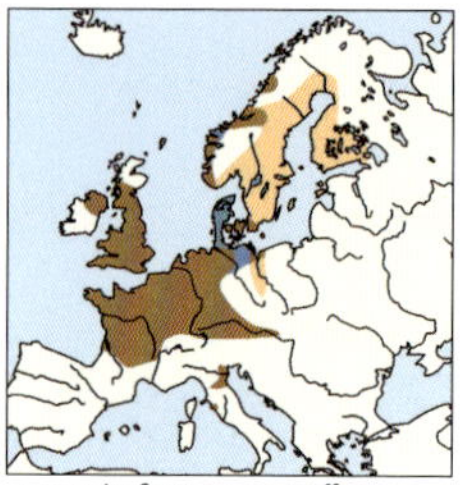

orange: im Sommer anzutreffen
blau: im Winter anzutreffen
braun: ganzjährig anzutreffen

Ein weißer unter das Kinn gezogener Wangenfleck an einem schwarzen Kopf kennzeichnet die Kanadagans. Entgegen der deutschen Benennung ist die Kanadagans die eigentliche „Weißwangengans", was auch immer wieder zu Verwechslungen führt. Vom schwarzen Hals der Kanadagans ist das helle, weiter unten ins Ockerbraune spielende Brustgefieder scharf abgegrenzt, das in den dunkleren Bauch und die leicht gebänderte Flanke übergeht. Das Rückengefieder ist bräunlich mit heller Querbänderung. Schnabel und Füße sind wie bei den anderen Meeresgänsen dunkel. Kanadagänse haben eine Spannweite von 160–175 cm und wiegen 3.600–5.000 g (Weibchen) und 4.200–5.400 g (Männchen). Sie sind ruffreudig und weit zu hören. Ihre meist zweisilbigen Rufe klingen nasal und tutend, beinahe wie ein großes Blechblasinstrument.

Kanadagänse haben einen deutlichen Wangenfleck, schwarzer Kopf und Hals sowie einen braunen Körper.

Kanadagänse sind ursprünglich Bewohner Nordamerikas, die dort in zwölf Unterarten vorkommen. Diese unterscheiden sich hauptsächlich in der Körpergröße. Sie reicht von *Branta canadensis maxima* – die Größte – bis hin zu *B. c. minima*, die etwa so groß wie eine Weißwangengans ist. Aufgrund ihrer Herkunft aus Aussetzungen lässt sich bei den europäischen Kanadagänsen die

Sommer- und Winterverbreitung der Kanadagans in Deutschland (nach *ornitho.de*)

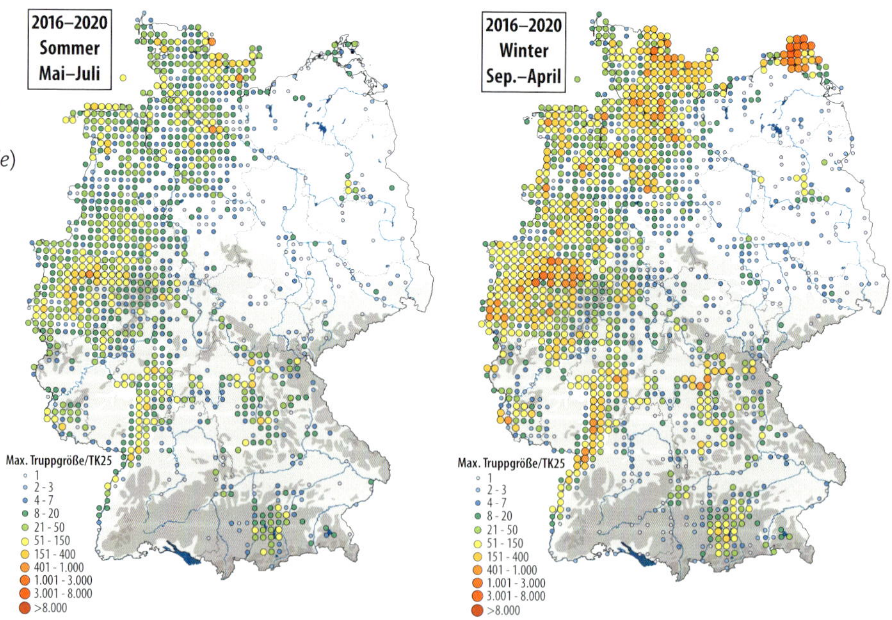

Zugehörigkeit zu Unterarten nicht immer sicher treffen, da diese in den Haltungen oftmals zusammenlebten und sich gemischt haben.

Die Zwergkanadagans *Branta hutchinsii* ist in jüngerer Zeit als eigene Art anerkannt und von den übrigen Kanadagänsen abgetrennt worden. Sie brütet in der arktischen Tundra Alaskas und Kanadas, kommt in seltenen Fällen in Westeuropa als Wildvogel vor – ist meist aber aus Haltungen entkommen.

Rothalsgans *Branta ruficollis*

Die Rothalsgans ist sicherlich die farbenprächtigste unter den Gänsearten, die natürlicherweise in unseren Rastgebieten vorkommen. Ein rotbrauner Vorderhals und ein ebensolcher Wangenfleck setzen sich kontrastreich gegen die schwarz-weiße Kopf- und Flankenfärbung ab. Der kurze schwarze Schnabel und die dunklen Füße weisen die Rothalsgans als Meeresgans aus. Die Jungvögel lassen sich an der mehr gräulichen Färbung von Hals und Wangenfleck erkennen sowie an einer drei- bis vierfachen, aber schwächeren Bänderung des Flügels. Altvögel haben nur zwei breite weiße Flügelbänder. Rothalsgänse wiegen 1.050–1.450 g (Weibchen) bzw. 1.200–1.650 g (Männchen) und haben eine Spannweite von 115–135 cm. In unseren Wintergebieten kann man sie heraushören, denn ihre Distanzrufe klingen schneidend scharf und hell, ein zweisilbiges „kikwi".

Rotbraun leuchten Brust und Wangen der Rothalsgänse. Bei Jungvögeln erscheinen diese Bereiche dunkler und matt.

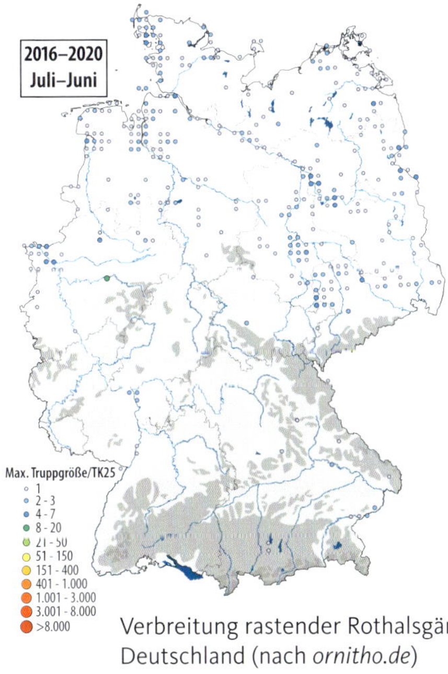

Verbreitung rastender Rothalsgänse in Deutschland (nach *ornitho.de*)

Die Rothalsgans brütet nur in einem kleinen Teil Sibiriens. Die benachbarten drei großen Halbinseln Taimyr, Yamal und Gydan an den Mündungen von Ob und Jenissej beherbergen 70 % der Population. Damit beträgt die Gesamtfläche des Brutgebietes

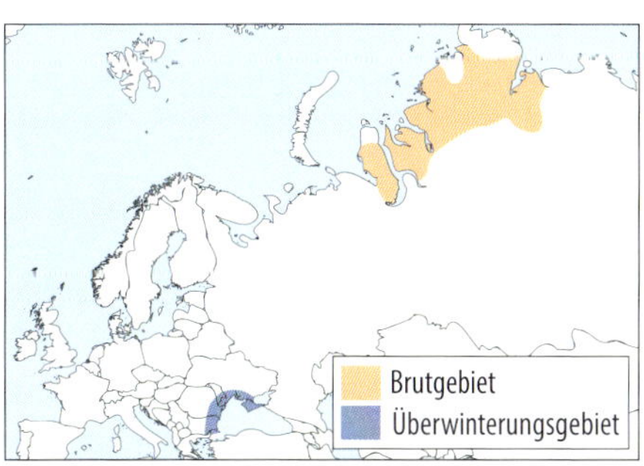

immerhin ungefähr das Zwei- bis Dreifache der Fläche der Bundesrepublik Deutschland.

Von der Rothalsgans gibt es keine Unterarten. Das war möglicherweise nicht immer so. Im Grab des altägyptischen Wesir Nefermaat aus dem 3. Jahrhundert v. Chr. findet sich die Darstellung von mehreren Gänsen. Auf diesem bekannten Fragment „Gänse von Meidum" lassen sich mühelos Grau-, Bläss-, und Rothalsgänse erkennen, die damals in Ägypten überwinterten. Doch während die beiden ersten Arten so aussehen, wie wir sie heute kennen, zeigen die Rothalsgänse ein eindeutig abweichendes Farbmuster, obwohl auf anderen Reliefs die Rothalsgänse korrekt gezeichnet sind. Ob es sich hierbei um die Darstellung einer in historischer Zeit ausgestorbenen Unterart der Rothalsgans oder um eine zeichnerische Ungenauigkeit handelt, ist unter Wissenschaftlern strittig. Manche halten sie auch für eine Darstellung von Jungvögeln.

Im Gegensatz zu weißen Hausgänsen besitzt die Schneegans schwarze Flügenspitzen.

Schneegans *Anser caerulescens*

Weiß wie der Schnee, das charakterisiert diese Art. Im Gegensatz zur weißen Hausgans jedoch sind die Handschwingen schwarz gefärbt, wodurch eine schwarze Flügelspitze entsteht. Von der Schneegans gibt es auch eine – in der Natur seltene – dunkle Variante, blaue Morphe genannt. Ein klaffender Schnabelspalt ist deutlicher ausgeprägt als bei der Graugans und der ganze Schnabel in der Färbung eher pink. Auch die Beine weisen eine leicht rosa Färbung auf. Mit einer Spannweite von 147-180 cm ist die Schneegans etwas kleiner als die Graugans. Dies zeigt sich auch im Gewicht: Weibchen wiegen 2.100–3.950 g, die Männchen 2.800–4.500 g.

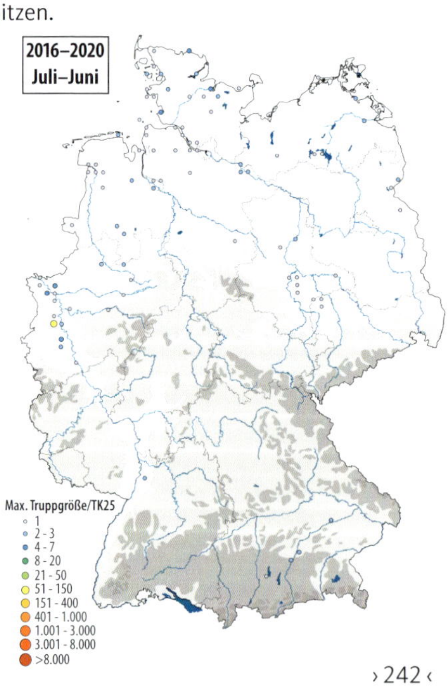

Verbreitung rastender Schneegänse in Deutschland (nach *ornitho.de*)

In unseren Breiten kommt die Schneegans zumeist nur als Gefangenschaftsflüchtling vor. Insbesondere die blaue Schneegans ist bei Gänsehaltern sehr beliebt und wird deshalb auch häufiger gesehen. Heute brütet die Schneegans im Norden Kanadas und Alaskas sowie auf der russischen Eismeerinsel Wrangel und überwintert im Süden der USA von Kalifornien bis Texas. Möglicherweise kam die Schneegans in Mitteleuropa als Wintervogel im Hohen und ausgehenden Mittelalter vor (s. S. 23). Das größte Vorkommen Westeuropas findet sich in Neuss, wo in einem Stadtpark etwa 70 Individuen leben. Ein Teil dieser Vögel wird im Winter in den Niederlanden beobachtet.

Tadornini

Neben den echten Gänsen gibt es noch die fälschlich so genannten Halbgänse, die näher mit den Enten als mit den Gänsen verwandt sind. Nil- und Rostgans teilen ökologisch und im Verhalten vieles mit den echten Gänsen. Daher stellen wir diese beiden Arten hier vor. Die Brandente oder Brandgans (*Tadorna tadorna*) gehört auch zu den „Halbgänsen“. Im Gegensatz zu der Nil- und Rostgans zeigt sie allerdings sehr ententypische Verhaltensweisen, frisst kaum Gras, sondern sucht ihre Nahrung überwiegend auf Wattflächen.

Nilgans *Alopochen aegyptiaca*

Die Nilgans ist als Neubürger unserer Fauna seit Jahrzehnten in starker Ausbreitung begriffen und macht sich auf Rasenflächen in Parks sowie auf landwirtschaftlichen Flächen durch Weidegang und Hinterlassen von Kot unbeliebt. Außerdem gilt sie als ausgesprochen aggressiv, weil sie zur Brutzeit (wie zum Beispiel auch der Höckerschwan und die Kanadagans) gegen andere Wasservögel vorgeht und sie aus der Nähe des Nestes vertreibt.

Auffällig rotbraun mit Augenring: Kennzeichen der Nilgans.

Die Vögel zeigen im Flug einen auffälligen, weißen, mit den Schwingen kontrastierenden Vorderflügel. Der Armflügel trägt einen entenartig schimmernden Spiegel. Die Gestalt ist durch lange rote Beine mehr gänseartig. Die Männchen sind nur wenig größer als die Weibchen und weitgehend gleich gefärbt. Sie übertreffen mit ihren Maßen die Rostgans nur wenig: Die Spannweite liegt zwischen 135 cm und 155 cm und im Körpergewicht (Männchen 1.950–2.550 g, Weibchen 1.500–2.250 g) entsprechen sie kleinen Gänsen. Nilgänse weisen ein umfangreiches Lautrepertoire auf, wobei sich Männchen und Weibchen unterscheiden. Für die Brut besetzen sie Höhlungen in Gebäuden oder großen Bäumen, gelegentlich auch große Nester anderer Vogelarten.

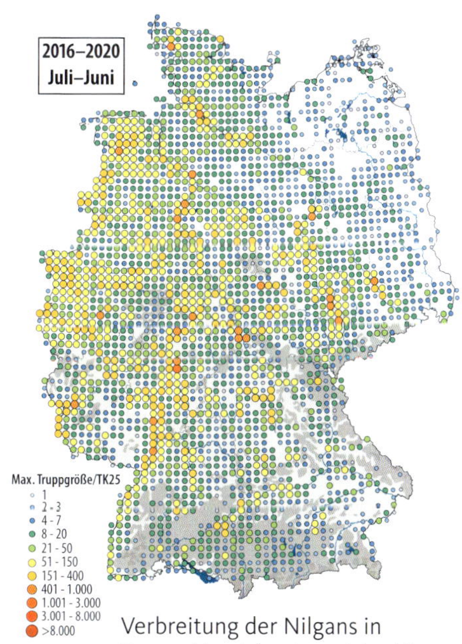

Verbreitung der Nilgans in Deutschland (nach *ornitho.de*)

Ursprünglich ist die Nilgans im nördlichen Afrika beheimatet. Bis in die 1930er-Jahre kam sie auch am Schwarzen Meer vor. Die Vorkommen in Deutschland gehen auf freigelassene Vögel oder Gefangenschaftsflüchtlinge zurück.

Rostgans *Tadorna ferruginea*

Die Rostgans wird auch Rostkasarka genannt. Sie ist am nächsten mit der Brandgans verwandt. Die Bruten finden anders als bei den echten Gänsen in Höhlen statt. Aus diesem Grund können sich die Weibchen wie die Männchen ganzjährig eine Auffalltracht leisten: Beide sind rostbraun bis rostgelblich gefärbt, können aber am Kopf und auf der Oberseite stark ausgeblichen wirken. Im Prachtkleid bildet sich beim Männchen ein schwarzer Halsring. Beine und Schnabel sind schwarz. Die Gestalt wirkt entenartig und kurzbeinig. Im Flug hebt sich, wie bei der Nilgans, der weiße Vorderflügel auf Ober- und Unterseite gegen die schwarzen Schwingen ab. Mit ihren Maßen erreicht die Rostgans bei einer Spannweite von 110–135 cm etwa die Größe einer kleinen Gans; das Körpergewicht variiert beim Männchen zwischen 1.200 und 1.600 g, beim Weibchen zwischen 925 und 1.500 g. Charakteristisch sind weittragende, trompetende Rufe.

Dunkler Schnabel, heller Kopf und rostbraune Färbung zeichnen die Rostgans aus. Männchen sind durch einen schmalen Halsring gekennzeichnet.

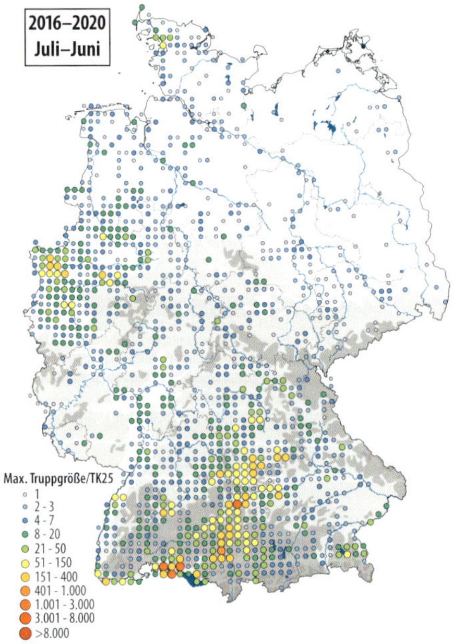

Verbreitung der Rostgans in Deutschland (nach *ornitho.de*)

Die Rostgans ist in Nordwest-Afrika, Asien und Südost-Europa beheimatet, brütet heute aber auch das Rheintal entlang vom Bodensee bis in die Niederlande und breitet sich möglicherweise von dort aus. In den vergangenen 80 Jahren gab es einige große Einflüge wilder Rostgänse aus Nordwest-Afrika bzw. Südost-Europa, aber die Mehrzahl der Bruten in Deutschland dürfte auf Gefangenschaftsflüchtlinge und ihre Nachkommen zurückgehen.

Gänse im Flug

„Exoten"

Viele Menschen haben Gefallen an exotischen Wasservögeln und öfters gelingt diesen dann die Flucht in die Freiheit. Nur wenige können auf Dauer dort überleben und noch weniger Arten schaffen es, dauerhafte Brutbestände aufzubauen, die vom Menschen unabhängig bestehen können. Bis auf die Hawaiigans gehören alle Arten zu den Feldgänsen (*Anser*).

Schneegans (*Anser caerulescens*) – sie stammt aus Nordamerika. Dort gibt es zwei Unterarten, die Kleine Schneegans (*A. c. atlanticus*) und die Große Schneegans (*A. c. caerulescens*). Innerhalb der Schneegänse gibt es zwei Farbvarianten, die weiße und die blaue Morphe. Letztere ist bei Haltern sehr beliebt und kommt daher in Europa auch häufiger vor als in der nordamerikanischen Heimat. Die einzige freilebende Brutpopulation Europas existiert seit Anfang der 1980er-Jahre in einer Parkanlage in Neuss (Nordrhein-Westfalen), wo die 70–80 Vögel (2020) stark von einer regelmäßigen Fütterung durch Besucher profitieren.

Die **Zwergschneegans** (*Anser rossii*) stammt ebenfalls aus Nordamerika. Sie hat etwa die Größe einer Weißwangengans. Auch diese Art ist in Haltungen sehr beliebt und kommt daher auch bei uns dann und wann vor. Wie bei der Schneegans gibt es auch hier eine weiße und eine blaue Morphe.

Die **Kaisergans** (*Anser canagicus*) stammt aus dem nordpazifischen Raum. Der größte Teil der Population brütet im Yukon-Distrikt in Alaska. Ein kleinerer Populationsanteil findet sich im Nordosten Sibiriens. Auch sie wird gerne in Wasservogelhaltungen gezogen.

Die **Streifengans** (*Anser indicus*) ist eine in Zentral- und Südasien einheimische Art. Sie brütet in den Hochebenen Nordindiens, der Mongolei, Chinas und Russlands und überwintert in Indien. In Deutschland kommt die Art nur als Gefangenschaftsflüchtling vor. Wildbruten kommen durchaus vor (z. B. Englischer Garten München), aber nur in städtischen Bereichen und mit menschlicher Unterstützung. Einzelne verpaaren sich mit Graugänsen.

Die **Schwanengans** (*Anser cygnoides*) ist die Wildform der Höckergans und stammt aus Ostasien. Ihre Brutplätze liegen in Sibirien und der Mongolei, ihre Winterrastgebiete in China zwischen dem Jangtse und Kanton. In Westeuropa gibt es in den Neckarwiesen Heidelbergs eine freilebende Population. Dieser Brutbestand wird seitens der Stadtverwaltung regelmäßig reduziert. 2020 handelte es sich um ca. 110 Individuen.

Die **Hawaiigans** (B*ranta sandvicensis*) heißt auf der Heimatinsel Hawaii auch Nēnē. Ihr Verbreitungsgebiet ist ausschließlich Hawaii. Die Gans ist ein eindrucksvolles Beispiel für den negativen Einfluss der Europäer und der durch sie eingeführten Tiere auf die Population einer endemischen Tierart. Der Bestand der Hawaiigänse ging durch Ratten, Katzen und andere mitgebrachte Prädatoren von etwa 25.000 Tieren (1778) auf etwa 30 Gänse (1950) zurück. Erst durch intensive Schutzmaßnahmen und Bestandsstützung durch Wiederansiedlung stieg der Bestand wieder auf etwa 1.000 Vögel (1999).

25 Weiterführende Literatur

Allgemeine Literatur über Gänse

Bergmann H.-H., M. Stock & B. ten Thoren (1994): Ringelgänse – Arktische Gänse an unseren Küsten. Aula-Verlag, Wiebelsheim.

Bergmann H.-H., H. Kruckenberg & V. Wille (2006): Wilde Gänse – Reisende zwischen Wildnis und Weideland. Braun-Verlag, Karlsruhe.

Black, J. M., J. Prop & K. Larsson (2014): The barnacle goose. Bloomsbury Publishing, London, Oxford.

Lorenz, K. (1988): Hier bin ich – wo bist du? Ethologie der Graugans. Piper Verlag, München.

Milner-Gulland, E.-J., A. R. E. Sinclair & J. Fryxell (2011): Animal Migration – a new synthesis. Oxford University Press.

Owen, M. (1980): Wild geese of the world. Batsford, London.

Rutschke, E. (1987): Wildgänse Europas. Deutscher Landwirtschaftsverlag, Berlin.

Scheiber, I. B., B. M. Weiß, K. Kotrschal & J. Hemetsberger (eds.) (2013): The social life of greylag geese. Cambridge University Press.

Eine vollständige Liste der benutzten und weiterführenden Literatur finden Sie unter:
https://gaense.aula-verlag.de/Literatur/Literatur-Gaense.pdf

Die Zitate an den Kapitelanfängen wurden aus folgenden Quellen entnommen:

Leopold, A. (1949): A Sand County Almanac. Oxford University Press. [Übersetzung durch die Autoren].

Wolf, F. (1946): Die Weihnachtsgans Auguste. Aufbau-Verlag, Berlin.

Burningham, J. (1963): Borka – Die Erlebnisse einer Wildgans. Otto Mayer Ravensburg [dt. Übersetzung von Werner Schnebelt].

Romberg, J. (2018): Federnlesen. Lübbe, Köln.

Harrison, J. G. (1967): A Wealth of Wildfowl. Andre Deutsch, London.

Eisbein, C. (1993): Geliebtes Wattenmeer. Paschke, Westerholt.

Scott, P. (1961): The Eye of the Wind. Brockhampton, Leicester [Übersetzung durch die Autoren].

Diezel, C. E. (1872): Erfahrungen aus dem Gebiete der Niederjagd. Wiegandt & Hempel, Berlin.

Seidel, F. (1962): Schwanensang und Möwenschrei. Landbuchverlag, Hannover.

Lagerlöf, S. (1906): Die wunderbare Reise des kleinen Nils Holgersson mit den Wildgänsen. Nymphenburger, München [dt. Übersetzung von P. Klaiber-Gottschau].

Berg, B. (1930): Die Liebesgeschichte einer Wildgans. Reimer, Berlin.

Rex, M. (2020): Eingefroren am Nordpol. Bertelsmann, Gütersloh.

Gesner, C. (1669): Vogelbuch. Wilhelm Serlins, Frankfurt/Main, 1669. Reprint: Schlütersche Verlagsanstalt, Hannover 1981.

Schwarz, A., W. Rolfes & H. Kruckenberg (2016): Frei – Sehnsuchtsvoll leben. Die Botschaft der Wildgänse. adeo, Aßlar.

Trevor-Battye, A. (1895): Ice-bound on Kolguev. Archibald Constable and Company, Westminster.

Gossow, H. (1999): Wildökologie. Verlag Dr. Kessel, Remagen-Oberwinter.

Rutschke, E. (1987): Die Wildgänse Europas. Landbuch Verlag, Berlin.

Heinroth, O. & M. Heinroth (1926): Die Vögel Mitteleuropas. Bd. 3. H. Bermühler, Berlin-Lichterfelde. Nachdruck Edition Leipzig, Leipzig 1968.

26 Dank

Seit vielen Jahren unterstützt das Vogelschutz-Komitee e. V. intensiv die Forschungsarbeiten an Gänsen im Wintergebiet, auf dem Zugweg und in der Arktis. Ohne das Vogelschutz-Komitee wären große Teile unserer Arbeiten – dieses Buch eingeschlossen – nicht möglich gewesen.

Vielen weiteren Personen haben wir für die Unterstützung zu danken:

Unseren Familien sei für die Unterstützung im Feld und am Schreibtisch, die Langmut, die Hilfe und die Möglichkeit zu häufigen kleinen und großen Forschungsreisen gedankt. Unsere Forschungen in Russland wären ohne Alexander Kondratyev, Petr Glazov, Andreij Volkuev, Igor Kostin und die Unterstützung des Autonomen Kreises der Nenzen (Naryan-Mar) nicht möglich gewesen. Johannes Wahl und Niko Prior (DDA) danken wir für die Erstellung der ornitho-Karten.

Für Mitarbeit, Rat und Diskussionen danken wir Franz Bairlein, Regina Bartel, Bart Ebbinge, Klaus Gerdes, Petr Glazov, Oliver Keuling, Kees Koffijberg, Alexander Kondratyev, Christine Kowallik, Thomas Lameris, Niklas Liljebäck, Maarten Loonen, Jürgen Ludwig, Sander Moonen, Julius Morkunas, Gerhard Müskens, Bart Nolet, Peter Südbeck, Peter Szinai, Martin Wikelski sowie einer Vielzahl von Studenten und Studentinnen, Doktoranden und Doktorandinnen und unzähligen freiwilligen Helfern und Helferinnen.

Kees Polderdijk und den niederländischen Ganzenflappers gilt unser Dank für die besondere Zusammenarbeit beim Fang und der Markierung von Gänsen. Für die Entwicklung und Bereitstellung von speziell auf unsere Gänse zugeschnittenen GPS-Sendern sind wir Theo Gerrits (†) sehr dankbar.

Für das Suchen, Ablesen und Melden unzähliger markierter Gänse bedanken wir uns herzlich bei allen ehrenamtlichen Gänsebeobachtern und -beobachterinnen.

Wir sind vor allem auch den Fotografinnen und Fotografen Dank schuldig, die uns ihre Bilder zur Verfügung gestellt haben (siehe Bildnachweis).

27 Bildnachweis

Animosov, Y.: 42
Archiv Max-Planck-Gesellschaft: 16
Bergmann, H.-H.: 220–221
Dallmeijer, D.: 60
de Jager, K.: 38
Ebbinge, B.: 20
Heinicke, T.: 147, 227, 228
IWWR: 114
Jansman, H.: 115
Kölzsch, A.: 22, 61
Kondratyev, A. V.: 52, 106,
Kruckenberg, S.: 86, 88, 165 unten, 201
Moning, C.: 224
Mooij, J. H.: 241
Alle anderen Bilder von H. Kruckenberg.

Moonen, S.: 139
Moullec, C.: 156
Müskens, G.: 56 unten, 59, 62, 64, 80, 113 unten,
Project Fjällgors, Svenska Jagersverbundet: 155
Prop, J.: 92
Schäf, M.: 7
Simeonov, P.: 140
Südbeck, P.: 31
Tinbergen, J.: 17 oben
Toss, K.: 142
Walk, A./wikimedia: 56 oben
Wetlands & Wildfowl Trust: 17 unten, 193
Wille, V.: 15, 32

Bildtafel Seite 226
Fünfstück, H.-J.: Tundrasaatgans, Blässgans • Kruckenberg, H.: Graugans, Zwerggans, Kurzschnabelgans • Sacher, T.: Waldsaatgans

Bildtafel Seite 236
De Jager, K.: Rothalsgans • Heese, V.: Pazifische Ringelgans • Keim, W.: Dunkelbäuchige Ringelgans Jungvogel • Kruckenberg, H.: Kanadagans, Weißwangengans (2x), Zwergkanadagans • Martin, R.: Hellbäuchige Ringelgans • Weiß, I.: Dunkelbäuchige Ringelgans

Bildtafel Seite 245
Ferdinand, J.: Zwergkanadagans • Fünfstück, H.-J.: Tundrasaatgans, Nilgans • Glader, H.: Kurzschnabelgans • Kruckenberg, H.: Blässgans, Graugans, Kanadagans, Weißwangengans • Krüger, T.: Dunkelbäuchige Ringelgans • Liljebäck, N.: Zwerggans • Moning, C.: Waldsaatgans • Pixabay/Stock Snap: Schneegans • Putze, M.: Rostgans • Rastig, G.: Hellbäuchige Ringelgans • Simeonov, P.: Rothalsgans

Bildtafel Seite 246
Kruckenberg, H.: Kaisergans, Schneegans (weiß und blau), Streifengans • Todd, F.: Schwanengans • Wikipedia/Andrew, C.: Zwergschneegans • Wikimedia/Zaun, B.: Hawaiigans

Alle **Tondokumente** stammen von Hans-Heiner Bergmann.

Animationen und Karten der Zugdaten: Andrea Kölzsch

Die **ornitho-Karten** wurden von Johannes Wahl und Niko Prior (beide DDA) erstellt.

DDA Überall in Deutschland werden Wasservogel- (und damit Gänse-) Begeisterte gesucht, die bei den Bestandserfassungen mithelfen. Weitere Informationen finden Sie beim Dachverband Deutscher Avifaunisten (DDA) unter www.dda-web.de/mrw sowie auf der Meldeplattform www.*ornitho.de* unter „Vogelmonitoring".

Die Deutschen Ornithologen-Gesellschaft (DO-G) beschäftigt sich in der Fachgruppe „Gänseökologie" mit wissenschaftlichen Fragen. Hier treffen Ehrenamtler und Forscher zusammen. Weitere Informationen www.anser.de DO-G

28 Register